玩转Blender

3D动画角色创作（第3版）

[西]Oliver Villar 著　　张宇 译

U0281063

Learning Blender
A Hands-On Guide to Creating 3D
Animated Characters，Third Edition

电子工业出版社.
Publishing House of Electronics Industry
北京·BEIJING

内容简介

Blender 是当今世界上极为优秀的开源 3D 创作套件之一，不仅功能丰富、强大，而且完全免费，更可以跨平台使用。本书通过一个经典的 3D 动画角色制作实战案例，让你从零开始了解用 Blender 制作 3D 动画角色的整个流程，包括基础知识、前期设计指导、网格建模、制作纹理及材质、绑定骨骼及制作动画、摄像机实景追踪，以及最终的渲染及合成，等等。本书内容生动翔实、条理清晰、循序渐进。即使你完全没有接触过 Blender，也可以在短时间内轻松上手，最终创造出属于自己的作品。

图书在版编目（CIP）数据

玩转 Blender：3D 动画角色创作：第 3 版/（西）奥利弗·维拉尔（Oliver Villar）著；张宇译. —北京：电子工业出版社，2022.4

书名原文：Learning Blender: A Hands-On Guide to Creating 3D Animated Characters，Third Edition

ISBN 978-7-121-43024-4

Ⅰ. ①玩… Ⅱ. ①奥… ②张… Ⅲ. ①三维动画软件 Ⅳ. ①TP391.414

中国版本图书馆 CIP 数据核字（2022）第 032533 号

责任编辑：张春雨　　　　　　特约编辑：田学清
印　　刷：中国电影出版社印刷厂
装　　订：中国电影出版社印刷厂
出版发行：电子工业出版社
　　　　　北京市海淀区万寿路 173 信箱　　邮编：100036
开　　本：720×1000　　1/16　　印张：24　　字数：448 千字
版　　次：2016 年 6 月第 1 版
　　　　　2022 年 4 月第 3 版
印　　次：2024 年 7 月第 8 次印刷
定　　价：168.00 元

凡所购买电子工业出版社图书有缺损问题，请向购买书店调换。若书店售缺，请与本社发行部联系，联系及邮购电话：（010）88254888，88258888。

质量投诉请发邮件至 zlts@phei.com.cn，盗版侵权举报请发邮件至 dbqq@phei.com.cn。

本书咨询联系方式：010-51260888-819，faq@phei.com.cn。

书 评 节 选

"可以说，Oliver Villar 的书会为你学习 Blender 与计算机图形打下坚实的基础。本书的案例和课程都经过了精心的策划，将为你提供成为成功艺术家的利器。"

——David Andrade（Theory 工作室制作人）

"初学者在学习 Blender 时因不得要领而望而却步的时代已一去不复返。Oliver Villar 用轻松又精彩的方式为初学者带来了非常棒的 Blender 特性与 3D 软件的基础讲解。他教你如何用 Blender 的视角从零开始认识三维世界的方方面面，而且对相关的技术及重要的工具进行讲解，帮助读者按照专业的 3D 内容创作工作流，按照自己的创意创作作品。

本书从 3D 基础知识讲起，对每个初涉 3D 的艺术家而言，本书都是学习Blender 的理想资源，堪称匠心之作！"

——Waqas Abdul Majeed（CG 大师）

"我认为 Oliver Villar 的《玩转 Blender：3D 动画角色创作》是一本很好的工具书，不仅让用户了解了 Blender 本身，还介绍了 Blender 的发展历史，以及让 Blender 取得如此成就的奥妙。本书还为用户介绍了很多用于交流使用心得并汲取灵感的社区门户。本书详细介绍了用户界面的各个方面，让用户了解了经典的 G/S/R 操作法。本书的习题实战性强，可帮助用户提升独立创作的能力。值得一提的是，Oliver Villar 对 F2、使用 V 键拆分元素，甚至切刀投影等都有详细的探讨。通过学习本书的小案例，你可以发挥无尽的想象去自行创作。此外，本书的案例角色都很有特色，是讲解角色建模的理想范例。Oliver Villar 确实是一位资深的艺术家，这在他使用 Blender 时体现得淋漓尽致。"

——Jerry Perkins（3D 概念画师，Fenix Fire 公司）

谨以此书向我的祖母致敬。我会继续努力，成为您的骄傲。

译者序

我与 Oliver Villar 先生是多年的好友，因为对 Blender 的共同爱好而相识相知。7 年前，当他的著作《玩转 Blender：3D 动画角色创作》（*Learning Blender: A Hands-On Guide to Creating 3D Animated Characters*）第 1 版问世时，Blender 的版本号还只是 2.7x，但它已经彰显出极大的潜力。在当时，Blender 中文教学资源相当匮乏，这让很多想要学习 Blender 的同胞饱受语言障碍之苦。鉴于此，在斑斓中国（BlenderCN.org）·开源数字艺术社区的鼎力支持下，我决定将 Oliver 先生的这本著作译成中文出版，让国内读者能有一本与时俱进的 Blender 指导用书，并结合书中的实例，真正做到学以致用。

Blender 是一款非常优秀的 3D 创作套件，界面美观、开源免费、功能丰富，非常适合中小工作室或个人使用，甚至有很多院线大片在制作过程中都或多或少地用到了 Blender，在游戏制作领域更是如此。最新版本的 Blender 引入了一些非常先进的特性与工作流，极大地提高了创作效率，让设计师和艺术家们如虎添翼。

正因为本书的实用性非常强，本书的第 1 版及时隔 3 年后出版的第 2 版在全球范围内广受好评，同时一路见证了 Blender 的飞速发展。时光荏苒，如今，在革命性的 Blender 2.9 发布之时，我们终于迎来了本书的第 3 版。本书内容根据 Blender 最新版本的旗舰特性进行了重新策划，相较于第 2 版，第 3 版更新内容的占比超过 60%。

无论你是毫无 3D 软件使用基础的人，还是已经有了一定基础但想要了解最新的 3D 软件炫酷特性的人，本书都是你的不二之选。

世界各地的 Blender 用户都有自己的交流社区，中国也不例外。如果你在学习本书的过程中遇到了任何问题，欢迎访问"斑斓中国"等在线用户社区或交流群寻求帮助。如今，越来越多的艺术家和设计师加入 Blender 大家庭，互帮互助、共同成长。Blender 社区欢迎你的加入！

作为技术类图书，本书尽量避免使用冰冷生硬的纯技术表述，而更像是一位坐在你对面的老师，用相对生动的语言，图文并茂地指导你学完所有内容。在这个过程中，你可以真切地感受到自己的成长。我相信，学完本书后，你一定可以用 Blender 将自己心中的精彩创意表达出来，创作出真正属于自己的作品。和很多同类的 3D 创作软件一样，归根结底，Blender 只是一个工具，它所服务的是我们脑海中那无穷无尽的灵感与创意。

衷心希望每位读者都能成为 Blender 大师！

译者简介

张宇，网名"老猫"，八零后。曾多年耕耘于虚拟现实及三维图形领域，后转为自由职业者兼自由软件布道师，致力于开源解决方案及工作流的本土化探索与推广；曾参与 Blender、GIMP、XnView、JDownloader、Subtitle Edit 等知名开源软件的汉化及教学资源的译制工作；常年通过网络及期刊分享软件使用技巧和公益翻译成果；译著包括《Blender 大师：建模·雕刻·材质·渲染》《玩转 Blender：3D 动画角色创作》（第 1 版、第 2 版）、《Unity 游戏开发实例指南》等；曾担任《GIMP 2.6 图像处理经典教程》等书的技术顾问。目前参与管理开源 3D 软件 Blender 的中国社区"斑斓中国"。

前言

创作动画角色是一种需要大量练习与钻研才能掌握的技能，也会涵盖很多的周边相关技能，这恰恰是本书能带给你的。在这里，我先大致介绍一下本书的内容，以及你能从中学到什么。如果你已经拥有使用其他软件创作 3D 动画角色的经验，那么本书同样非常适合你。本书会教你如何在两种不同的软件之间切换操作。和学习如何创作 3D 动画角色相比，这个过程往往需要更多的耐心和努力。

欢迎学习 Blender

欢迎学习《玩转 Blender：3D 动画角色创作》（第 3 版）。在本书中，你将学习如何使用 Blender 完成一个复杂的项目。本书涵盖整个流程的各个环节，你将了解创作 3D 动画角色所需的技能，并在其中发掘自己最感兴趣并可专攻的技能。换句话说，这不仅是一本让你成为建模天才或动画专家的专业著作，而且能帮助你了解动画流程的每个环节。本书的初衷是，读完本书后，你可以掌握能够完成实际工作中各种项目的知识（从前期准备到最终完工）。

如果你是一名自由职业者（或想要成为自由职业者），那么本书会非常适合你，因为自由职业者通常会遇到很多需要运用各种综合技能的小型任务，这样，具备适用于多种任务的基本或中级技能会比只掌握特定的某项技能更加有用。

如果你想去某家大公司谋职，或者想要成为某方面的专家，那么本书同样有助于你了解完整的动画流程。例如，如果你是一名建模师，但你想要了解角色的装配原理，这样当你建模时就可以发现你团队中的装配师可能会遇到的各种潜在问题，以便减轻彼此的工作量。当进行团队协作时，你可能只参与项目的某个方面，但倘若你了解团队中其他成员的工作性质，那么你的工作对他们而言就会更有价值。这就实现了多赢！

你可能已经熟悉了 Blender 的操作，并且想了解如何用它进行 3D 动画角色创作。如果是这样，那么你可以跳过前 3 章的内容，直接进入本书的角色创作专题（前提是你确定自己已经完全掌握了 Blender 的基础知识）。

最后，如果你只是想要进入奇妙的 3D 动画世界，开启一段神奇之旅，那么本书将为你呈现创作 3D 项目细节的点点滴滴。如果你之前从未接触过任何 3D 软件，那么不要被最初可能带来的高深感吓到——这是人之常情。Blender 提供了很多选项和独特的特性，这些可能会令你感到陌生。每当我们对自己不知道的事物感到不知所措时，如果坚持探索、不断实践，那么很快就会体会到学习带来的乐趣，付出的努力终会带来等价的回报。祝你好运！

之前是否用过其他 3D 软件

多年以前，我决定使用 Blender，因此我理解大家在这个过程中会遇到什么问题。这就是为什么我在本书分享了一些关于 Blender 与其他 3D 软件的不同之处。在使用 Blender 之前，我用过几年其他 3D 软件（有 3ds Max、Maya 和 XSI）。当我使用 Blender 时（当时是 2.47 版本），它的界面并不像现在这样友好。它至今依然是一款独特的软件，当你第一次打开它时，它或许会有点出乎你的意料。

开始的时候或许不会太容易掌握它，但当时，我换了三四个版本，最后终于决定开始学习使用它。你会发现某些"不一样"的东西。例如，选取对象用的是鼠标右键（这将在第 1 章进行介绍），还有那个无处不在的、乍一看似乎没什么用处的 3D 游标（有人说它像一个狙击枪的瞄准镜，要瞄准模型射击）。

此外，你将学习很多快捷键。这会让 Blender 的学习曲线在起初变得很陡峭，但一旦你掌握了这些快捷键，你就会爱上它们，因为从长远来看，它们会让你的工作事半功倍。

例如，在使用 Blender 之前，对我来说的苦恼在于，需要在屏幕同时显示至少 3 个不同的 3D 视图。如今，我可以仅使用一个视图并把它全屏显示，这样就方便多了，就像其他软件中的专家模式一样！以至于我偶尔使用两个 3D 视图的时候会感觉怪怪的。

我已经教会很多之前用过其他动画软件的人如何使用 Blender，普遍现象是，他们起初会有些纠结（这也是为什么很多人放弃学它，并转而使用其他商业软件），然而，一旦他们掌握了基础，就会开始喜欢上它，最终会为它的发展做出贡献。他们发现，在很多工作中，与其他软件相比，Blender 运行更快、使用更轻松。随着你开始慢慢接受它，相信你会爱上它。不过，社区中倒是流传着一个专用词来形容这种感觉：Blender 综合征（Blenderitis）。

当然，Blender 也有其自身的局限，然而对绝大多数用户来说，它已经足以满足日常的需求了。

我衷心建议大家去坚持探索 Blender，并发现它能为你做些什么。我学过很多种软件和工具，在切换使用它们时总会重复几次这样的学习过程。最后认为 Blender 就是最适合我的工具。

我会把这些经验分享给你。要想成功地适应转变（不仅包括软件，还包括工作和生活的各个方面），关键要学会自己灵活地适应。从某种程度上讲，你要开阔思想，接受新软件，或者将其融入工作环境。例如，有人会抱怨"Blender 缺少某个特定的工具""在其他软件中可以更方便地做出某个功能"，等等。请尽量不要产生这种观念，而应试着去了解这款新软件，因为每种软件开发背后的哲学思想和工作流都有所不同。与其浪费时间和精力去抱怨，不如把它们用在学习更有用的东西上。学习如何使用软件就是这样的。

适应的最佳方式是什么？是推动自己！

确定你的目标，并设定完成期限：先从一个简单的项目做起，尽力去完成它。这样做后，无论结果好坏，至少你会做些东西出来。设定期限可以让你避免花上几天时间去纠结会拖慢进度的小细节。

通常，人们开始接触某款软件时没有明确的目的。这会导致随机的结果，而不是特定的结果。这既会影响你学习软件的积极性，又会让你觉得自己用不好这款软件。

然而，如果你拟定了一个简单的项目，有了一个明确的目标方向，就会让你发现并掌握能够实现目标的工具。在你完成项目以后，即使它并不完美，你也学到了某些工具的用法，同时完成了一个项目。这将激励你在下一个更复杂的项目中提升自己的技能，同时探索更多的 Blender 工具。

这样做是为了循序渐进地学习，逐步推进，让你保持积极性。如果你一开始就选择一个大型且复杂的项目去做，那么难免会遇到各种各样的问题，这些问题都会消磨你的积极性。当你从小项目开始做起时，即使你会遇到一些困难，结果也不是那么理想，但你并不会投入太多的时间在上面，因此，一个并不十分完美的结果也没什么大不了的。

在你完成若干个这样的小项目后，你会积累一定的知识，并对新软件产生一定的领悟。此时，你就可以决定是否还要学习更多的东西，也可以判断这款软件相对之前用过的其他软件来说是否更适合自己。

动画软件数不胜数、各有千秋。因此，根据自己的工作、风格、品位及个人喜好，你会相对倾向于其中的某一种。某些软件可能更适合某些人用，而另一些人可能觉得不适合自己用。尽管如此，只要你对新软件进行了充分的体验，或许你会遇到一些挑战，就会发现一些自己并不知道的特色功能。

以我本人为例，以前我觉得 3ds Max 很顺手，但花了几天时间深度试用 Blender 以后（没错，只用了几天，但却很深入），我真的无法自拔了。当然，有些工具我依然没有找到，但我发现 Blender 的优势是相当显著的（起码对我来说是这样），因此我决定从此以后就用它了。

我希望这些话语能够激励你去真正试用一下 Blender，给它一个机会，而不是打开它后就马上觉得自己不喜欢，因为你怎么也不可能在几分钟内就掌握它（想必大家在刚接触其他软件时也是如此吧）。

成功学会一款新软件的秘诀在于，先选一个相对简单的目标去做，设定一个期限，然后尽力去实现它！不找借口，也不抱怨！秉持原则和坚持不懈是成功的关键要素。

每当我学习一款新软件时，这些就是我所坚持的方法。或许并不适合你，也可能你有更好的方法。但如果你不知道从何做起并感到气馁，那就不妨试一试吧！

如何阅读本书

本书内容分为 7 个部分，便于你时刻掌握自身学习进度。

第 I 部分，**Blender 基础**（第 1、2、3 章）：了解 Blender，学习基础知识。

第 II 部分，**开始做项目**（第 4、5 章）：前期制作，项目准备，角色设计。

第 III 部分，**开始建模**（第 6、7 章）：开始制作，专注讲解角色建模。

第 IV 部分，**展开、绘制、着色**（第 8、9、10 章）：UV 展开，纹理绘制，应用材质。

第 V 部分，**让角色动起来**（第 11、12 章）：装配骨骼，动画制作。

第 VI 部分，**进入最后阶段**（第 13、14 章）：后期制作，摄像机追踪，渲染及合成。

第 VII 部分：**学无止境**（第 15 章）：Blender 的其他功能。

当然，你可以直接跳到你最感兴趣的部分。但如果你刚接触 Blender，那么我建议你从头学起，以便能够了解 Blender，为进行 3D 动画角色创作这种复杂度的工作打下基础。

在每个章节里，当有必要对某些基础知识进行讲解时，我会在真正开始阶段学习之前进行讲解。你会经常看到一些技巧提示和实用快捷键，它们会让你的创作事半功倍！

如果你已经很了解 Blender 了，那么完全可以跳过前 3 章的内容，直接开始学习角色创作。

第 1 章"Blender 简介"，介绍了 Blender 的相关知识、开源软件及开发流程、发展历史，以及能用 Blender 做些什么。这部分内容与 Blender 的使用技能关系不大，但有助于你深入了解 Blender 的发展历程。

第 2 章"Blender 基础：用户界面"，带你了解用户界面、基础导览操作、选择工具，以及 Blender 独具一格的非交叠式窗口系统。

第 3 章"你的第一个 Blender 场景"，你将学习如何创建一个很基础的场景，同时体验主要的工具，以及简单的建模、贴图、布光等流程。你将学习 Blender Render 渲染器和 Cycles 渲染器之间的区别。

读完以上这些介绍章节后，开始创建主项目：创建一个 3D 角色。之所以要用 3D 模型创建作为起点项目，是因为这样能够用到 Blender 里大部分的功能：建模、贴图、装配、动画等。

本书会对所有的知识点进行讲解，关于前期制作，你将学习如何为任意项目做前期准备。你会领会前期准备的重要性！

在最后几章中，你将了解如何对实拍视频中的摄像机进行运动轨迹追踪，并将你的角色合成到场景中，最终做出一个可以向朋友们炫耀的奇妙作品，而不仅仅是 Blender 里的一个角色。

在第 15 章中，我探讨了 Blender 的其他特性，从而让你对 Blender 的其他功能有所了解，如动态模拟、粒子、烟雾、火焰、蜡笔及插件等。

我鼓励大家去创作属于自己的作品，并用自己拍摄的视频对摄像机进行追踪，但是如果你想逐步跟随本书进度学习（或想使用本书用到的资源素材），或者想要跳过本书的某些部分，那么你可以下载项目的相关资源，并可随时从本书的任何章节学起（获取方式见"读者服务"），其中包括如下内容。

- Blender 格式的项目文件，包含各个阶段的角色创作进度。
- 角色的纹理贴图。
- 用于对摄像机追踪的实拍视频。
- 最终效果演示文件。
- 本书部分内容的配套视频教学。

第 3 版中更新了哪些内容

你正在阅读的是《玩转 Blender：3D 动画角色创作》一书的第 3 版。本书内容经过了更新，兼容 Blender 2.83 及后续版本。Blender 2.83 是首个 LTS（长期支持）版本，也就是说，你可以放心使用该版本，而开发者会在未来至少两年内持续增强该版本的稳定性（一般而言，各个 Blender 版本的生命周期相对较短，大约是新版本发布后的 3～4 个月）。

本书的多数配图都经过了更新，加强了易读性，且反映了新版本的变化。

整个角色创作流程章节经过彻底重写，确保所有内容都兼容 Blender 2.83。第 3 版探讨了若干新的工具，特别是（但不限于）选择与建模工具。从 2.80 版本开始，Blender 加入了一款全新的实时渲染引擎——EEVEE，本书也将对它进行讲解。同时，本书增加了很多新的提示与技巧，根据读者对于本书先前版本的意见反馈，第 3 版的某些章节内容有所延展。总之，希望这些新增内容能够让你眼前一亮，更顺利地掌握本书的知识点。

　　还等什么，准备开启学习之旅吧！

致谢

虽然成书大部分要归功于作者本人，但要把它写好、编好、策划好，同样离不开很多人的努力。感谢 Laura Lewin 和 Olivia Basegio，从 2015 年第 1 版开始，是他们让我有机会参与这个项目，在整个过程中，他们给了我很大的帮助。第 3 版的主编 Malobika Chakraborty 也是如此，他非常有耐心和理解力（因为这一版非常有挑战性，稍后会详细说明）。感谢 Michael Thurston、Daniel Kreuter、Mike Pan 和 Tim Harrington，他们非常出色地帮助我完成了本书的第 1 版；感谢 Andrea Coppola、David Andrade 和 Aditia A. Pratama，他们帮助我完成了第 2 版的修订工作；感谢 Abraham Castilla 和 Aidy Burrows，在 Blender 2.80 中引入巨大革新后，他们确保本书所有内容都兼容新的 Blender 版本；感谢 Sheri Replin，她确保了最终内容的品质。此外，还要感谢 Rachel Paul、Julie Nahil 和 Keir Simpson。感谢所有以任何方式参与本书创作的人。

之所以说这一版非常有挑战性（包括制作过程也很漫长），是因为从 Blender 2.79 到 Blender 2.80 的革新是非常巨大的，这就需要对本书之前版本的内容进行大量的修改（以至于有些章节几乎被完全重写）。在 2.80 版本的基础上，从 2.81 版本到 2.83 版本，引入了微妙但相当重要的变化。因此，我不得不反复检查已经写完的书稿，确保所有内容都尽可能贴合 Blender 2.83。而这也充分说明了 Blender 背后的团队是多么令人敬佩，他们使 Blender 改进和增加新特性的速度和效率让人刮目相看。所以我还要向 Blender 基金会的非凡成果致敬，向基金会主席 Ton Roosendaal 致敬，向所有的 Blender 开发人员致敬，还有 Pablo Vázquez，感谢他长期以来对 Blender 新特性的讲解，还要感谢了不起的 Blender 社区。谢谢你们所有人。

最后我想说的是，本书的问世同样离不开我的女友，以及她的大力帮助与支持。是她的持续鼓励，让我最终完成了这本书。谢谢！

特别感谢 César Domínguez Castro，他拍摄了用于摄像机追踪和合成章节的视频素材，大家可以在本书配套的资源文件（www.blendtuts.com/learning-blender-files）中找到。这些素材可以为我们探索 Blender 的很多工具提供帮助。

关于作者

Oliver Villar，1987 年出生于西班牙的加利西亚，从儿时起便开始学习绘画。他对艺术的喜爱使他较早地接触 3D 领域，从 2004 年起开始学习 3D。他用过多种商业 3D 软件，直到 2008 年接触到 Blender，从那以后，他作为一名自由 3D 设计师，专门从事 Blender 的教学工作。

在 2010 年，他创建了 blendertuts 网站，致力于将高品质的 Blender 培训视频分享到社区。若干年后，他决定投身于西班牙本土的社区，那里缺少 Blender 的学习资料，与此同时他创建了 blendtuts 西班牙分站。

多年来，他是西班牙 Blender 主题活动"Blenderberia"的组织者之一。

目前，他在向在线网校及西班牙穆尔西亚大学的学生、教授们传授如何使用 Blender。

目录

I Blender 基础

II　开始做项目

IV　展开、绘制、着色

V　让角色动起来

VI　进入最后阶段

VII　学无止境

读者服务

微信扫码回复：43024

• 获取本书配套资源

• 加入本书读者交流群，与作者互动

• 获取【百场业界大咖直播合集】(持续更新)，仅需 1 元

Blender 基础

Blender 简介

Blender 有一段相当传奇的发展史，它是一款开源软件（OSS），设计理念与主流的商业软件显著不同。如果你想深入使用 Blender，那么有必要了解一下如下知识，因为它会让你了解其理念的强大之处。在本章中，你将了解 Blender 的发展历史、开发机制、基金会的运作方式，以及 Blender 的用户社区种类等。

Blender 是什么

Blender 是一款开源的 3D 软件，提供了非常全面的 3D 图形创作套件。它拥有建模、贴图、着色、绑定、动画、合成、渲染、视频编辑、2D 动画等各种工具。从 2.50 版本开始，Blender 开发出了颠覆性的用户界面（UI），用户数量也显著增长。它被众多的专业人士及动画工作室使用，并用于某些顶级电影的制作，如《少年派的奇幻漂流》《蜘蛛侠 2》《小红帽》等。在 2016 年，它曾被用于制作和合成电影《魔兽争霸》中的怪物动画。在 2018 年，它被 Tangent 动画工作室用于制作 Netflix 的整套动画电影——《Next Gen》。最近，Blender 2.80 的若干新功能吸引了众多的关注，包括全新 2D 蜡笔动画工具、实时渲染引擎 EEVEE。此外，用户界面也进行了重新设计。

Blender 所面向的目标用户主要是专业人士、自由 3D 艺术家及小型工作室，而 Blender 也非常好地迎合了他们的需求。由于某些原因，目前 Blender 还没有在大型工作室中普及。大型工作室通常都有自己开发已久的作品，而他们所使用的商业软件也有开发多年的、完善的第三方插件的支持。Blender 也一直在发展，但缺乏来自第三方插件的支持。不过，抛开非常专业的领域不谈，Blender 正在迅速得到自由从业者与工作室的青睐。

Blender 以其设计理念的独特性著称，这也是有些人还在犹豫是否要去使用它的原因（尽管如之前所说，从 2.80 版本发布后，这种现状发生了巨大变化，Blender 在很多方面变得对用户更加友好）。它并没有沿袭与其他那些发展了几十年的 3D 软件相同的标准，这对新手来说往往是个问题，但这也是 Blender 的魅力所在——当你驾轻就熟后，就会对它爱不释手，因为它是那么与众不同！

由于 Blender 是开源软件，不需要销售软件许可证，因此它可以绕开其他软件的限定机制，并添加一些独一无二的新元素。正如 Blender 基金会主席、Blender 之父唐·罗森达尔（Ton Roosendaal）所说："我不去参考什么标杆，而要提升这个标杆。它追随的不是潮流趋势，而是自身的发展之路。"

Blender 的开发主要由用户自愿捐款提供的资金支持。不难想象，由于很多人觉得它好用，所以自愿为它捐款，即使他们可以免费使用 Blender。对只使用商业软件的人来说，这一点或许难以理解。然而，在很多开源软件身上都能看到类似的现象：恰恰因为免费，人们才更愿意去贡献。

像 Blender 这样的开源软件有大量的贡献者，Blender 的发展也很迅速。这对用户来说是好事，新的功能和工具会不断涌现。但这样也有个缺点——你很难完全了解所有的新功能。同样，教学资源的有效期也相对较短，即使它们可以使用若干年，因为基本的东西是基本不变的，而某些选项、图标及其他一些功能特性可能会在更新的版本中或多或少有一些变动。

商业软件 vs 开源软件

开源软件不能用"常规"的版权与隐私方面的认知体系去理解，如不付费就不能使用等。商业软件与开源软件二者之间的商业模式是完全不同的。

商业软件

通常，开发商业软件的公司的商业模式在于销售软件许可证本身。如果你想要使用商业软件，那么就必须付费购买一个许可证，但你并没有在真正意义上拥有软件。某些软件开发公司也不允许你将软件用于特定的用途（如研究、学习或更改它的代码），此外，也会对你使用软件的时间进行限制，以后你还需要为升级再次付费。在某些情况下，你可以免费使用软件，但仅可用于学习；如果你想专门用它来开展商业项目赚钱，那么就必须付费购买一个许可证。在其他某些情况下，你仅可以免费使用软件的一部分受限功能，要想使用所有功能，也必须付费购买许可证。盗版问题由此而来：有些人买不起软件，有些人不想付费使用，于是他们会使用那些非法的版本，这会影响商业软件开发者的收益。

如果你不是软件开发公司的雇员，那么就无法为商业软件开发新功能。即便你是，也要遵守公司的规定（而且你也不能拷贝或公开自己的代码）。

开源软件

人们往往会把开源软件和免费软件混为一谈。但"免费"一词有两层含义：不仅使用软件是免费的，而且其源代码也对所有人开放。某些软件虽然可以免费使用，但却仅限于前者。也就是说，你不能窥探软件的核心，也就是源代码，也不能按自己的需要去修改它。

而"开源"一词的意义在于，用户可以获取软件的源代码，并且按自身需要进行修改。开发者也会鼓励大家去阅读源代码，并把它用于商业用途，甚至再次发布。也就是说，开源软件和商业软件正好是对立的，你可以下载开源软件并立即用于商业用途。开源软件开发公司的商业模式并不在于销售软件本身，而在于销售服务，如教学资源、培训及技术支持等。这类公司往往是依靠大众的捐助运作的。

开源软件的好处在于，任何人都可以下载源代码，并开发自己想要的功能，而其他人随后也可以用到这个新功能。你既可以自由修改、随意拷贝并学习源代码，又可以把它分发给你的朋友或同学们。有时候，开源软件是由个人或小团体开发的。而有时候，开源软件是由非常复杂的、高度组织化的公司开发的。

还有一点值得一提，开源许可证有很多种类，如通用公共许可证（GPL）、Eclipse 公共许可证（EPL），以及麻省理工学院（MIT）许可证等。在使用开源软件之前，应当了解一下这些许可证的条款，确保充分理解自己的合理使用范围。

Blender 基于 GNU 通用公共许可证（GPL，自由软件）发布。可访问 Blender 官网授权相关页面了解详情。

那么，我能售卖我用 Blender 创作的作品吗？

对于刚接触开源软件的人，往往会有这个疑问。答案就是——当然可以！你完全可以用它创作作品并带来收益！例如，如果你为客户设计了某个作品，那么该作品也完全属于你，因此，你可以随心所欲地创作。

Blender 的历史

很多人都以为 Blender 是一款相对较新的软件，但这并不准确。Blender 最初诞生于 20 世纪 90 年代，算起来已有 20 多年的历史了。前不久，Blender 基金会主席唐·罗森达尔找到了一段"古老"的代码，生成日期可以追溯到 1992 年。尽管如此，Blender 本身的确是在近些年才为大众所知的。

1988 年，唐·罗森达尔成立了一家名为 NeoGeo 的荷兰动画工作室。不久以后，这家工作室便决定自己去编写一个软件，供自己创作动画使用；最终，在 1995 年开始打造这款软件，这就是我们的 Blender。1998 年，唐·罗森达尔成立了一家名为 Not a Number 的公司（简称 NaN），专门负责 Blender 的开发和市场运作。由于当时的经济环境很不景气，NaN 并没有取得成功，投资方也不再向公司投资，因此 Blender 的开发工作在 2002 年停滞了。

2002 年底，唐·罗森达尔创建了一个非营利性组织——Blender 基金会。该基金会募集了十万欧元（仅在七周内就募集到了这笔巨款），并与之前的投资方达成了协议，以此换取 Blender 的开源之身，并让大众免费使用。最终，在 2002 年 10 月 13 日，Blender 以 GNU 通用公共许可证发布，从那天起，唐·罗森达尔就领导着一个充满激情的开发团队为项目贡献代码。

第一个开源电影项目《大象之梦》（Elephants Dream）在 2005 年诞生了，该项目旨在组建一个艺术家团队，将 Blender 用于一个实际的项目，并向开发者反馈意见，最终让 Blender 得到大幅改进。该项目的目标不仅在于使用开源工具制作一部影片，而且在于将项目文件及最终成片以创作共用开源许可证公开发布。

该项目最终取得了巨大成功。在 2007 年夏天，唐·罗森达尔在荷兰的阿姆斯特丹创立了 Blender 研究所。该研究所目前负责 Blender 的核心开发工作。此后，又有若干个开源电影及游戏项目发布，包括 2008 年的《大雄兔》（Big Buck Bunny）《松鼠大冒险》（Yo, Frankie！）《寻龙记》（Sintel，2010 年出品）《钢之殇》（Tears of Steel，2012 年出品）《宇宙洗衣店》（Cosmos Laundromat，2015 年出品）《特工 327 之理发店行动》（Agent 327: Barbershop，2017 年出品）及《春》（Spring，2019 年出品）。

Blender 2.50 的开发始于 2008 年。它对旧版的软件核心做了重大改进，最终正式版在 2011 年发布。《寻龙记》就是针对这个新版本的检验项目，它也帮助改进了工具，并将之前版本的功能追加进来。此后，Blender 又加入了若干重要特性，如 Cycles 渲染引擎，这是一款新的渲染引擎，支持 GPU 实时渲染，支持基于射线追踪算法的渲染。

以 Blender 研究所的开源电影《钢之殇》（Tears of Steel）为例，该项目的目标在于改进视觉特效工具，如摄像机追踪、合成节点功能增强，以及遮罩等诸多特性，使得 Blender 成为更灵活的 3D 工具软件。

Blender 研究所的另一部开源电影是《宇宙洗衣店》（Cosmos Laundromat，见图 1.1），这是 Blender 研究所制作的首部全特性电影，尽管该项目最终的众筹资金并未达到预期目标，但是这部影片展现出了惊人的影响力，并在很多电影节上屡获殊荣，包括 2016 年度的 SIGGRAPH 评审团特别奖。在影片的制作过程中，毛发模拟、Cycles 渲染、视频编辑选项，以及众多新的特性获得了大幅改进。

图 1.1　《宇宙洗衣店》（Cosmos Laundromat，2015）是一部开源电影项目，完全基于众筹的方式运作。该影片旨在改进毛发模拟、Cycles 渲染等诸多特性

最新的 Blender 主版本已经开发了三年。2019 年 11 月发布的 2.80 版本包括一个完全重新设计的用户界面、一套新的键位映射方案、一个名为 EEVEE 的实时渲染引擎、一个名为 Grease Pencil 2.0 的 2D 动画与绘图工具，以及许多其他改进。由于 EEVEE 的效果相当惊艳，且非常实用，因此 2.80 版本在其开发过程中吸引了许多艺术家的注意。

Blender 动历工作室最新的一部开源电影是《春》（Spring，见图 1.2），也是 Blender 动画工作室用来检验 Blender 2.80 是否能够胜任生产环境的项目。

此后，Blender 官方相继发布了 2.81、2.82 和 2.83 版本。尽管这些版本的变化没有 2.80 版本那样显著，但它们也带来了非常重要的更新。这些版本不仅带来了很多新的功能与改进，而且进一步完善了 2.80 版本，引入了某些重大特性。

虽然 Blender 2.80 是一个令人印象深刻的里程碑，但是 Blender 2.83 更加完善，其包含很多重要的改进，成为 Blender 的首个 LTS 版本（长期支持版本）。通常，Blender 的新版本每三到四个月就会发布一次，而旧版本中的 bug 往往得不到及时的修复，即使这些修复非常重要。这对从事大型项目的工作室或专业人士来说并不友好，因为这些项目可能会持续数月甚至数年，这就是

Blender 2.83 LTS 诞生的原因：为了给那些设计师们提供一个可以长期使用的版本，并且让他们知道在该版本发行后至少还会得到支持。未来的版本，不仅会引入新的功能，而且重要的错误也会得到妥善修复。

图 1.2　开源电影《春》（Spring，2019 年出品），用于检验 Blender 2.80

（影片随着该版本的开发而完成）

本书其余部分使用的是 2.83 版本，因此，本书的内容会在相当长的时间内适用于后续的新版本。如果你使用 2.83 之后的版本，你可能会发现一些小的改动或新特性，但通常不会出现致使你难以遵循本书流程的大的改动。

如果你是 Blender 新手，我建议你先下载 2.83 版本来学习本书内容（即使在你阅读本书时可能会有更新的版本发布），随后再升级到当前的最新版本。当你对 Blender 的工作原理有了大致的了解后，就可以更加容易地过渡到更新的版本了。

Blender 基金会及 Blender 的开发

Blender 基金会的办公地点位于荷兰阿姆斯特丹的 Blender 研究所。这是一个独立的非营利性公益团体，没有它，也就没有 Blender。Blender 动画工作室负责制作开源电影，它同样位于 Blender 研究所。Blender 基金会的宗旨是为 Blender 用户及开发者提供服务，在 GNU 通用公共许可证的基础上维护并改善 Blender 产品，并设法为 Blender 基金会的目标与开销（包括 Blender 的开发及开源电影的制作）筹集资金。

Blender 基金会的领导人是唐·罗森达尔。他负责掌控 Blender 的开发目标，以及组织所有相关的活动。人人都可以向 Blender 建议自己期望看到的功能。经过开发团队的筛选与分析，确定可行的开发目标后便开始正式开发。这与商业软件的开发方式大不一样，商业软件公司会自行决定要开发什么，而开发者无权决定要添加什么功能。

实际上，Blender 的用户基本不需要提出新特性的建议，如果他们有能力，只需要自己开发出功能，然后将代码提交给 Blender 基金会。如果其价值得到了认可，并且迎合了 Blender 的开发方针（务必要与 Blender 的其他部分相容），那么主开发团队就会把它加入官方的正式版本。

Blender 基金会雇佣一些开发者完成特定的任务，但多数开发者是自愿的，他们自己投入时间去学习和实践 Blender 的使用，或者只是因为他们想要参与到开发进程中去。有些开发者甚至会自己募集捐款，为愿意捐助的用户开发他们想要的功能。

由于 Blender 是一款开源软件，其分为主干（Trunk）版本和分支（Branch）版本。主干版本是发布在 blender.org 网站上的官方版本，它包含 Blender 的稳定特性。分支版本则是用于测试新特性的开发版本，或者用于测试那些由于某些原因不确定是否能进入官方主干版本的特性（商业软件也使用这种方式，但都是在内部执行的，除非软件公司在正式版本发布之前发布 beta 版本以收集反馈信息，你无法自己去创建或测试开发版本）。

当然，如果人人都把自己的想法加到软件里面去，那必是一团混乱，因此，Blender 基金会的主要任务就是对开发者进行组织管理、制定目标，决定哪些功能会出现在最终的正式版本里。Blender 基金会决定哪些功能的开发需要在分支版本中进行，以及哪些分支应该被移除。Blender 基金会也会为 Blender 提供平台并进行维护，运作软件错误追踪（bug-tracker）系统，用户可以在里面提交自己遇到的 bug，系统会把它们指派给对应的开发者进行修正（他们的效率通常会很高）。

> 小提示：
>
> 　　如果你有兴趣测试 Blender 的开发版本，可以访问 http://graphicall.org 和 http://developer.blender.org，你可以在上面找到与自己的操作系统对应的版本。如果你是专业用户，那么不建议使用这些版本，因为它们包含体验特性，而且不够稳定，所以要谨慎使用。
>
> 　　Blender 基金会决定捐款的用途。首先，Blender 基金会是 Blender 开发的神经中枢，而 Blender 研究所是它的实体办公地点。

Blender 的开发费用从何而来

虽然 Blender 是免费软件，但它的开发是需要费用的。前面提到过，需要有人全职工作才能保证开发持续进行下去。不过，开发费用究竟从何而来呢？

Blender 基金会设立了若干收入渠道，以便能够持续维护 Blender 的开发工作，以及相关的服务。

- **Blender 云**：人们只需要按月订阅付费内容，就能获取来自开源电影的培训视频、3D 资源、制作过程等专属服务。
- **开发基金**：想要帮助 Blender 开发的用户可以订阅每月自动捐款的服务。
- **一次性捐助**：除了订阅每月自动捐款的服务，任何人都可以捐任意金额来尽一份力。
- **私人投资**：有时候，使用 Blender 的工作室和公司也会为开发者支付开发费用，以此获得它们期望的功能。它们也会在内部开发一些功能为己所用，并且将代码贡献出来，惠及大众。
- **众筹**：在某些情况下，出于某些目的，Blender 基金会会发起一些众筹项目。例如，在 2018 年发起的 Code Quest 项目就是为了向 Blender 用户发起众筹，以便为革命性的 2.80 版本募集到足够的开发资金，资助核心开发者在阿姆斯特丹进行全职开发工作。
- **Blender 商店**：blender.org 网站上的商店会售卖图书等商品，所得收入将用于资助与 Blender 相关的活动。

> **小提示：**
>
> 如果你想了解更多关于 Blender 基金会、Blender 开发及官方文档的内容，可以在 Blender 官方网站上找到。

Blender 社区

对于各种类型的软件，有专门的软件交流社区是很重要的，可供发表反馈并鼓励他人使用软件。而这对开源软件来说更加重要：社区不仅提供反馈意见，还会建议新特性、讨论开发、创建新特性、组织活动、支持项目及捐款等。

开源软件社区的用户，其思维也是非常开放的，并且非常热情，崇尚群体智慧。Blender 社区是 3D 软件领域中最友好、最有帮助的社区之一。其中不乏以前属于其他 3D 软件社区的用户，他们来到 Blender 社区，对 Blender 社区有着非常积极的评价。

Blender 社区包括所有使用 Blender 的用户，他们会在论坛、网站、博客、播客及视频等地方发布体验感受。社区会为新用户提供帮助和教程，撰写文章，包括为 Blender 基金会募集捐款。虽然 Blender 并不是傻瓜式的软件，但其背后却有一个优秀的社区为用户提供帮助，还提供免费的学习资源，这会显著降低学习难度。

近年来，Blender 社区出现了一种新的服务模式——内容及插件商店。某些商店可以让内容创作者销售他们的作品（模型、贴图、材质、动画等）及插件（指的是为 Blender 赋予特定功能的附加工具）。这种发展趋势为社区带来了一种新的途径，专业人士如今可以直接向开发者购买为工作带来便利的工具。小型工作室可以购买现成的材质，让自己的项目及时完工（这在其他软件中也有广泛的应用）。

以下列出了其中一些社区论坛与参考网站（排序不分先后）。

- **https://blenderartists.org**：在这个论坛里，你可以展示自己的作品，获取他人的反馈，评论他人的作品，提出问题，或者探讨任何与 Blender 和 3D 相关的话题。
- **https://blender.community**：该网站是一个门户平台，汇集了很多来自不同地域、不同语言的 Blender 社区网站的入口。
- **https://blender.chat/home**：这里是全球 Blender 用户的聊天站，开发者和专业人士都在上面活跃。
- **https://blendermarket.com**：你可以在这里销售或购买 Blender 插件及教学资源等，包括模型、材质、动画等 3D 资源。
- **www.blendernation.com**：这是 Blender 的新闻主站，你可以每天从上面了解最新的更新、新的插件、有趣的作品，以及教程等内容。

此外，还有很多其他社区（包括地方性的用户团体）、网站及资源等都可在网上访问。建议大家多去了解一下，并在其中找到最适合自己的社区或团体。

总结

Blender 已经发展了很多年，它可以免费下载和使用，甚至可以用于商业用途。位于 Blender 研究所的 Blender 基金会负责组织软件的开发工作，人人都可以通过编程、提交错误报告、捐款、付费订阅 Blender 云平台及购买 Blender 商店的商品等方式为它的发展做出贡献。Blender 动画工作室负责制作开源电影，以此来检验 Blender 在实际生产环境中的可用性。

开源软件的两个最显著的特色在于：你既可以获取软件的核心代码并为己所用，又有机会和开发者互动，包括和独具特色且思维开放的社区互动。

练习

1. 什么是开源软件？
2. Blender 的开发始于何时？
3. 你是否需要购买许可证才能将 Blender 用于商业用途？
4. Blender 基金会的主要职能是什么？
5. 你是否可以售卖使用 Blender 创作的作品？

Blender 基础：用户界面

本章帮助你了解 Blender 的用户界面及主要导览特性的工作方式。Blender 的窗口及菜单很直观。当你不熟悉的时候，可能需要去理解它的设计理念，但别担心，这个过程会很有趣！

下载与安装 Blender

在开始使用 Blender 之前，你需要先下载它，这是当然啦！而且非常简单，只需要访问 Blender 官方网站，然后在主页上找到跳转到下载页面的 Download（下载）标签。

此时你会看到一个列有当前官方版本的面板，你可以在这里选择你的操作系统，并选择是安装包版（仅对 Windows 系统）还是便携版（没错，你可以把它拷贝到 U 盘等便携存储设备中带着走）。你也需要选择你的操作系统是 32 位还是 64 位（如果你不了解，那就选择 32 位）。

> 小提示：
>
> 在下载并开始使用 Blender 之前，请访问 https://blender.org/download/requirements，并确认你的硬件设备是否符合该页面所描述的最低运行要求，应当安装最新版本的硬件驱动，以确保一切都是最新版本。

使用 Blender 推荐的硬件配置

与某些基础软件（如文字处理软件）相比，3D 软件存在一定的硬件需求。在本节中，我建议使用如下硬件，以便充分发挥 Blender 的性能，尽管没有这些设备也能使用 Blender。

- **带滚轮的三键鼠标**：3D 软件需要你在 3D 世界中进行操作，通常使用三键鼠标才能充分展现这种优势。拥有滚轮或中键的鼠标很有必要。在

Blender 中，滚轮操作是可选操作，因为你可以通过按住**鼠标中键**的同时拖动鼠标来模拟类似的操作。如果没有**鼠标中键**，你将无法顺畅操作。不过，Blender 也提供了另一种变通方式，即同时按住 **Alt** 键和**鼠标左键**可模拟**鼠标中键**的功能（该选项位于偏好设置面板，该面板将在本章后续提及）。然而，使用鼠标中键操作会更为舒适，且不会占用其他软件可能使用的 **Alt+鼠标左键**的操作方式。很多人也会用数位板来控制 Blender，尽管这并不常见，且可能需要做一些设置才能让它用起来更舒服。就我个人而言，我只有在 Blender 中进行绘画和雕刻时才会用到数位板，并且只是简单地设置笔的按键来模仿鼠标的按键（笔尖为左键单击，笔的两个侧边按钮是右键和中键单击）。

- **带数字键盘区的键盘**：数字键盘区位于一个完整键盘的右边，类似计算器的部分。当然，没有独立的数字键盘区也可以正常操作，不过 Blender 为该键盘区赋予了扩展操作特性。此外，这种键盘也会让 3D 世界中的导航操作变得非常方便，让你能够控制摄像机，通过按下特定的键能够快速切换到对应的视角。Blender 也允许将字母区上方的数字键设为同样的功能（也可通过偏好设置面板开启），然而那样会限制它们原有的功能。我通常会配备一个便携式数字键盘（外形与计算器类似）插在我的小笔记本电脑上，这样我就能在不使用外接全键键盘的情况下顺畅地使用 Blender 了。

- **CPU**：所有的台式电脑和笔记本电脑都有 CPU（中央处理器）。Blender 是非常轻量级的软件，因此，目前的 CPU 足以胜任绝大多数的运算需要，你的场景越复杂，对 CPU 的性能要求就越高。否则，电脑会拖慢你的正常工作节奏。这里我并不打算推荐某款特定的 CPU 型号。只要记住一点，CPU 的性能越高，Blender 的运行性能就越好。

- **8GB 内存**：内存的容量也是非常重要的硬件指标，因为 Blender 会利用内存实现各种操作，如在渲染前存储场景数据（如果你的场景数据容量超出了内存容量，那么就无法完成渲染）。尽管你可以在仅安装了 1GB 内存的机器上运行 Blender，但我依然推荐至少配置 8GB 内存。

- **支持 CUDA 或 OpenCL 技术的图形显卡**：如果你打算使用 Cycles 引擎（Blender 自带的一款光线追踪渲染引擎）进行渲染，那么最好使用一张相对较好的显卡，因为 GPU（图形处理器）的运算速度远高于 CPU。要想使用 GPU 渲染，你的显卡必须支持 CUDA（NVIDIA 显卡）或 OpenCL（AMD 显卡）技术。

硬件并不在本书的讨论范围之内。因此，如果你想要一台可以使用 Blender

的电脑，建议根据你的预算向专业人士咨询适合你的硬件配置方案。

使用 Blender 的用户界面

在本节中，你将了解 Blender 用户界面的主要构成（见图 2.1），并了解如何按照你的需要进行设置。

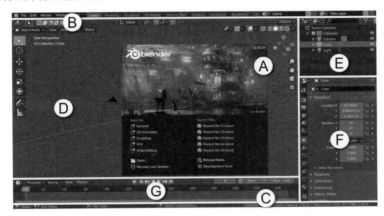

图 2.1　当你第一次打开 Blender 时，就会看到这个窗口

启动画面

启动画面（图中 A 区）是你打开 Blender 时在窗口中央看到的画面。在启动画面中可以看到一个用于新建文件、打开或恢复上一次会话的预设选项列表，以及最近使用过的文件列表等。

当你第一次打开 Blender 时，它会显示一些操作选项，让你选择不同的设置。如果你安装了旧版本的 Blender，那么你还会看到另一个选项，让你可以将旧版本的设置加载到新版本中。不过，我并不建议总是这样做，因为版本之间的差异可能会与更新的选项产生冲突。因此，我的建议是，只有当你在偏好设置面板中做了大量的更改，并且不想在新版本中重复所有这些工作时，才应考虑加载旧版本的设置。不过，还是建议你先浏览一下，看看其中一些选项是否需要更新设置。

小提示：

　　在本书的后续内容中，我将采用 Blender 的默认设置，并且会在做任何改动时特别说明。如果你要自行更改某些设置，请注意不要与本书提到的那些设置冲突（如不同的快捷键设定等）。

通常，我建议使用默认设置，这样便于你习惯它们，因为任何软件通常都是按照默认建议的设置方式来设计的。更改某些设置可能会导致你禁用或丧失某些功能。

那么，如何关闭启动画面并开始工作呢？只需要在用户界面上在除启动画面之外的任何地方单击鼠标左键，或者在启动画面的图像上单击**鼠标左键**。要想再次打开启动画面，可以单击左上角主菜单旁边的顶栏的 Blender 图标，然后从弹出的菜单中选择启动画面（Splash Screen）即可。

> **小提示：**
>
>　如果你不想在每次使用 Blender 时看到启动画面，可以在偏好设置（User Preference）面板中的界面（Interface）选项卡中将其禁用。

如果希望使用中文界面，可在"偏好设置"面板中设置。方法如下：单击软件顶部的编辑（Edit）菜单，并选择偏好设置（User Preference），此时会弹出一个新窗口。在左手边的第一个界面选项卡（Interface，默认会直接进入该选项卡）中找到翻译（Translation）面板，在语言（Language）下拉列表中选择 Simplified Chinese（简体中文）或 Traditional Chinse（繁体中文）即可。

顶栏与状态栏

我们先从 Blender 用户界面的这两个区域讲起，它们的位置是固定的，且位于其他区域的外围（见图 2.1）。

- **顶栏（图中 B 区）**：这是用户界面顶部的横条区域，也是主菜单和工作区（Workspace）选项卡所在的地方，包括场景和可见层。
- **状态栏（图中 C 区）**：这是用户界面底部的横条区域，它可以显示当前操作或工具的信息，在 Blender 进行渲染或物理模拟运算时会作为进度条显示，还可以显示场景统计数据等。它所显示的内容会根据光标的位置和正在执行的操作而显示相应的信息。

默认的编辑器

当你打开 Blender 时，顶栏和状态栏之间的主界面区域被划分成了四个部分：3D 视口（图中 D 区）、大纲视图（图中 E 区）、属性编辑器（图中 F 区）及时间线（图中 G 区）。在"理解编辑器的类型"一章中，我会对这些编辑器的用途进行详细的介绍。

理解区域和编辑器

Blender 的用户界面是由区域和编辑器的概念定义的。基本上可以将用户界面划分为若干个不重叠的区域，用户可以选择在每个区域中显示哪种编辑器。如图 2.1 所示的界面中的每个分块都是一个区域。

调整区域的大小

你可以对区域做的最基本的事情是调整它们的大小。如果将鼠标指针悬停在两个区域之间的共同边界上，则光标将变成一个两端带有箭头的线段，此时，你可以单击并拖动该线段，调整区域的大小。

分割及合并区域

你也可以分割及合并区域，让用户界面符合你的需要，这样就可以舒服地执行任务了。也许你需要一个 3D 视口和一个较大的大纲视图来管理一个复杂的场景，或者你需要几个 3D 视口来从不同的角度看你的场景。这些都可以做到。

每个区域都是矩形的，而且每个区域的四角都是圆角。如果你将鼠标指针悬停在这些角落，则光标将变成一个十字准星。此时，你就可以对区域进行操作啦！单击某一区域并将其拖动到相邻的区域，即可将两个区域合二为一；单击某一区域并将其拖动到当前区域的中央，就可以将其一分为二。拖动的方向决定了分割方式：如果是垂直拖动，那么区域将被水平分割，反之亦然（见图 2.2）。

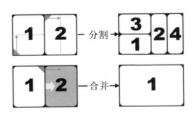

图 2.2　这是通过单击和拖动的方式来分割及合并区域的效果演示。
红色三角形表示单击的位置，红色箭头表示拖动的方向

在区域合并的过程中，变暗的区域就是将要消失的区域。在图 2.2 中，2 号区域消失了，1 号区域占据了整个空间。

分割及合并区域的另一种操作方式是右击区域之间的共同边界，你会看到一个带有分割和合并选项的菜单。选择一个你想要的选项，然后移动鼠标指针，当你对分割线的位置满意时单击鼠标左键即可。此外，在拖动区域时按

Tab 键可在垂直分割和水平分割之间切换。

┃ 小提示：

　　要想合并两个区域，必须确保它们的共用边界长度完全相同。如果单击并拖动区域无法完成合并，请检查它们的共同边界长度是否完全相同。

交换与复制区域

你可以对区域执行其他操作，如交换与复制。将光标悬停在某个区域的角落上，就像分割及合并一样，当光标变成十字准星时，即可执行以下任意一种操作。

单击时按住 **Ctrl** 键，同时将光标拖向另一个区域。此操作能够将两个区域内的编辑器互换。

单击时按住 **Shift** 键，同时向任意方向拖动。此操作可将该区域复制到一个新的窗口中。这个新窗口能够像主界面一样被分割成若干区域。现在，你就有了第二个 Blender 窗口，你可以将它放在其他的显示器上显示。

将区域最大化或全屏显示

无论你如何分割区域，都可能只需要专注于当前区域，并将其全屏显示，让其余的区域暂时隐藏，只需要按照如下步骤操作实现。

1. 将鼠标指针置于想要全屏显示的区域内。
2. 按 **Ctrl+Space** 键，可将窗口最大化显示。
3. 再次按 **Ctrl+Space** 键，可将窗口还原。

如果在上述步骤中按 **Ctrl+Alt+Space** 键，那么会进入真正意义上的全屏显示模式，连顶栏和状态栏都会被隐藏。

理解编辑器的类型

在各个区域中，你可以选择显示任意一种编辑器。在 Blender 中，编辑器是指你在某个区域中显示的内容。不同类型的编辑器所包含的工具和用途各不相同。

多数编辑器都有一个标题栏，这是一个位于区域顶部的横条，用来放置专供该编辑器使用的菜单及选项。各个编辑器的左上角通常会看到一个按钮，单击该按钮可看到一个下拉列表，其中列出了不同类型的编辑器，以供选用（见图 2.3）。

图 2.3   单击某个区域左上角的编辑器选择按钮，即可看到该菜单，
其中列出了可供选用的编辑器

以下是所有的编辑器类型。

- **3D 视口（3D Viewport）**：这里就是"见证奇迹"的地方，你可以在这里创建并放置物体，以及构建 3D 场景等。
- **图像编辑器（Image Editor）**：该编辑器可以加载参考图、浏览在场景中使用的图片，你甚至可以在这里进行绘画。
- **UV 编辑器（UV Editor）**：当你想要将模型展开，并定义如何将贴图映射到 3D 物体的表面时，就会用到这个编辑器。
- **着色编辑器（Shader Editor）**：这是一个基于节点的编辑器，用来创建材质。
- **合成器（Compositor）**：这是一个基于节点的编辑器，用来合成最终的渲染图、通道和场景层，并且能够添加效果、校正色彩等。
- **纹理节点编辑器（Texture Node Editor）**：该编辑器目前的用处并不大，但在未来的版本中有望成为一个用于创建纹理的节点编辑器。
- **视频序列编辑器（Video Sequencer）**：知道吗？Blender 还内置了一个视频编辑器！这个就是哦。
- **影片剪辑编辑器（Movie Clip Editor）**：在该编辑器中，你可以加载视频、为其创建并制作用于后期合成的遮罩动画等，还可以用来对摄像机和运动追踪片段进行分析。
- **动画摄影表（Dope Sheet）**：该编辑器能够帮助你控制动画的时序。
- **时间线（Timeline）**：时间线编辑器用来显示项目的时长、改变当前帧、创建关键帧，以及执行基本的关键帧与动画时序编辑等操作。
- **曲线编辑器（Graph Editor）**：在该编辑器中，你可以对动画曲线进行精细调节，以便控制动画中的关键帧之间的插值效果。
- **驱动器（Drivers）**：该编辑器用来设置物体的某个属性控制（驱动）其

他属性的条件。

- **非线性动画（Nonlinear Animation）**：你可以将不同的动作（动画）保存在某个物体中，然后在此编辑器中将它们合并为"片段"（Strip）。这一过程和视频编辑类似，区别是非线性动画是针对角色和绑定的动画。

- **文本编辑器（Text Editor）**：你可以使用此编辑器编写脚本（甚至可以从中运行 Python 脚本），或者添加场景注释。如果你和一个团队一起工作，那就很有必要添加关于如何使用场景的信息或说明。这时就会用到文本编辑器。

- **Python 控制台（Python Console）**：这是一个内建控制台，能够使用 Blender 的 Python API 和软件自身进行交互。该编辑器主要供开发者使用。

- **信息（Info）**：信息编辑器的界面类似控制台，用来显示 Blender 执行的动作的日志与警告信息等。同样，信息编辑器主要供开发者使用。

- **大纲视图（Outliner）**：大纲视图中显示了场景元素的树状图，用来查找物体或在场景的各个元素之间进行导览操作。在复杂的场景中，你可以选择特定的物体或群组，甚至可以按照名称来搜索。

- **属性编辑器（Properties）**：属性编辑器是 Blender 里最重要的编辑器之一，其包含多个选项卡及多组选项（根据所选物体的不同，选项卡的内容也有所不同）。在这里，你可以设置渲染尺寸及性能、添加修改器、设置物体参数、添加材质、控制粒子系统，以及设置场景的计量体系等。值得一提的是，选项卡的排列次序是逐步细化的（见图 2.4）。

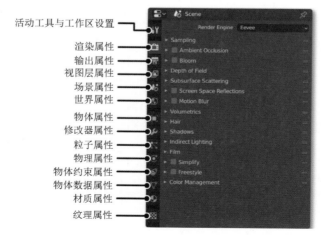

图 2.4　属性编辑器的选项卡一览。根据所选物体的不同，选项卡的内容也有所不同

- **文件浏览器（File Browser）**：文件浏览器可供在当前系统的文件夹中进行导览，如查看图像等。此外，你可以将其中的图片拖曳到其他的编辑器中。例如，将一张图片拖曳到 3D 视窗当中作为背景参考图。在编辑视频时，往往需要频繁地将视频文件素材拖曳到时间线的轨道上，此时，使用文件浏览器就会非常方便。
- **偏好设置（User Preferences）**：偏好设置窗口中包含若干选项卡，可用来设置 Blender 的快捷键等交互操作，也可用来更改界面元素的颜色与主题、调节性能设置、管理插件等。

小提示：

在界面宽度过小时，所有的标题栏或菜单（包括顶栏和状态栏）都只能显示部分内容。这时候，你在上面可以按住**鼠标中键**不放，然后滑动鼠标，这样就会看到其余的内容了。此外，也可以使用滚轮来达到同样的目的。

使用工作区

现在你已经了解了区域和编辑器的概念，也了解了如何使用它们，接下来我们来聊聊工作区。工作区（Workspace）用来保存区域和编辑器的配置方案，以便在不同的方案间一键切换。

Blender 为最常见的任务提供了一系列预定义的工作区，但你也可以根据自己的喜好定制、删除工作区，或者添加新的工作区。

工作区位于顶栏中，单击某个工作区的名称选项卡，即可在它们之间切换（见图 2.5）。

图 2.5　工作区在顶栏中的位置（位于界面的最上方）

工作区会自动记忆你最近一次的改动。也就是说，如果你更改了当前工作区的区域布局或编辑器类型，那么当你从其他工作区切换回来的时候，它将会是你改动后的样子。

小提示：

在 Blender 中，如果你在任何横向或纵向的选项卡上单击并拖动鼠标指针，那么将会切换显示它们的内容，从而实现一键探索。

在工作区选项卡上右击，你会看到更多选项，如对选项卡进行排序、对工作区进行删除或重命名等操作。

通过单击最后一个工作区选项卡右侧的"+"按钮，你可以基于某个默认的工作区来新建自己的工作区方案。

小提示：

　　工作区方案保存在 .blend 文件中。如果你配置了工作区并保存了 .blend 文件，那么当你再次打开它时（即使在另一台电脑上），Blender 会记住你设置的工作区。当打开一个文件时，你会看到一个加载用户界面（Load UI）选项。你可以启用或禁用该选项。如果你禁用了加载用户界面选项，那么文件将会加载你的默认界面设置；如果你启用了该选项（默认启用），那么 Blender 将加载保存在文件中的用户界面方案。

此外，你还可以对工作区进行一些配置操作（见图 2.6）。

图 2.6　在属性编辑器中，你可以找到工作区的相关选项

这些选项位于属性编辑器中，可在活动工具（Active Tools）选项卡中的工作区（Workspace）选项卡中找到。可用的选项如下。

- **模式（Mode）**：你可以选择切换到当前工作区时自动激活的物体模式（我们将在第 3 章对交互模式进行详细介绍）。
- **过滤插件（Filter Add-ons）**：你可以启用此选项，然后在列表中勾选想要过滤的插件。这样就能自定义在特定的工作区中显示或隐藏哪些插件了。

小提示：

　　如果你在 3D 视口中全屏工作，那么你也可以从侧边栏访问这些工作区选项（当你的鼠标指针在 3D 视口中时按 N 键即可在打开的侧边栏中看到它）。这样你就能直接访问这些选项了，而不必退出全屏模式去查看属性编辑器中的选项。关于侧边栏，我们会在本章后面介绍。

了解 Blender 的界面元素

　　本节将带你探索 Blender 用户界面中最常见的一些元素，让你可以快速上手。

了解菜单和弹出框

　　菜单和弹出框是非常常见的，你通常会在其他菜单、编辑器标题栏和按钮中看到它们。它们包含相关的选项、可以启动的工具，以及启用或禁用参数的复选框（见图 2.7）。

图 2.7　菜单（左）与弹出框（右）示例。当你单击某个按钮或菜单时就会出现这两种元素类型，随后，当你选定了某个选项或将鼠标指针移出它们的范围后，它们会随即自动隐藏

了解面板

　　在界面上，面板随处可见，特别是在编辑器的侧边栏属性编辑器中。在面板中，信息组和选项组以区块的方式呈现，并附带标题（见图 2.8）。

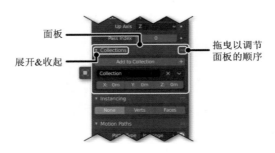

图 2.8　面板及其主要控制元素

在面板顶部的标题前面有一个三角形图标。当三角形指向侧方时，意味着该面板为收起状态；当三角形指向下方时，意味着该面板为展开状态。单击这个三角形图标就能展开或收起面板，还可以在鼠标指针悬停在该面板区域时按 **A** 键。

要想调整面板的顺序，只需要单击并拖曳右上角的点状图标，建议在面板为收起状态下调节，这样会更方便。

小提示：

　　单击某个面板标题并向其他面板拖曳时，也会自动展开或收起沿途经过的面板，这样就可以快速展开或收起该菜单中的所有面板了，这在清理或管理界面时非常有用。

了解饼菜单

饼菜单（Pie Menu）会在某些时候显示出来。例如，当你按 **Z** 键选择视口着色模式时；当你按下某个扇形菜单所指定的键盘快捷键时，就会以鼠标指针的光标为圆心，将若干选项排成环形显示出来（见图 2.9）。

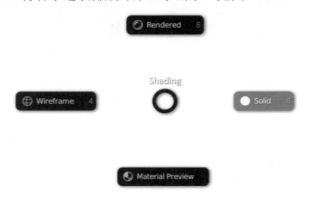

图 2.9　将鼠标指针移动到饼菜单任意方向上的选项上并单击，即可使用该选项

　　这时候，你可以用鼠标指针绕着如图 2.9 所示的中央圆环来选择某个方向上的选项，该选项会被高亮显示（在图 2.9 中，实体（Solid）选项会被高亮显示）。单击该高亮按钮即可使用该选项。

　　饼菜单依赖肌肉记忆。在使用一段时间后，你就会记住该选项在饼菜单中的方向，这也是使用饼菜单最有效的方式。以下是饼菜单的基本操作方式。

　　1．按住某个快捷键不放，会显示某个饼菜单。

　　2．将鼠标指针移动到某个饼菜单方向上的选项上，使其高亮显示。

　　3．松开快捷键。

　　就是这么简单！你无须按下任何鼠标键，只需要按住那个快捷键片刻。熟悉了这种操作方式以后，你的效率会越来越高，你所用的时间只是按下那个快捷键的时间。这种操作方式的优势在于，它会让你只用一个按键就实现多个相关的动作（如图 2.9 中的那些视口着色选项），只需要记住某个选项在饼菜单中的方向。

　　以图 2.9 为例，按住键盘上的 **Z** 键，同时向右移动一下鼠标指针，当实体选项被高亮显示时，松开 **Z** 键即可。

　　另外，饼菜单的每个选项旁边都有一个数字，按下数字键盘区对应的数字，也能达到同样的目的。你可以把数字键盘区想象成一个以数字 5 为中心的转盘，其他的数字代表饼菜单上的某个方向，是不是很直观呢？

小提示：

　　其实，你甚至可以在饼菜单弹出之前就开始移动鼠标指针，这样反倒更加节省时间，因为不用等看到饼菜单之后再进行操作。

理解 3D 视口

　　本节将介绍 3D 视口编辑器的一些元素，这是 Blender 的主要编辑器（见图 2.10）。

　　如图 2.10 所示的各个界面元素如下。

- **标题栏与工具设置栏**（图中 **A** 区）：每个编辑器都有一个标题栏，它是当前视图的顶部或底部的一个水平条，其中包含特定编辑器的菜单和选项（详情参见本章后面的"理解 3D 视口的标题栏"一节）。如果启用了工具设置栏，那么标题栏就会分为两行。这时候，当前正在使用的工具的设置会显示在第一行。你可以通过右击工具设置栏或标题栏并勾选所需的复选框来启用或禁用标题栏与工具设置栏。

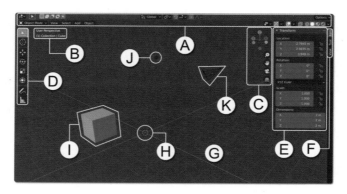

图 2.10　3D 视口。可以说，你多数时间都在和它打交道

- **视口文本信息（图中 B 区）**：在左上角（默认），你会看到当前视图的名称（如用户透视视图、正交前视图、正交右视图等）。如果你不知道场景中当前使用的摄像机或视角，只需要看一眼 B 区就能知道。圆括号内的数字表示当前位于第几帧，这里还显示了选中的物体所在集合的名称（"集合"的概念类似文件夹，用来管理场景，我们稍后会讲到），以及当前的活动物体（最后一个被选中的物体）。

- **导览操纵件（图中 C 区）**：位于 3D 视口右上角，能够让你方便地进行 3D 视口导览（详情参见"在 3D 场景中导览"一节）。

- **工具栏（图中 D 区）**：这里列出了可在当前模式下使用的工具。

- **侧边栏（图中 E 区）**：侧边栏会显示一些菜单，包含一些针对当前所选物体、视图，以及所安装插件的选项。

- **侧边栏选项卡（图中 F 区）**：侧边栏选项卡会让你看到不同类别的选项。通常，插件有自己专用的选项卡。

- **网格面（图中 G 区）**：网格呈现的是场景的"地面"，并用 X 轴（红色）和 Y 轴（绿色）作为场景的朝向和比例的参照。在默认情况下，1 网格代表 1 米。不过，你也可以在 3D 视口叠加层弹出框中（详见本章后面的"理解 3D 视口的标题栏"一节）自定义网格的比例和级数。

- **3D 光标（图中 H 区）**：3D 光标定义了将被新建的物体的起始位置，并可用作对齐工具和轴心点。详见本章后面的"理解 3D 游标"一节。

- **默认的立方体（图中 I 区）**：当你初次打开 Blender 时，会看到场景中央有一个立方体，让你有一个可以编辑的几何体。要想删掉它，可以按键盘上的 **X** 键或 **Del** 键，也可以选定你想在启动 Blender 时显示的其他物体，甚至是一个全空的场景。

- **灯光（图中 J 区）**：如果你想要渲染出好的效果，那么就需要在场景中添加灯光，有明有暗，这样才更真实。在默认情况下，Blender 会在场景中添加一个点光灯，作为基础的照明光源。

- **摄像机（图中 K 区）**：如果场景中没有摄像机，那么你就无法执行渲染（从 3D 场景生成 2D 图像或动画的过程）。摄像机定义了视角、视场、缩放和景深，以及其他帮助你根据 3D 视口生成最终渲染图的选项。

花点时间去熟悉 3D 视口的操作，你会逐渐熟悉这些元素。

理解区域

任何编辑器都由区域组成，区域是供某个编辑器使用的独立部分。例如，编辑器的侧边栏、工具栏和标题栏都是区域。它们不是编辑器的固定元素：它们的大小可变，甚至可在不需要时隐藏。以下是编辑器的主要区域。

- **工具栏**：工具栏显示了当前正在使用的工具，它定义了单击它们时执行的操作。你可以调整工具栏大小或隐藏它们。
  - 将鼠标指针悬停在工具栏的右边框上，直到光标变成双箭头线。单击并拖动工具栏即可调整其大小，工具栏将首先变成两列图标，然后变成一列，且旁边会显示工具的名称。如果向左拖动，则可以将它调整为一列图标，或者最终完全隐藏它。
  - 将鼠标指针悬停在工具栏上，按住 Ctrl+**鼠标中键**，并上下拖动，即可改变图标的大小（这种操作方式同样适用于界面的其他地方，用来放大或缩小菜单）。
  - 当鼠标指针位于编辑器内时，你可以通过按 **T** 键来隐藏或显示工具栏。
  - 当工具栏被隐藏时，你可以按 **T** 键来解除隐藏。此外，你也可以在编辑器的左边框上看到一个带有箭头图标的小按钮。单击该按钮，可以让工具栏再次出现。
  - 有时候，工具栏上可能有很多工具，如果界面不够大，则可能不会让所有工具都显示出来。这时候，你可以在工具栏的右边框处看到一个滚动条，这样就能翻页显示那些工具了，也可以使用鼠标滚轮滚动，或者用**鼠标中键**单击工具栏不放并上下拖动工具栏，同样可以查看隐藏的工具。
- **侧边栏**：当鼠标指针悬停在任意选项卡上时，你可以按住 **Alt** 键并滚动鼠标滚轮，即可在多个选项卡之间轮流显示它们。
  - 按键盘上的 **N** 键，可以显示或隐藏侧边栏。

■ 将鼠标指针悬停在侧边栏的左边框上，可以调整它的大小，此时鼠标指针将变成双箭头线。如果一直向右拖动边界，则可将其隐藏。

■ 当侧边栏被隐藏时，你会在编辑器的右边框上看到一个带有左箭头的小按钮，单击该按钮即可重新打开侧边栏。

● **标题栏**：标题栏上显示了针对每个编辑器的若干选项和工具。你可以把它隐藏，或者选择把它显示在顶部或底部等。在菜单栏上的任何按钮处右击，找到标题栏（Header）子菜单，你会看到如下选项（详见下一节）。

■ **显示标题栏**：该选项默认是启用的，禁用它即可隐藏标题栏。

■ **工具设置项**：如果启用该选项，则会在顶部看到一个横栏，显示活动工具（你在工具栏上选择的那个工具）的设置项，你通常会在侧边栏的活动工具面板或属性编辑器的工作区选项卡上看到这些选项。

■ **显示菜单**：如果禁用该选项，则编辑器菜单将隐藏在一个三道杠的图标中。如果你在一个小屏幕上工作，那么你可能会发现这个选项很有用。

■ **在顶部显示/在底部显示**：该选项将标题栏从编辑器的顶部移动到底部，或者从底部移动到顶部。

理解 3D 视口的标题栏

可以说，3D 视口的标题栏是 Blender 中最复杂的标题栏，毕竟 3D 视口是你花费时间最多的地方（见图 2.11）。

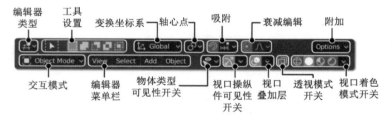

图 2.11　3D 视口标题栏及工具设置项，其中包含两行按钮，会根据界面的宽度自适应显示

你会发现 3D 视口的标题栏位于 3D 视口的顶部（大多数编辑器的标题栏都默认在编辑器的顶部）。下面大致介绍一下你可以在标题栏上实现的操作（从左到右）。

● **编辑器类型**：选择当前区域中显示的编辑器类型。

● **交互模式**：根据你想做的任务，选择你在场景中工作的模式（如用于建模的编辑模式、用于雕刻的雕刻模式等）。

- **工具设置**：提供一系列按钮和选项，用来控制活动工具的行为。
- **编辑器菜单栏**：提供可以在特定编辑器中使用的选项和工具。在这里，对 3D 视口来说，你可以看到视图（View）、选择（Select）、添加（Add）和物体（Object）菜单。
- **变换坐标系**：用来选择用于变换操作（移动、旋转和缩放）的坐标系，如物体的自身坐标系或场景的全局坐标系等。

什么是变换和编辑?

　　在 3D 世界里，你可以执行两类操作，变换和编辑。移动、旋转和缩放属于变换操作。而编辑是指用来创建或修改物体的几何形状所执行的操作。

- **轴心点**：在空间中为变换物体提供一个参照点。
- **物体类型可见性开关**：让你根据物体的类型（网格、摄像机、灯光、曲线等）显示或隐藏物体，并使它们可被选中或不可被选中。
- **吸附**：在执行变换操作时，会有若干选项帮你将选中的内容吸附到其他元素上。单击带有向下箭头的按钮可选择吸附选项，单击磁铁图标可用来启用或禁用吸附操作。
- **视口操纵件可见性开关**：可以让你选择哪个操纵件可显示或隐藏在 3D 视口中。单击带有向下箭头的按钮可从中选择显示或隐藏操纵件。如果你单击的是箭头按钮旁边的图标，则可隐藏所有的操纵件。
- **衰减编辑**：可以让你选用不同的衰减方法，用来在变换选区时影响周围的物体。在选区周围的圆圈表示效果的影响范围，你可以用鼠标滚轮来调整其大小。物体离选区越远，它受到变换的影响就越小。单击带向下箭头的按钮，可设置衰减曲线，单击旁边的图标可启用或禁用比例编辑功能。
- **视口叠加层**：这里提供了很多选项，用来显示或隐藏 Blender 可以在 3D 场景上显示的信息，包括所选物体的轮廓、它们的原点位置（轴心点）等。如果你单击带向下箭头的按钮，则会出现一个弹出框，里面显示了很多选项。如果单击旁边的图标，则可以隐藏所有的叠加层。
- **透视模式开关**：该选项能透视物体。该选项只适用于线框（Wireframe）和实体（Solid）这两种视口着色模式。你可以在视口着色模式开关中调节该效果的显示强度。

- **附加**：提供一些与你所处的交互模式相关的附加选项。
- **视口着色模式开关**：可以让你选择场景的显示样式。一般来说，你要从线框、实体、材质预览或渲染这四种视口着色模式中选择一种。单击这几个模式图标右侧的箭头按钮可以自定义特定的视口着色模式。

在 3D 场景中导览

现在你对 3D 视口已经有了一定的了解，让我们来看看如何在 3D 视口中进行导览，以便能够检视你所创建的 3D 场景。当鼠标指针悬停在 3D 视口区域内时，你可以执行一些动作以改变当前的视角，也可以用不同的方式在场景中进行导览。

用鼠标、键盘及数字键盘区在 3D 场景中进行导览

在 3D 场景中进行导览的主要方式是使用鼠标和键盘。在图 2.12 中，可以看到主要的导览操作按键。

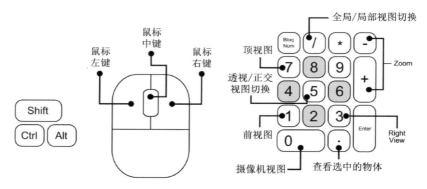

图 2.12   在 3D 场景中进行导览主要依靠鼠标和键盘。
图中的灰色键用来以固定的角度旋转摄像机

以下是可以通过鼠标和键盘实现的导览动作。

- **平移（Shift + 鼠标中键）**：在当前视图中平移摄像机视角。
- **旋转（鼠标中键或数字键盘区的"4""8""6""2"键）**：绕场景旋转摄像机。按住**鼠标中键**然后按住 **Alt** 键，并拖动鼠标，可按照 45° 的增量旋转视口。
- **缩放（鼠标滚轮或 Ctrl + 鼠标中键并拖曳，或者数字键盘区的"+""–"键）**：以某点为基准推近或拉远视角。

- 查看选中物体（数字键盘区的"."键）：以选中的物体为摄像机的中心，缩放摄像机视角。
- 预设视角（前视图、右视图、顶视图，对应的快捷键分别是数字键盘区的"1""3""7"键）：切换到与某个轴向对齐的视角。同时按住 **Ctrl** 键可切换到对应的对立面视图（后视图、左视图、底视图）。
- 透视/正交视图切换（数字键盘区的"5"键）：该操作可在透视视图与正交视图间进行切换。

自动透视

　　在默认情况下，Blender 会在切换到预设视角（如前视图、右视图或顶视图）时自动切换透视视角与正交视角。如果你不想这样，则可以在偏好设置里将"自动透视"（Auto Perspective）功能关掉，从而只在"导览"选项卡中的"旋转与平移"面板中进行操作。

- 摄像机视图（数字键盘区的"0"键）：该操作可跳转到当前使用的摄像机视角。选中一个摄像机，然后按 **Ctrl + 数字键盘区的"0"键**即可将该摄像机设为当前使用的摄像机。**Ctrl + Alt + 数字键盘区的"0"键**可将当前使用的摄像机视角跳转到当前视图视角。请注意，**Ctrl + 数字键盘区的"0"键**也可将其他类型的物体当作摄像机使用。因此，当你在选中某个物体后不小心按下这个组合键而跳转到一个奇怪的视角时，不必担心，其实从另一方面来讲，在某些时候这也有助于调整物体的朝向。例如，你可以利用这个功能将视角定位到某个定向光源物体上，这会让你对光线的照明范围有更直观的了解。
- 全局/局部视图（数字键盘区的"/"键）：局部视图会将除选中的物体以外的所有物体隐藏，这样就可以将遮挡视线的物体屏蔽掉。再次按下该键即可切换回全局视图。

小提示：

　　在局部（Local）视图下，只在全局（Global）视图下使用的选项无法使用。如果你找不到某些选项，请确认自己是否在使用局部视图。确认方法是查看 3D 视口左上角的文本信息。如果你正在使用局部视图，那么你会在视角名称旁边看到"局部"（Local）的字样。

- 行走漫游模式（**Shift + `**）：在画面中慢速移动。使用键盘的**方向键**或**A**、**S**、**D**、**F** 键在画面中进行导览，和电视游戏的控制方式一样；使

用 **Q** 键和 **E** 键可以上升或下降；使用鼠标旋转摄像机；使用鼠标滚轮调节移动时的速度；按 **G** 键可启用重力效果（就像在游戏中那样，摄像机落在场景中的几何体表面。单击可确定移动结果，右击可取消操作）。

值得一提的是，根据你所采用的键盘布局的不同，上述快捷键可能会有所不同。例如，在西班牙语键盘上，该快捷键是 **Shift+Ñ**。

飞行漫游模式

这是除行走漫游模式之外的另一种漫游方式。你可以在偏好设置面板（本章稍后会讲到）中的飞行漫游与行走漫游选项卡之间切换使用，快捷键同样是 **Shift +** `。在飞行模式下，你可以在场景中飞行，而不是步行。

步行模式下，你可以用鼠标旋转视角，按**鼠标中键**并拖动可平移视角。鼠标滚轮可控制向前和向后飞行（你还可以用鼠标滚轮控制飞行速度）。单击接受移动，右击取消移动。

飞行漫游模式和行走漫游模式都可以用来从摄像机处查看场景。接受移动将改变摄像机的位置和朝向。因此，用这些导览模式来控制摄像机视角是很有趣的。

通过视图菜单进行导览

有时候，你可能不便使用数字键盘区来导览（如你使用的是笔记本电脑），那么你可以在 3D 视口标题栏的视图（View）菜单下找到大多数的导览控制选项。

通过 3D 视口的导览操纵件导览

如图 2.10 所示，3D 视口的右上角有一些导览操纵件，如果你的电脑的键盘没有数字键盘区，或者你没有三键鼠标（如你在使用触控板或数位板），那么这些导览操纵件将非常有用。

你会看到四个按钮和一个轴。单击最下方的按钮可以在透视视图和正交视图之间进行切换；另外三个按钮可以让你通过单击并拖动的方式分别实现平移、旋转和缩放操作。轴表示视图的当前朝向，单击它上面的轴向可以切换到对应的轴向视图。单击轴上任何一个顶点的圆，视图将会跳转到它们所代表的正交视图（上、下、右、左、前、后）。

选择物体

要想对 Blender 中的物体进行任何操作，需要先选中它们。

在默认情况下，在物体上单击即可选中它。当然，你也可以在偏好设置面板中设置为用**鼠标右键**来选中物体。被选中的物体的轮廓会被高亮显示。

在单击物体时按住 **Shift** 键可将物体添加到当前选区。

活动选中项的概念与从选择中减去物体

Blender 使用了活动选中项的概念：活动选中项是指你选择的最后的物体。当你向一个选区添加多个物体时，最后一个轮廓是亮的物体是活动物体。当你在属性编辑器中更改参数、切换交互模式或进行添加材质等操作时，这些更改只影响活动物体。你还可以使用活动物体的中心点作为变换操作的轴心点。

要想更改活动物体的属性并将其应用于选择的其余部分，只需要在更改属性时按住 **Alt** 键。

如果选择了多个物体，那么可以单击其中任何一个物体并按住 **Shift** 键，即可将其转换为新的活动物体。

要想从选区中减去物体，需要单击它们，并按住 **Shift** 键。然而，这同时会将被选中的物体变成活动物体，要记住这一点。有时你需要随后再次按住 **Shift** 键并单击你想最终作为活动物体的那个物体，按住 **Shift** 键并再次单击该物体则可从选区中减去它。

此外，还有几种选择方式可供使用：框选、刷选和套选（见图 2.13）。

图 2.13　框选（左）、刷选（中）和套选（右）

它们的操作方法如下。

- **框选**：按 **B** 键并拖动**鼠标左键**确定一个矩形选区。在默认情况下，位于矩形框内的所有物体都会被选中，若换用**鼠标中键**拖曳矩形框，则可对当前选区进行减选操作。
- **刷选**：按 **C** 键后鼠标指针会变成一个圆圈。滚动鼠标滚轮可调节"笔刷"的大小，拖动**鼠标左键**可将刷到的物体添加到选区，按**鼠标中键**可减选，按 **Esc** 键或**鼠标右键**可取消操作。

- **套选**：按 **Ctrl +** **鼠标右键**并拖曳可在想要选中的物体上面画出套索形状。套索区域以内的物体均可被添加为当前选中的物体。

全选和取消全选

在 Blender 中，按 **A** 键可以选中场景中的所有物体。要想放弃选中已选中的物体，按 **Alt+A** 键即可。请记住，在 Blender 中，**Alt** 键通常被用来从当前的操作中反向减去元素。例如，**I** 键用于添加关键帧，**Alt+I** 键则用来移除关键帧；**G** 键用来移动物体的位置，**Alt+G** 键则用来还原物体的位置。

使用活动工具进行选择

目前，我已经介绍了如何使用键盘快捷键进行选择。然而，从 Blender 2.80 开始，我们有了一种新的方法：活动工具。

在工具栏上，顶部的第一个按钮是选择工具。仔细观察就会发现，有些工具按钮的右下角会有一个小三角形，它代表该工具还有很多子选项。单击并按住该按钮不放，就会看到更多的选项。

此外，你也可以按下为活动工具定义的快捷键，用来在多个选项之间循环选择。以选择工具为例，它的默认快捷键是 **W**，试试按 **W** 键若干次，即可在不同的选择工具之间进行切换。

选择活动工具意味着每当你在编辑器（本例中为 3D 视口）内单击时，即可执行该操作。因此，如果你的活动工具是其中一种选择模式，那么当你单击并拖动时，将执行当前选定的选择操作（如果只是单击，那么它仍可用来选择物体）。

可以看出，用于选择的活动工具包括框选、刷选和套选。第一个选项叫作选择（Select），上面有一个光标的图标和一个十字准星。该选项可以让你在单击并拖动时选中并拖动（移动）某个物体。而其他选项的操作效果分别是画出方框、圆形和套索来进行选择。

请记住，活动工具的工作方式与通过键盘快捷键来选择略有不同，因为它们的目的是让你使用单击的方式进行操作。使用活动工具选择的物体将被添加到已有的选区中。按住 **Ctrl+鼠标左键**并拖动，即可从选区中减去物体。

此外，在界面的多个地方都可以找到选择操作工具（如减去、交集、添加等）。包括属性编辑器的活动工具和工作区选项卡上标题上的工具设置栏，以及工具栏的工具选项卡上的活动工具面板。如果使用的是刷选工具，那么会看到半径选项。

理解 3D 游标

当你初次打开 Blender 时，可能会对一个东西感到奇怪——为什么场景中央总是有一个小圆圈（像个救生圈），是做什么用的呢？它就是 3D 游标，是 Blender 独有的设计。尽管乍一看会觉得有点碍眼，但等你对它的功能了解之后，就会觉得它非常有用。

以下是 3D 游标的主要功能。

- 用来定义新建物体的初始位置。
- 用来对齐物体。
- 用作旋转或缩放物体的轴心点。

按 **Shift + S** 键可调出吸附（Snap）饼菜单（见图 2.14）。其中包含了与 3D 游标相关的几个选项。

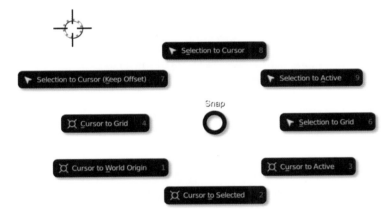

图 2.14　吸附饼菜单（**Shift+S**）及 3D 游标

举个例子，假如你想将某个物体与另一个物体表面上的特定位置对齐，那么你可以选中该物体上的某个顶点，按下 **Shift + S** 键，选择"**游标 → 选中项**"（**Cursor to Selected**）。然后选择另一个物体，按下 **Shift + S** 键，并选择"**选中项 → 游标**"（**Selected to Cursor**）。

有时候，将 3D 游标作为旋转或缩放物体的轴心点会非常方便！假设你想要设置一个角色，有了 3D 游标之后不需要绑定骨架也能完成简单的姿势编辑。例如，你可以选择腿上的顶点，将 3D 游标放置在关节处，并将光标作为轴心点来旋转这些顶点。

要想将 3D 游标作为轴心点，有以下两种方式。

- 从 3D 视口编辑器标题栏的**轴心点**弹出框中选择 3D 游标。
- 按键盘上的 "**.**"（句号）键，调出饼菜单，这里同样可以选择轴心点，从中选择 3D 游标即可。

目前，你可能不太能理解一些 Blender 术语，如变换（Transform）、顶点（Vertices）或骨架（Skeleton）等，或者不了解如何使用它们。不过别担心，我们将在下一章学到。

> 小提示：
>
> 　当你将 3D 游标作为轴心点后想要复原时，要记住 Blender 默认的轴心点是**质心点**（Median Point），也就是所有被选中的物体的平均轴心点。建议大家也去试试其他类型的轴心点的应用效果。

放置 3D 游标

要想把 3D 游标放在你想放的位置，主要有以下几种方式。

- 在你想放置它的地方按 **Shift+鼠标右键**。如果你把它放在了某个 3D 物体上，那么它会吸附到鼠标指针所在位置的物体表面。随着视角的改变，它在屏幕上的位置也会变化。因此，要记住，如果你在顶视图视角放置它，那么必定会把它放在地面物体上。
- 使用 3D 游标活动工具并在 3D 视口内单击，操作效果和上一种方式相同。
- 按 **Shift+S** 键可以把 3D 游标吸附到选中的物体上。
- 在 3D 视口侧边栏的视图（View）选项卡中找到 3D 游标面板，可以通过手动输入数值的方式来设置 3D 游标的坐标位置。

理解 Blender 的偏好设置

从编辑（Edit）菜单中，选择偏好设置（User Preference），即可打开 Blender 的偏好设置面板，里面有很多选项可供设置（见图 2.15）。另外，也可以在界面的任何区域中，从编辑器列表中打开偏好设置面板。

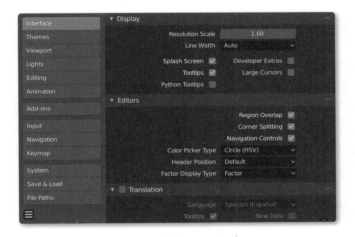

图 2.15　Blender 的偏好设置面板

在该编辑器的左侧有若干选项卡，每个选项卡都包含一类选项。

- **界面（Interface）**：你可以在这里控制界面元素的大小（例如，在你拥有一块高分辨率显示器时就会用到它）及界面的工作方式。
- **主题（Themes）**：你可以在这里创建自己的配色方案，以及其他一些外观设置选项。
- **视图（Viewport）**：在这里，你可以设置和 3D 视口相关的选项，如渲染品质（数值越大，品质越好，但会相对影响一些性能）。
- **灯光（Lights）**：如果你使用材质预览和渲染视口着色模式中的 Studio Lights、MatCaps 或 HDRI 模式，那么可以在这里安装并设置自己的图像和预设方案。
- **编辑（Editing）**：用来定义 Blender 中的编辑方式。
- **动画（Animation）**：用来控制动画、关键帧，以及动画曲线（F-Curves）。
- **插件（Add-ons）**：用来管理 Blender 的插件，或者安装新的插件，实现新的功能。其中，多数插件默认是禁用的。如果有需要，可以启用它们。
- **输入（Input）**：如果你想要模拟一个数字键盘区或三键鼠标，或者设置鼠标双击速度或拖曳阈值，可以在这里设置。
- **视图切换（Navigation）**：这里包含一些和 3D 导览相关的选项。
- **键盘映射（Keymap）**：这里是自定义快捷键的地方，也可以用来定义鼠标和键盘的操作方式。此外，你可以在这里创建、编辑、导出或导入自定义键盘映射方案。实际上，Blender 自带一些预定义的键盘映射方案，如果你是从其他 3D 软件（工业标准的键盘映射方案）转到 Blender 的，那么它们可以帮助你迅速适应操作。

- **系统（System）**：你可以在这里设置用于渲染的硬件（如果你想要用图形显卡来进行 Blender 渲染，则需要在这里设置）、内存管理、声间设置等选项。
- **保存&加载（Save&Load）**：你可以在这里设置关于自动保存、备份、保存和加载文件的预设方案等相关操作。
- **文件路径（File Paths）**：用来定义文件路径，包括与 Blender 关联的外部软件（如渲染动画的播放软件或图像编辑软件），以及 Blender 的文件保存方式。

保存偏好设置

在默认情况下，偏好设置会在你关闭 Blender 的时候自动保存。在偏好设置面板的左下角有一个"三道杠"图标，单击它就会看到如下选项。

- **加载初始设置（Load Factory Preferences）**：该选项用来将偏好设置恢复到初始状态（在下节会进行详细介绍）。
- **恢复至自动保存的设置（Revert to Saved Preferences）**：如果你更改了设置中的某些内容，但没有保存更改的结果，则可以将它们还原为最后一次保存的状态。如果你想在尝试进行各种设置时不用担心碰到不该碰的选项，那么这个选项就很方便了。但是要记得在关闭 Blender 之前恢复到最后一次保存的状态，否则就真的会自动保存了！
- **保存设置（Save Preferences）**：该选项用来手动保存当前设置，同时生成一个供上一个选项还原时用的配置文件。如果你在偏好设置面板中禁用了自动保存设置，那就必须用这个选项才能保存设置。
- **自动保存设置（Auto-Save Preferences）**：该选项默认启用，但如果你想要手动保存设置，可以禁用它。

恢复偏好设置

如果你更改了某些设置且不知道如何还原，或者你想重启 Blender 偏好设置，可以采用如下两种方法。

- **依次单击文件（File）→ 默认（Defaults）→ 加载初始设置（Load Factory Settings）**。该选项可以将 Blender 的配置方案恢复到初始状态。如果你想要保存那些设置，则必须手动保存偏好设置（详见上一节）并保存启动文件（详见下一节内容）。
- 在偏好设置面板中，选择**保存&加载（Save & Load）→ 加载初始设置**

（**Load Factory Preferences**）。该选项可在左下角的"三道杠"菜单中找到。该操作能够初始化设置而不改变文件、工作区、区域、编辑器布局等方案。如果你想在这一步操作后保存新的设置，则必须手动保存设置（详见上一节）。

创建你自己的启动文件

可以看到，Blender 的用户界面设置是非常灵活的。但如果我告诉你，你还可以创建一个文件，从而当你每次打开 Blender 时，都会默认展现同样的工作区、面板和菜单布局、默认场景物体、摄像机，以及可见性等的设置呢？没错，完全可以！这个文件就叫作启动文件（Startup File）。

首先，先把你的用户界面设置成想要的样子，然后依次单击文件（**File**）→ 默认（**Defaults**）→ 保存启动文件（**Save Startup File**）。当你下次打开 Blender 的时候，就会直接看到这个用户界面了。

这个技术的有趣之处在于，你只需要根据自己的需要设置一次就够了，而无须每次打开 Blender 后都重复进行相同的一套设置操作。

总结

好啦，你已经了解了 Blender 的界面操作方式。这些都是操纵物体及制作项目的必要基础。你学会了如何分割界面并选择编辑器的类型，学会了使用快捷键在 3D 场景中进行导览，也学会了如何按照自己的喜好对默认界面进行方便而快速的自定义操作。在第 3 章"你的第一个 Blender 场景"中，你将学习如何操纵物体，并完成实质的工作。

小提示：
　如果你想了解关于界面和导览等方面的更多细节，可以查阅 Blender 的官方用户手册。

练习

1. 创建一个新的工作区，分割区域，并将多个区域合并成一个单独区域，完成后再将此工作区删除。

2．数字键盘区的按键在 Blender 中有什么作用？

3．选中场景中的所有物体，然后再次取消选择。

4．3D 游标的主要功能是什么？如何使用它？

5．在 Blender 中是否能更改快捷键？如果可以，该怎么做？

6．Blender 的存储格式是什么？

你的第一个 Blender 场景

现在你已经了解了 Blender 的基础知识。经过练习，你也会掌握界面的操控方法。现在是时候去创建一些物体并进行交互、添加修改器、材质及灯光，最终渲染自己的作品出来啦！本章演示了一个非常简单的练习案例，能够帮助你更好地了解如何去创建自己的第一个 Blender 场景。你也将学习 Blender Render 及 Cycles，它们是 Blender 自带的两个渲染引擎。如果这是你第一次使用 Blender，那么本章内容将对你特别有用。希望你在学完本章之后，能够对如何在 3D 环境中创建场景有一个大致的了解，包括把它导出成一张图片。

创建物体

当你打开 Blender 时，你会看到那个熟悉的立方体位于场景中央。你完全可以用这个立方体创建自己的物体，也可以把它删掉。要想在 Blender 中删除物体，只需要在选中物体后按 **X** 键或 **Delete** 键，并单击对话框中的删除（Delete）按钮（如果你按的是 **Delete** 键而不是 **X** 键，则不会弹出对话框）。

首先，创建物体的方法主要有以下几种。

- 在 3D 视口顶栏的添加（Add）菜单中添加物体。
- 在 3D 视口中按 **Shift+A** 键，即可看到弹出了同样的添加菜单。
- 按 **F3** 键弹出搜索（Search）菜单，输入你想要创建的物体的名称。菜单将过滤出包含你所输入内容的选项或工具。例如，如果输入"cube"，那么菜单中将会显示 Add Cube（添加立方体）选项，单击该选项，即可创建一个立方体（注：如果将界面设置成中文，那么目前需要输入"添加立方体"才行）。

以上任意一种方法都可以实现在 3D 场景中的 3D 游标所在的位置创建一个物体。

创建物体以后，3D 视口左下角会出现调整上一次操作菜单（该菜单没有固定的标题，显示的内容会根据具体操作而不同）。例如，如果你创建了一个柱体，那么可以在刚创建后控制它的参数，如大小和边数等。

调整上一次操作菜单

当你执行完一次能够在后续被调整的操作后，调整上一次操作菜单将会显示在 3D 视口的左下角。单击该菜单的标题栏可以展开或收起它（标题栏上会显示上一次的操作名称）。

在该菜单中，你会看到可供调节上一次操作的所有选项。例如，当你移动某个物体时，你可以在这里手动编辑 X、Y、Z 三个轴向的最终坐标值，也可以切换坐标系，以及启用或禁用衰减编辑功能。在使用工具之后，建议在这里最终确认无误。而且有时候你还会在这里发现一些未曾见过的有意思的功能。

如果你不希望该菜单默认总是显示的，那么可以在 3D 视口标题栏的视图（View）菜单中找到调整上一次操作（Adjust Last Operation）选项。

在进行下一步操作时，确保对当前操作进行了适当的调节。例如，如果你在创建物体后移动过它，那么该菜单的内容就会变成移动工具的选项，而不是创建物体相关的选项，而且该菜单一旦消失就无法找回，不过你可以使用 **Ctrl+Z** 键来撤销上一步操作并重新执行一次。

动画软件往往都有一个标志性的测试物体。在 Blender 中，这个测试物体就是一个猴头形物体［它的名字叫“苏珊娜”（Suzanne）］，你可以在本章中把它用在测试场景里。使用上述任意一种方法都可以创建一个猴头网格。然后，创建一个平面物体（Plane），用它充当场景中的地面。当看到猴头和平面交叉在一起时，请不要担心，我们稍后就来解决这个问题。

移动、旋转和缩放

在 3D 场景中创建物体以后，你可以控制它们在场景中的位置、朝向及尺寸。在本章里，你将学会这些控制方法。移动、旋转及缩放是能够针对任何物体执行的三种不同的变换操作项，操作方法主要有以下几种。

使用活动工具

最显而易见的方法就是使用活动工具进行操作：这些按钮位于 3D 视口的工具栏中（可以用 **T** 键显示或隐藏工具栏），如图 3.1 所示。

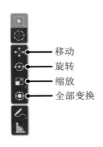

图 3.1　用于移动、旋转和缩放物体的活动工具，位于 3D 视口的工具栏

操作方法很简单：选择移动（Move）、旋转（Rotate）或缩放（Scale）工具，让它们变成活动工具。根据所选工具的类型不同，操纵件会变成相应的指示样式。你可以在操纵件上单击并拖动来执行变换操作（关于使用操纵件的更多内容，详见下一节）。

此外，工具栏上还有第四种用于变换操作的活动工具，名字就叫变换（Transform），和前面三个工具按钮共同显示在工具栏上。

尽管对新手来说，这种变换物体的方法非常简单直观，但却不是最高效的方法。有时候，当你需要在不同的变换工具之间频繁切换时，就会很不方便。

当你想要在 3D 场景中摆放物体的时候，这种方法还算方便。毕竟活动工具的初衷就是始终摆在那里，随时供你使用。不过，当你需要频繁切换工具时，活动工具恐怕就不是最理想的选择了。

小提示

当工具栏处于隐藏状态时，你也可以按 **Shift+Space** 键，即可在弹出的菜单中选择你想要使用的活动工具。在该菜单中，你还能看到每个工具的键盘快捷键。当该菜单显示时，按下对应的快捷键，即可将该工具设置为活动工具。但是，如果在该菜单尚未显示的情况下按下对应的快捷键，则会启用常规工具，而且作用是临时的，执行完操作后，可立即继续使用当前所选的工具。

也就是说，如果你想移动多个物体，那么可以按 **Shift+Space** 键打开活动工具菜单，然后按 **G** 键；这时，当前的活动工具将切换为移动工具（等同于单击 3D 视口工具栏上的移动工具）。如果你只想临时移动当前选中的物体并继续执行其他操作，那么可以按 **G** 键来使用移动工具，操作结束时，该工具将被禁用。有关使用键盘快捷键进行变换操作的更多信息，请阅读接下来的章节。

使用操纵件

在使用其他活动工具时，可以显示一种或多种变换操纵件（Manipulator），这些选项位于 3D 视口标题栏右侧的视口元素（Viewport Gizmos）菜单中（见图 3.2）。

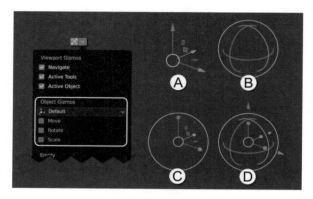

图 3.2   视口元素菜单中的几种操纵件显示选项，位于 3D 视口标题栏右侧

当你想要在 3D 场景中移动物体或元素时，Blender 的操纵件能够帮助你控制这些变换操作。操纵件类型如下。

- **移动**（图中 **A** 区）：更改物体在空间中的位置。
- **旋转**（图中 **B** 区）：控制物体的朝向。
- **缩放**（图中 **C** 区）：操纵物体的尺寸。
- **复合变换**（图中 **D** 区）：能够同时控制多种变换。

在 3D 视口的标题栏上，你可以选择想要执行的变换的类型。如果选择不同的图标时按 **Shift** 键，则可以启用多种操纵件（图 3.2 中的 D 就是同时开启了三种变换后的操纵件样式）。

借助不同类型的操纵件，你可以移动、旋转及缩放物体。这些操纵件会显示在物体轴心点处（轴心点显示为一个橘色的小点），你可以使用下列方式执行控制动作。

- 在其中一条轴线单击**鼠标左键**可让物体沿该轴向上移动、旋转或缩放（*X* 轴为红色，*Y* 轴为绿色，*Z* 轴为蓝色）。松开**鼠标左键**以确定变换结果，或者按 **Enter** 键确定结果，按 **Esc** 键撤销操作。
- 要想更精确地操作，在单击轴线准备移动时按住 **Shift** 键，这会让变换的速度放缓，从而可以让你进行精确调节。
- 要想锁定其中某个轴向并在其余两个轴向上变换，可在单击轴线之前按住 **Shift** 键。例如，如果你按住 **Shift** 键然后单击 *Z* 轴并移动它，那

么物体实际上会在 X 轴及 Y 轴向上移动（此操作仅对移动或缩放有效，对旋转无效）。除了使用键盘快捷键，你还可以通过拖曳移动与缩放工具的操纵件上的小方块来操作。例如，你会看到 X 轴及 Z 轴上有一个绿色的小方块，它之所以显示为绿色，是因为 Y 轴（绿色轴）被锁定了。

- 移动与缩放操纵件的中央都有一个白色的小圆圈。单击并拖曳移动操纵件中间的小圆圈，可以在当前视角平面上移动物体（视图平面）。而单击并拖曳缩放操纵件中间的小圆圈，可以在各个轴向上等比例缩放物体。

  旋转操纵件的外侧同样有个白色的圆圈，但是效果有些不同：单击并拖曳它，可以沿视角平面旋转物体。此外，如果把鼠标指针移动到它的内侧，会看到有个半透明的灰色的球形区域。单击并拖曳它（而不是在任何轴向上单击），可以进入旋绕模式，也就是同时沿所有的轴向转动物体。

- 使用操纵件时按住 **Ctrl** 键可在常规变换模式与吸附模式之间切换。该特性能够让你在执行变换操作时吸附到多种类型的元素上。如果已启用吸附功能，那么按住 **Ctrl** 键将在执行物体操作时临时禁用吸附；如果尚未启用吸附功能，那么按住 **Ctrl** 键将临时启用吸附。该特性非常实用，因为你不必频繁单击 3D 视口标题栏上的吸附图标启用或禁用吸附工具了。本书后续章节将会介绍更多关于吸附工具的知识。

- 在 3D 视口的标题栏上，你可以选择轴心点（Pivot Point）与变换坐标系（Transform Orientation）的类型。轴心点定义的是物体的旋转中心或缩放中心。默认的变换坐标系类型（下拉列表的快捷键是 **Alt + Space**）是全局（Global）坐标，即与 3D 世界的轴向（场景的轴向）一致。你可以切换使用所选物体的自身（Local）坐标。

小提示：

　　如果你不喜欢 Blender 默认的变换操作方式（按一下开始变换，再按一下确认），那么可以在偏好设置（User Preferences）面板的编辑（Edit）选项卡下勾选松开时确认（Release Confirms）。该选项可以实现"两步并做一步走"的效果，松开按键后即可确认。这是其他软件的典型操作行为。

使用键盘快捷键（高级模式）

　　尽管操纵件使用起来简单方便，但在 Blender 中更快变换物体的方法是使用键盘快捷键。有时候，操纵件会有用处，但在多数情况下，尤其针对简单的操作来说，使用快捷键会更快速、更高效（还是需要记住一些快捷键的）。以下是最常用的一些变换操作的快捷键。

- 按 **G**（Grab，意为"抓取"）键可移动，按 **R** 键可旋转，按 **S** 键可缩放。当你用这种方式去移动或旋转物体时，会在视图平面上移动或旋转物体。单击**鼠标左键**可确认操作，单击**鼠标右键**或按 **Esc** 键可撤销操作。
- 按 **G**、**R** 或 **S** 键后，如果再按一下 **X**、**Y** 或 **Z** 键，则可以锁定沿全局坐标轴变换。如果按两下 **X**、**Y**、**Z** 键，则可以锁定沿自身坐标轴变换。
- 除了上述操作方法，在按 **G**、**R**、**S** 键后，你还可以按住**鼠标中键**快速进入对齐坐标轴选择模式，然后拖动鼠标选择对齐轴，最后松开**鼠标中键**。
- 进行变换操作时，使用 **Shift** 键和 **Ctrl** 键可实现精确变换、对齐及轴向锁定。该方法适用于快捷键模式或操纵件模式。

输入数值实现精确变换

当执行变换操作时，Blender 允许你输入数值。例如，当你旋转一个物体时，如果注意看 3D 视口的标题栏，则会发现上面的按钮全都不见了，取而代之的是当前变换操作的数值显示。此时，你可以直接用键盘输入数值，Blender 会使用该数值作为变换操作的依据。以下是两个实例。

- **将一个物体沿 X 轴移动 35 个单位**：你可以使用操纵件进行操作，并在拖曳它的时候输入数值，但我们这里使用键盘快捷键来演示。按 **G** 键移动，然后按 **X** 键将移动方向对齐到物体的 X 轴。现在你就可以只沿 X 轴拖动物体了。用键盘输入数值 35，即可让该物体沿 X 轴移动 35 个单位。单击**鼠标左键**或按 **Enter** 键可确认操作。
- **将一个物体沿 Y 轴旋转-90°**：按 **R** 键旋转，按 **Y** 键吸附到 Y 轴，并用键盘输入-90。按**鼠标左键**或 **Enter** 键确认操作（当你输入某个变换数值时，你可以随时按"–"键将数值转为负值。再次按下该键可将数值转回正值）。

不仅如此，你甚至可以输入数学表达式来节省时间，方法是先敲入一个等号"="（这让 Blender 知道你输入的是一个表达式而不是数字)。例如，你可以按下 **R** 键和 **Z** 键，然后敲入 "=360/12"，从而沿 Z 轴按照想要的角度旋转物体，且不需要在脑海中计算它，或者花时间打开计算器进行复杂的操作。在此期间，标题栏中的信息不仅会显示你正在编写的表达式，还会显示生成的变换结果。在前面的例子中，标题栏将显示如下内容：旋转:[360/12]＝30°沿全局

Z 轴向变换。

可见，用这种方法可以轻松实现快捷的操作。快捷键也很直观好记，你可以在任何编辑器中使用它们——**G**、**R** 和 **S** 键始终分别用来进行移动、旋转和缩放操作。

使用菜单

你也可以通过菜单中的数值输入框来变换物体。这样的地方有两处（见图 3.3）。

- 3D 视口侧边栏（按 **N** 键可显示或隐藏它）。在侧边栏中，进入条目（Item）选项卡。其中，可以看到变换（Transform）面板，你可以在这里找到位置、旋转及缩放的所有轴向的数值。
- 属性编辑器（Properties Editor）中的物体（Object）选项卡。在那里同样可以看到变换（Transform）面板。

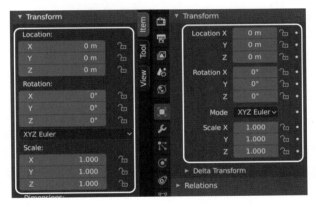

图 3.3　左侧是 3D 视口侧边栏中的变换面板。右侧是属性编辑器的物体选项卡中的变换面板。两个面板都能通过输入数值来变换物体

在上述任意一个面板中，都能进行如下操作。

- 在数值输入框中，单击并输入一个确切的数值。
- 单击输入框两侧的箭头，可以增加或减少数值。
- 在输入框上单击并向左或向右滑动，也可以增减数值，或者在滑动时，配合快捷键进行不同精度等级的数值控制。按照精度从低到高依次是：按 **Ctrl** 键、按 **Ctrl + Shift** 键、按 **Alt** 键、按 **Shift** 键。
- 如果更改其中一个参数中的数值，那么更改结果将只影响该参数。如果同时按住 **Alt** 键，则可以同时更改所有选中物体的同一参数的数值（如

果物体的类型允许）。单击**鼠标左键**并纵向拖曳，可选中相邻的多个数值输入框（只能当这些参数同组时）。然后松开**鼠标左键**，敲入一个数值，即可在所有选中的数值输入框中填入相同的数值。当然，如果不松开**鼠标左键**并左右滑动，则可以像前面讲过的一样，用滑动的方式来调节数值。例如，如果你想对一个物体在所有轴向上进行缩放，可以在 X 轴向缩放的数值输入框上按住再松开**鼠标左键**，并向 Z 轴向缩放的数值输入框上拖曳，然后松开**鼠标左键**，用键盘输入数字 2，并按 **Enter** 键，那么 X、Y 和 Z 轴向的数值输入框内就都被输入了数字 2。

在场景中摆放物体

现在你已经了解了如何对物体执行变换操作，让我们的猴头坐在地面上，然后把地面放大一下吧（见图 3.4）。

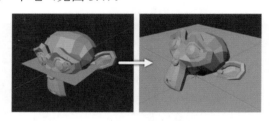

图 3.4　执行变换操作前后的场景对比

1．用**鼠标右键**单击平面，按 S 键缩放，用键盘输入 5，将它放大 5 倍。按 **Enter** 键确认。你也可以用操纵件来实现，如果你习惯这样操作。

2．选中猴头，移动并旋转它，直到它看上去像是坐在了地面上。建议可以将 3D 视口的视角切换到侧视图，这样可以看得更清楚一些，并用 **G** 键和 **R** 键对猴头进行变换操作。注意，如果你是在侧视图中按 **R** 键旋转，那么该物体将沿 X 轴向旋转。

记住，同样的操作也适用于上一节提到的变换物体的方法。不过，在本书的后续内容中，我将使用键盘快捷键来讲解，帮助你记住它们。

命名物体及使用数据块

在继续操作前，你需要了解如何为物体命名。对非常复杂的场景来说，这样会很有好处，而且便于通过名称来找到物体。否则，你会迷失在浩如烟海的物体当中，如具有"Plane.001"或"Sphere.028"之类笼统名称的物体。

如果将一个 Blender 场景比作一面砖墙，那么每块砖就相当于一个数据块。每个物体都包含一个数据块，用来呈现它的内容：网格、材质、纹理、灯光、曲线等，并且可以使用下面要讲的一些方法来命名和使用。

重命名物体

重命名物体的方法有以下几种。

- 在大纲视图（Outliner）中找到该物体，在它的名称上单击**鼠标右键**并选择重命名（Rename）。此外，你也可以双击该名称。输入新名称后按 **Enter** 键确认即可。
- 在界面上的任意位置按 **F2** 键，会随即弹出一个名称文本框。按 **Ctrl+F2** 键可以对多个选中的物体进行批量命名。
- 在属性编辑器（Properties Editor）中，切换到物体（Object）选项卡（其图标是一个黄色的立方体），单击左上角的文本框并输入新名称，然后按 **Enter** 键确认即可。

管理数据块

数据块是 Blender 中最基本的组件。物体、网格、灯、纹理、材质及骨架等元素都是由数据块构建起来的。3D 场景中的一切都包含在物体当中。

无论你是在创建一个网格、灯光还是一条曲线，你都是在创建一个物体。在 Blender 中，任何物体中都包含物体数据（ObData）。因此，物体本身相当于一个数据容器，容纳的内容包括物体的坐标位置、旋转角度、缩放比例、修改器等。物体数据定义了物体所包含元素的类型。我们以网格物体为例，可以看到网格中包含顶点和面。当你访问物体数据时，你可以调节它的参数。如果你单击物体数据的数据块下拉列表，那么你可以将另一个物体数据加载到该物体中。你可以在该物体的位置上加载另一个网格。例如，若干个物体可共享同一个物体数据（这些物体叫作实例或关联副本）。也就是说，即使物体位于场景中的不同方位，它们也会同步相同的内容。因此，如果你调节其中某个物体上的网格顶点，那么这种变化也会反应在其余的物体上。

从图 3.5 中可以看到，如何在属性编辑器中查看某个物体的名称。图 3.5 右图显示的是物体名称下的网格数据名，物体数据类型为网格；如果是一个灯或曲线，则该图标会相应变化。属性编辑器会始终显示被选中的物体的信息，不过，如果你单击那个图标，那么当前所选中的物体的信息将会被固定显示，即使选中另外一个物体，属性编辑器也会始终显示被固定的那个物体的信息。

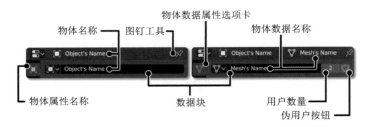

图 3.5   左图：属性编辑器的物体选项卡。右图：物体数据属性选项卡。二者都位于属性编辑器中。在上图中，可以看到物体名称及物体数据名称。从属性编辑器的标题栏上也能看到层级关系：**物体名称 → 物体数据名称**，从中可以看出物体数据和物体之间的关系。除了这两个选项卡，属性编辑器还包含其他若干选项卡

副本与实例（关联副本）

现在我们来聊聊副本与实例之间的区别。副本是基于现有的物体创建的一个新物体，它和原物体是彼此独立的，且与原物体没有任何关联；实例也是一个新物体，它的位置可以不同于原物体，但它所包含的数据却直接关联到原物体。因此，如果你改变了某个物体的物体数据，那么也将反映在其他实例及原物体上。

一方面，当你创建物体副本时（**Shift + D 键**），某些物体数据将被副本化，而其余的物体数据将被实例化。你可以在偏好设置面板的编辑选项卡下自行定义。例如，如果你复制了某个物体，那么它会默认复制所包含的网格数据。但会使用相同的材质数据，所以两个物体将共用相同的材质数据块。

另一方面，当你创建物体实例时（**Alt + D 键**），只会创建该物体的副本，而它所包含的其余类型的物体数据都会与原物体关联并同步。创建网格实例的另一种方法是：在属性编辑器的物体数据选项卡中，在它的数据块下拉列表中选择另一种网格。

在某些数据块名称的右侧，你会找到一个写有字母"F"的按钮，旁边还有一个数字，这个数字表示调用该数据块的物体（也称为"用户"）的数量。例如，在图 3.5 中，该网格的物体数据有两个不同的用户，这就意味着有两个不同的物体正在调用该网格数据（场景中存在一个实例）。如果你想将该实例转成一个独立且唯一的数据块，则可在数字处单击**鼠标左键**，它随即会显示为用户。

有时候，如果一个数据块（如网格或材质）有零个用户，并且你关闭了当前文件，那么 Blender 会把文件中所有像这样未被调用的数据块清空，你可能

会因此丢失用心制作却临时没有用到的材质。这就是为什么会设计一个 F 按钮，它可以为该数据块创建一个"伪用户"。因此，即使你并未在场景中用到该数据块，也可以保证它有一个用户，这样就能避免在退出项目时误删数据。用户数为 0 的数据块叫作孤立数据（Orphan Data）。

小提示：

　　如果你想在退出 Blender 的时候将某个数据块保存在文件中，即使它没有被使用（如某个材质），则可以单击数据块名称旁边的盾牌状按钮，让 Blender 知道你想保留这个数据块。

场景物体的命名方式

　　当你理解了数据块的概念，也掌握了如何重命名的时候，你就可以对场景中的物体进行重命名了（例如，你可以将平面物体命名为"Floor"）。有时候，你需要从下拉列表中选取一个数据块的名称，因此对数据块进行直观地命名将有助于你找到自己的目标数据块。

小提示：

　　当你的场景中有很多物体时，选择某个特定物体会显得有些困难，因为该物体会被其他物体遮挡。如果在 3D 视口中多次单击**鼠标左键**，则可以在鼠标指针下方的物体间循环选择。另外，按 **Alt + 鼠标左键**，Blender 会显示鼠标指针下方所有物体的名称列表，这样可以更加直观地选择需要的物体。当然，第二种方式只有在你对那些物体进行适当重命名后才有实用意义。

交互模式

　　Blender 提供多种在场景中编辑物体的方法（如建模、贴图、雕刻、设计动作），统称为交互模式。物体模式（Object Mode）是默认的工作模式，用于移动、旋转与缩放物体。也就是说，你可以在物体模式下在场景中摆放物体。最常用到的当属编辑模式（Edit Mode），你可以使用编辑模式编辑顶点、边及面等元素，并改变它的形状。

　　交互模式列表位于 3D 视口标题栏上（见图 3.6），针对不同类型的物体，选项会有所不同。目前，我们只专注了解物体模式与编辑模式。在本书的后续章节中，你将陆续了解其他模式。

　　你可以在物体模式下在场景中创建并摆放物件（即使不使用骨架，你也可以让物体动起来。注：骨架用于制作角色动画与物体形变动画）。在编辑模式下，你可以对网格执行建模操作。你可以按 **Tab** 键在两种模式间快速切换，而无须进入列表手动选择。

　　当你选择一个骨架时，你可以使用编辑模式编辑其中的骨骼，并操纵它们。姿势模式（Pose Mode）仅在制作骨架动画时会用到（你将在第 11、12 章详细了解）。如果你选择了一个网格，那么可供使用的模式还包括雕刻模式（Sculpt Mode）、纹理绘制模式（Texture Paint）及顶点绘制模式（Vertex Paint），如图 3.6 所示。

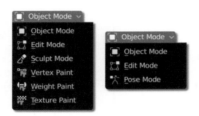

图 3.6　交互模式列表。左图为选中网格物体时的可用模式选项；
右图为选中骨架时的可用模式选项

　　你也可以按 **Ctrl+Tab** 键来调出用于所选物体的交互模式的饼菜单。

小提示：

　　如果使用过旧版本的 Blender，或者不太习惯当前版本中的在不同交互模式下的物体选择方式（例如，姿态模式下的网格物体和骨架物体），那么可以在当前版本中启用或禁用这种选择方式的变化。该选项叫作锁定物体模式（Lock Object Modes），可在 Blender 的主菜单中的编辑（Edit）菜单下找到。

　　从图 3.6 中可见，有多种模式可用，根据你当前的需要，选择正确的交互模式。

应用平直着色或平滑着色

　　猴头看上去很粗糙，可以看到很锐利的边线，多边形的轮廓也清晰可辨。这种样式在某些情况下会有用处。而对生物体一类的形状而言，通常应当对表面应用平滑着色。该功能可以改变表面的外观，同时并不会增加几何细节。在 Blender 中有多种让表面平滑的方式。

- 选中你想要应用平滑着色的物体，单击**鼠标右键**，并在弹出菜单中选择平滑着色（Shade Smooth）。选择平直着色（Shade Flat）则效果相反。

- 选中物体，单击 3D 视口顶栏中的物体（Object）菜单，并选择平滑着色。
- 在编辑模式下，选中想要设置平直着色或平滑着色的面，单击**鼠标右键**，并在弹出菜单中选择平滑着色或平直着色。此外，你也可以在 3D 视口顶栏的面（Face）菜单中找到这些选项。

图 3.7 显示了 Blender 界面上的这些选项。

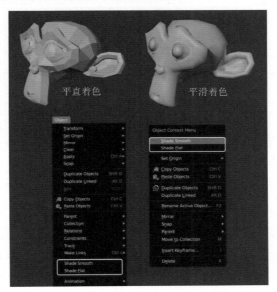

图 3.7　平直表面与平滑表面的效果对比，以及在菜单及选项中的位置

使用修改器

即使你对网格应用了平滑着色，物体看上去依然怪怪的，这是因为它的精度很低。你可以使用表面细分（Subdivision Surface）修改器为它添加更多的表面细节，以实现实质性的平滑感（以增加多边形的数量为代价）。修改器是一种可以给物体添加并改变物体形态的元素，如做出形变效果、生成几何细节，或者减少现有的几何细节等。修改器不会影响原始网格，这会为你提供很大的灵活度，你可以随时开启或关闭它们的应用效果。尽管如此，也要谨慎使用，因为添加太多的修改器会降低 Blender 场景的操作流畅度。

添加修改器

在属性编辑器（Properties Editor）中单击修改器选项卡（图标是个小扳手），你可以在这里添加修改器（见图 3.8）。当你单击添加修改器（Add Modifier）

按钮时，会弹出一个菜单，里面列出了所有可以应用给活动物体的修改器（并非所有的修改器都能应用给每种类型的物体）。单击列表中的修改器即可将其添加给活动物体。

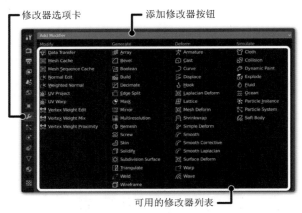

图 3.8　在属性编辑器的修改器选项卡下，你可以为活动物体添加修改器

当你添加一个修改器时，修改器堆栈中会多出一个面板。这类似图层式堆栈：如果你持续添加修改器，那么它们会在上一个修改器的应用结果上应用。注意，修改器堆栈的执行顺序与 Photoshop 等软件的图层顺序相反。在 Blender 中，最后添加的那个修改器将位于修改器堆栈的最底部，会影响它上方相邻修改器的作用结果。修改器的作用次序将直接影响物体的最终形态。

例如，如果你制作了一个单侧的网格并应用了一个镜像（Mirror）修改器，目的是生成另外一侧的网格，然后再应用一个表面细分修改器为结果添加细腻感，那么表面细分修改器将被默认添加到修改器堆栈最底部。如果颠倒这两个修改器的应用次序，即先应用表面细分修改器再应用镜像修改器，这样一来，你将在中间看到一条缝隙。

将修改器复制给其他物体

当你应用了某个修改器时，即使你选中了 20 个物体，它也只会影响最后选中的那个物体（活动物体）。如果你想把这个修改器应用给所有选中的物体，那么可以使用以下任意一种方法。

- 按 **Ctrl + L** 键弹出关联菜单。在此菜单中，你将看到一个让你将活动物体的修改器或材质复制给其余选中物体的选项。
- 在用户设置面板中启用复制属性（Copy Attributes）插件（Blender 默认自带该插件），按 **Ctrl+C** 键打开一个专门的菜单，其中都是将活动物体的某

　　个属性复制给其余选中物体的选项，包含复制修改器的选项。

　　请注意，**Ctrl+L** 键和复制属性插件的复制修改器选项将覆盖当前选中物体的修改器。如果你想保留它们，则可使用复制属性插件中的复制选定的修改器选项，将这些修改器从活动物体中添加到所有选中物体的其他现有的修改器中。

向场景中添加一个表面细分修改器

　　表面细分（Subdivision Surface，简称 Subsurf）修改器是建模时最常用的修改器之一，因为它能够动态增加低精度的模型的细节和光滑度。你可以随时更改细分级数。这个修改器实际上会将每个多边形细分，以增加结果的平滑感。一般来讲，在添加修改器时，每增加一级细分，模型的面数就会增至原来的四倍。因此，在设置较高的细分值时应留意模型的面数。你可以使用该修改器让你的猴头物体变得光滑起来，如图 3.9 所示。

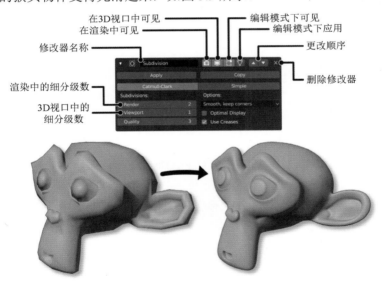

图 3.9　表面细分修改器的选项一览，以及猴头物体应用该修改器的前后效果对比

　　当你添加一个修改器时，修改器堆栈中会增加一个面板，上面是你所选用的修改器的专属选项。表面细分修改器的主要选项如下。

- 在修改器面板的顶部，可以找到展开/收起按钮（左侧的小三角形图标），也有名称栏，可供重命名（尤其适用于对单个物体应用较多修改器的时候），以及定义修改器影响方式的按钮。右侧有一个上箭头和一个下箭头，当有多个修改器时，这两个箭头可以用来调节各个修改器的排列次序。单击 X 按钮可删除修改器。

- 接下来是两个按钮：应用（Apply）和复制（Copy）。单击应用按钮可将修改器的影响结果传递至物体本身。它会将该修改器删除，但会将影响结果永远地作用到物体上。单击复制按钮可以复制当前修改器。
- 下面有两个细分级设置滑块，分别用来设置模型在 3D 视口及渲染时的细分级数。这非常实用，因为在 3D 视口中，你通常会希望节省运算资源，让视图更加流畅。而在渲染时，通常会希望得到高品质的结果。因此，你可以为 3D 视口指定一个低细分级数，而为渲染指定一个较高的细分级数。

小提示：

　　表面细分是一种较为常用的修改器，因此，Blender 设置了一个键盘快捷键，可以让你来快速设定。例如，按 **Ctrl + 1** 键（必须先在物体模式或编辑模式下选中物体）即可添加一个细分级数为 1 的表面细分修改器。与 **Ctrl** 键组合的数字是几，这个新建的修改器的细分级数就是几（该操作仅会影响视口中的细分级数，而不会影响渲染时的细分级数）。如果该物体已经有了一个表面细分修改器，那么使用此快捷键会更改该修改器的细分级数。另外，如果该物体包含多个表面细分修改器，那么该快捷键仅会调节修改器堆栈中顶部的表面细分修改器的细分级数。

使用工作台、EEVEE 与 Cycles 引擎

　　Blender 提供了多种方法来显示及渲染图像，每种方法都各有优缺点，我们这就来介绍一下。

- **工作台（Workbench）**：当你使用的视口着色模式是线框（Wireframe）模式或实体（Solid）模式时，该引擎会渲染 Blender 的 3D 视口。它的效果很基础，但它能在一定程度上控制物体的显示样式。因此，这是个轻量级且简单的渲染引擎，非常适用于建模、绑定和动画制作。
- **EEVEE**：EEVEE 是 Blender 近期版本中引入的最重大的新功能之一。它是一个实时渲染引擎，使用了类似视频游戏引擎的技术。有了它，你可以非常快速地得到高质量的渲染结果（只要你有一台支持它的电脑，并能以良好的性能运行它），尽管它从本质上是基于取巧的算法，且牺牲了很多计算过程来缩短渲染时间。但是这对于渲染不需要对真实感

要求非常高的动画是非常好用的，并且能够快速预览场景和材质的实际效果，以便随后使用 Cycles 引擎执行精确渲染。当将视口着色模式设为渲染（Rendered）时，该引擎的渲染效果最好（需要将当前渲染引擎设为 EEVEE）。

- **Cycles**：这是 Blender 自带的一款写实型渲染引擎。它的渲染结果质量高且真实感强。但它的渲染速度会比 EEVEE 慢得多，因为它既没有使用取巧的算法，又没有牺牲复杂的计算来换取渲染速度。相反，它会执行所有必要的计算，以获得最佳的结果。如果将 EEVEE 引擎的效果比作电子游戏的效果，那么 Cycles 引擎的效果便是宛如电影或普通视频的效果。因为在使用 Cycles 引擎进行渲染时，人们更看重的是图像品质，而不是渲染速度。

你可以在属性编辑器的渲染（Render）选项卡中更改当前要使用的渲染引擎（见图 3.10）。当执行最终的渲染时（我们将在本章末尾讲到），当前的引擎就是我们要使用的引擎。

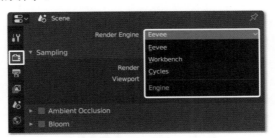

图 3.10　在属性编辑器的渲染选项卡中，可以在下拉菜单中
选用工作台、EEVEE 或 Cycles 引擎

材质兼容性

尽管工作台引擎不使用材质，但开发者让 EEVEE 引擎和 Cycles 引擎的材质尽可能地兼容。当然，考虑到它们使用了不同的技术，有些特性可能只在其中一个引擎中工作，或者看起来效果有所不同。但总的来说，它们的兼容性都非常高。

因此，我们往往可以使用 EEVEE 引擎（支持快速预览）来创建材质，然后几乎不做或只做微量的调整后用 Cycles 引擎来渲染。

一些高级渲染效果，如自发光材质（物体的表面发光）、折射和次表面散射，将只在 Cycles 引擎下工作，或者只在 EEVEE 引擎下工作，只是会有某些局限。

理解视口着色模式

视口着色（Viewport Shading）模式定义了物体在 3D 视口中的可视化效果，在我们学习创建材质之前，理解它们的工作原理是很重要的。

在工作时，你可以改变视口着色模式，让视口中只显示线框（Wireframe）、实体（Solid）、材质预览（Material Preview）或渲染（Rendered）模式（见图 3.11）。不同的模式会启用对应的引擎，使用渲染模式的效果最接近最终的渲染效果，交互性更强，且可以实时当前选定的引擎效果。你使用的渲染引擎不同，视口着色模式的选项也有所不同。

- **工作台引擎**：使用该引擎时，材质预览模式将不可用，因为该引擎并不使用材质（尽管仍然可以向物体添加颜色等属性），它只适用于一般的工作和简单的截图。线框、实体和渲染这三种视口着色模式都使用工作台引擎。该引擎的渲染效果就像直接屏幕截图一样，可以用来快速查看你的动画。
- **EEVEE 引擎**：使用该引擎时，线框和实体模式将使用工作台引擎，而材质预览和渲染模式将使用 EEVEE 引擎。
- **Cycles 引擎**：使用该引擎时，线框和实体模式将使用工作台引擎，材质预览模式将使用 EEVEE 引擎，而渲染模式将使用 Cycles 引擎。

无论你使用哪种引擎，都会在属性编辑器的渲染选项卡中看到对应的选项。

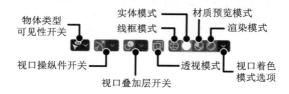

图 3.11 视口着色模式选项与可见性选项，位于 3D 视口标题栏右侧

你也可以通过单击 3D 视口着色模式选择器旁边的阴影箭头找到有趣的图像显示选项。例如，材质预览模式可以让你改变环境，以观察材质在不同光照下的表现，而实体模式可以让你选择物体的可视化方式。

实时预览渲染

在 Blender 中，使用渲染模式，在调整参数的同时，在 3D 视口中实时查看渲染预览。这是非常有用的，可以实时看到场景的变化，以便调节材质与光影。

严格来讲，这并不是真正的实时，只是在 Blender 渲染的同时可以让你调节场景并预览调节后的效果。当然，渲染的预览速度取决于计算机的处理速度。对 Cycles 引擎来说，需要相对强大的 CPU 或 GPU 来提升渲染性能；而 EEVEE 引擎主要依赖 GPU。

在使用渲染模式时，你可以从 3D 视口标题栏的 Overlays（视图叠加层）菜单中选择显示或隐藏操纵件、物体轮廓等。

切换视口着色模式

要想切换视口着色模式，只需要在 3D 视口标题栏上单击对应模式的按钮（见图 3.11）。

此外，还可以用键盘快捷键实现更快捷的切换。

- 按 **Z** 键调出视口着色模式饼菜单，从中选择一项即可。
- 按 **Shift+Z** 键，可以在当前选用的视口着色模式与线框模式之间进行切换。

管理材质

材质定义了物体的外观，如颜色、是否光滑、是否反光或透明等。有了材质，你可以让物体看上去像玻璃、金属、塑料或木材等。材质和光照将最终决定你的物体的视觉效果。在本节内容中，你将看到如何在不同的渲染引擎中添加材质。

在属性编辑器的材质选项卡（显示为一个闪闪发光的红球图标）中，你可以添加新的材质，或者从如图 3.12 所示的下拉列表中选用已有的材质。你可以对单个物体使用多个材质，可以单击材质列表右侧的"+""−"按钮添加或移除材质。此外，在编辑模式下，你可以将其中的每种材质应用给选中的面。

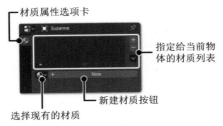

图 3.12　在属性编辑器的材质选项卡中使用此菜单来添加材质。
请注意，为了突出显示，图中已隐藏其他选项卡

添加或调整材质

高级材质需要在着色器编辑器中使用节点树来调节，但不用担心，现在我

不会深入讨论这个。在材质选项卡中，可以看到表面（Surface）面板，它包括各种类型的表面着色器。

- **漫射（Diffuse）**：材质的基础色，只包含颜色属性，没有光泽、反射等属性。
- **光泽（Glossy）**：让物体反射或发亮。
- **自发光（Emission）**：让材质在场景中发光。
- **透明（Transparent）**：让光线穿过材质。
- **玻璃（Glass）**：模拟玻璃表面。
- **原理化着色器（Principled BSDF）**：包含很多其他着色器中的选项。这是一种非常有用的着色器。在创建新材质时，它也是默认的着色器。
- **混合（Mix）**：混合两种材质以做出更细腻的效果。

表面着色器的种类还有很多，这里只列出了常用的几种。每种着色器都有对应的参数来控制光线对着色器的影响，如颜色和粗糙度等。通过节点系统混合多个着色器，并使用纹理，可以轻松创建出复杂的材质效果（详见第 10 章"材质与着色器"）。

请注意，这些材质在 EEVEE 引擎和 Cycles 引擎之间几乎是完全兼容的，所以在简单的情况下，相同的设置将适用于两个引擎（尽管渲染结果可能有一些差异，因为两个引擎使用不同的方法计算最终图像）。

> **小提示：**
>
> 在设置材质时，建议使用 EEVEE 引擎，并将视口着色模式设为材质预览，这样可以实时看到材质的效果。

要想将材质添加给场景中的物体，只需要选中某个物体，并在属性编辑器的材质选项卡中新建一个材质。方法如下。

1. 选中猴头物体。
2. 转到属性编辑器的材质属性选项卡。
3. 单击新建按钮，添加一个材质，并将其适当地命名。
4. 你会看到原理化着色器的选项。调节基础色（Base Color）参数以选择材质的颜色。调节其他的参数，并观察材质的预览效果。
5. 为地平面物体重复上述步骤。

添加灯光

我们设定好了材质，现在就用光影效果来让场景更加真实吧。Cycles 引擎与 EEVEE 引擎的灯光（Light）是兼容的，尽管有些选项有所不同。不过，对基本的使用来说，并没有多大问题（在第 14 章"布光、合成与渲染"中，我们会进一步讲解光照）。

灯光选项

Blender 中有几种灯光类型，它们有着不同的属性。其中有两个属性是 EEVEE 引擎与 Cycles 引擎兼容的，颜色（Color）与 Power（强度）。顾名思义，颜色属性用来调节灯光的色彩，而强度属性用来增加或减少光照的强度（单位是瓦特）。

要想查看灯光的属性，首先在场景中选中该灯光物体，然后你会看到，属性编辑器的物体数据选项卡图标会变成一个小灯泡，你可以在那里更改灯光的类型与属性。

请记住，如果使用 EEVEE 引擎并启用渲染模式，则可以在更改灯光属性的同时实时预览结果。

向场景中添加灯光

在场景中添加灯光的步骤如下（你既可以从菜单中新建物体，又可以按 **Shift+A** 键来添加）。

1．在场景中选择某个灯光物体（如果没有灯光物体，那就新建一个）。

2．复制该灯光，放在场景的另一边，用来为暗部照明。

3．调节灯光的颜色与强度属性，让右侧看起来更明亮些（它将作为主光），而左侧的灯光调得稍暗一些，并且换个颜色（它将作为补光，防止因为暗部过暗而缺乏真实感）。

在场景中移动摄像机

当然，你的场景中需要一个摄像机，好让 Blender 知道该从哪个视角输出最终的渲染结果。

1．在你的场景中选择摄像机，如果之前把它删了，那么可以按 **Shift + A** 键从弹出菜单中新建一个摄像机物体。

2．将摄像机对准物体摆放，让它的焦点位于猴头上，角度合适就好。你可以将当前界面拆分成两个不同的 3D 视口。在其中一个视口中，你可以按**数字键盘区的"0"键**，将当前视图切换至摄像机视图。而在另一个视口中，你可以调节摄像机的位置。此外，可以切换至摄像机视图，并按 **Shift+`** 键进入漫游模式或飞行模式来调整摄像机的视角和位置。

经过上述步骤，你应该会做出类似图 3.13 的效果。

图 3.13　目前，你的场景应该会大致如图所示。猴头位于地面上，
摄像机朝向它，还有两个灯光物体照亮场景

渲染

渲染是将 3D 场景转换成平面图像的过程。在此过程中，Blender 会对场景中的材质及灯光属性进行运算，并得出阴影、反射、折射等所有你想反映到最终结果中的效果，并把它转换成一张图像或一段视频。

无论是使用 EEVEE 引擎还是 Cycles 引擎，对于这样一个简单的场景，并不需要做太多的更改，不过可以试试做如下操作。

- 使用 EEVEE 引擎：如果你想让物体的表面反射出其他的物体，那么可以在渲染选项卡中启用屏幕空间反射（Screen Space Reflection）。
- 使用 Cycles 引擎：Cycles 引擎会计算场景中的光程（Light Path）及光线反射。这意味着，计算量越大（渲染时间越久），渲染结果就越精细。如果你的渲染采样次数设置得较低，则会在结果中看到噪点，因为像素点并没有足够的信息来呈现完整的结果。你可以在属性编辑器的渲染选项卡中增加渲染采样次数。

为 Cycles 引擎启用 GPU 渲染

在 Cycles 这样的引擎中，使用 GPU（图像处理器）的渲染速度要比 CPU（中央处理器）快很多。如果你想使用 GPU 来渲染场景，请参照如下步骤。

1. 打开偏好设置（User Preferences）面板。

2. 进入系统（System）选项卡，你会看到一个名为 Cycles Render Devices（Cycles 渲染设备）的面板。根据你的图形显卡，偏好设置面板中的某些选项会让你选用。请确保选择其中一个，并启用你想使用的 GPU。

3. 回到场景，在渲染选项卡中会看到设备菜单（位于渲染引擎选择器的右侧），选择 GPU。

4. 最后，在渲染选项卡的性能（Performance）面板中，为拼贴尺寸（Tile Size）指定一个数值，如 64、128、256、512 等。尝试使用不同的拼贴尺寸值来渲染场景，根据你的 GPU 性能，使用合适的尺寸会带来更好的结果。

拼贴尺寸值定义了 CPU 或 GPU 能够同时渲染的图像分块大小。通常，较小的数值适用于 CPU（如 16、32、64 等），而较大的数值更适合 GPU（如 128、256、512 等）。为你的设备选择合适的数值有助于更快地得到渲染结果。但要记住，Cycles 渲染对硬件性能要求较高，因此，无论怎样设置，在配置较低的机器上都会运行得很慢。

现在就可以开始渲染啦！不过，我们先来学习如何保存.blend 文件。

保存与加载.blend 文件

现在到了该保存创作成果的时候了。渲染过程会耗用一些时间，在此期间，有可能会遇到各种状况（如停电、软件崩溃等），这些都会导致你的创作成果付之东流。这就是为什么建议你要养成经常保存文件的习惯。

你可以按 **Ctrl + S** 键保存文件。对于一个场景文件，如果你是第一次保存，那么 Blender 会显示一个菜单，你可以从中选择一个想要保存文件的地方，并对文件进行命名。如果之前曾经保存过，那么按 **Ctrl + S** 键会覆盖之前的版本。如果按 **Shift + Ctrl + S** 键，那么 Blender 会再次显示保存菜单，让你可以创建另一个不同名称的副本。

要想打开文件，按 **Ctrl + O** 键，Blender 会显示一个文件导览菜单，你可以从中选择一个.blend 文件。在文件（File）菜单中，你也可以进入打开近期文件（Open Recent）子菜单，里面列出了你近期使用过的文件，可供快速打开。

当然，如果记不住这些快捷键也不要紧，可以随时通过文件菜单来执行保存（Save）、另存为（Save As）、保存副本（Save Copy）和打开（Open）等操作。

保存副本并没有指定默认的快捷键，因为它相对不常用到。那么它有什么作用呢？其实，它和"另存为"类似，只不过它会将场景的当前状态保存到另一个文件当中，让你可以继续在当前的文件中工作。

> 小提示：
> 　　这里有个小技巧可以用来快速保存某个文件的不同版本。有时候，你需要将当前进度保存为一个新文件，这样就能方便地访问某个阶段的文件了。从文件菜单中选择另存为（或按 **Shift+Ctrl+S** 键），并按**数字键盘区**的 "+" 键。Blender 将自动为文件名添加数字编号，如果文件名中已有数字编号，那么 Blender 会在它的基础上加 1 命名。

执行与保存渲染

在执行渲染之前，记得从属性编辑器的渲染选项卡中选择想要使用的渲染引擎。另外，渲染图的文件格式可以在属性编辑器的输出（Output）选项卡中设置。然后，你就可以用下面几种方式来执行渲染了。

- 按 **F12** 键可渲染静态图像。
- 按 **Ctrl+F12** 键可渲染动画。
- 也可以在 Blender 界面顶部靠左侧的渲染菜单中选择渲染图像（Render Image）或渲染动画（Render Animation）。

在默认情况下，Blender 会在自动弹出的新窗口中显示图像编辑器（Image Editor）面板，渲染图会显示在上面。

要想保存渲染好的图像，可以采用以下几种方法。

- 在显示该渲染图的图像编辑器中，进入标题栏上的图像（Image）菜单，并选择保存图像。
- 此外，也可以用快捷键 **Alt + S** 或 **Shift + S** 来调出保存菜单。

在渲染动画时，每帧图像都会在渲染完成后被自动保存，至于文件格式、名称及目标保存路径等，可以在属性编辑器的输出选项卡中设置。

你可以在渲染后按 **Esc** 键返回主界面。如果你选择在主界面中显示渲染，那么图像编辑器将切换为之前显示的编辑器类型。如果渲染图显示在不同的窗口中，那么它将保持打开状态（可以将其关闭）。

图 3.14 是两种引擎的渲染结果对比。鉴于该场景非常简单，所以并不能看出 EEVEE 引擎和 Cycles 引擎的渲染结果有明显的区别，但还是可以看出一些细微的差异。例如，Cycles 引擎会计算反射光线，因此可以看到猴头的红色映照在地面上，使阴影区域更亮，从而产生更真实的光照效果。尽管如此，EEVEE 引擎仅用相当短的渲染时间就实现了与前者非常近似的效果。在包含复杂材质的复杂场景中，你会发现更明显的区别。但这里我只想让你尝试这两

个引擎，看看在它们之间进行切换多么轻松，因为材质和灯光的属性是高度兼容的。

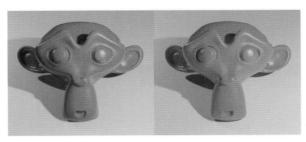

图 3.14 渲染图对比。左图为 EEVEE 引擎的效果。右图为 Cycles 引擎的效果

总结

你已经学会了如何创建并移动物体、添加修改器和材质，以及如何执行渲染。本章介绍的内容很广，但依然希望你可以掌握与场景进行交互的方法。至此，你可以进一步学习下一章的更多内容了。

练习

1．创建一些物体，并操纵它们。

2．尝试添加其他修改器，并尝试设置修改器面板上的各种选项参数，观察它们的影响结果。

3．尝试更改 EEVEE 引擎和 Cycles 引擎的各种参数，了解二者之间的区别。

4．向场景中添加更多的灯光，并尝试调节材质来改善结果。

开始做项目

项目概览

对于不同的项目，你需要使用不同的步骤。各步骤的执行顺序称为"工作流"或"流水线"。在本章里，你将从零开始学习创建一个动画角色的完整流程，本书的后续章节也将围绕此目标展开。你将学习如何将一个项目划分成若干阶段，并依次执行。在本节中，你将学习项目制作流程的三大阶段。

项目制作流程的三大阶段

通常来说，一个 3D、平面设计或视频编辑项目通常会经历三大不同的阶段：前期制作、中期制作、后期制作。

前期制作

前期制作是一个项目正式开始制作前的所有工作，如草图、概念、设计及计划等。可以说，对任何项目来说，这都是最关键的阶段，很多新手项目的失败都是前期准备不够充分导致的（某些项目甚至一点前期准备都没有做过）。

当你计划并组织某个项目的细节时，应当尽可能准备得充分一些。如果你忽略了前期制作，并迫不及待地直接跳到中期制作，那么你很可能会遇到意想不到的问题。你不得不多花时间在上面，会浪费很多不必要的时间，甚至有可能会让你选择放弃项目，因为你觉得过程太过复杂。

一个好的规划能够让你在遇到任何可能出现的问题之前就预见到它们，这样就能"防患于未然"。如果你遇到了一些你不知道如何去做的事情，那么可以做一些快速而基本的测试，深入到项目中，及早发现问题，并从中找出解决方案。

由于前期做过准备，因此中期制作将会更高效、更容易，目的也会更明确，因为你已经规划好了执行流程。要注意的是，即使前期制作准备得非常充分，仍然难免会遇到问题。其实，这也是正常的，尤其对复杂的项目而言。但至少有很多问题在它们变得严重之前已被预先发现了，因此，前期制作准备得越充分越好。

　　前期制作还有另一个关键优势——可以在中期制作给你激励。当你思考所有必要的流程，并分成若干步骤去做的时候，它会突然变得容易了，因为你所面对的不再是一个大的项目，而是若干个小且容易管理的任务。你会逐一去完成这些任务，随时跟进你的流程，而且你始终对目前的进度了如指掌，也对剩下的工作及可能会遗漏的工作做到心中有数。

　　有一句俗语可以很好地概括这个理念："磨刀不误砍柴工"。一个好的作品并不在于你的创作有多刻苦，而在于效率有多高。很多时候，你往往会在做错的时候才能体会到，但同时你会积累经验！

中期制作

　　当你完成了项目的前期准备工作后，就可以开始正式制作了，也就是中期制作。举例来说，在一部影片中，中期制作是项目的各种实质性工作的开展阶段，也是演员和道具按照前期制作的安排就位后的场景拍摄阶段。充分的前期制作将更易于你完成中期制作，并且过程更加直截了当。

　　中期制作可能是一个项目最难的阶段，因为这是个"开弓没有回头箭"的阶段。中期制作完成后，就很难再去做改动了。例如，你要建造一间房屋，在前期制作时，你可以使用计算机或建筑绘图工具非常方便地改动房屋的设计，但当砖墙都已建好之后，要想做改动就变得相当困难，而且会耗用大量时间！

　　这就是为什么前期制作是至关重要的了：它能够让你确保不会在开发最终成品时犯错。中期制作是相对困难的阶段，会遇到很多挑战，有些问题无法预知，只有在真正制作时才能遇到，因此，任何能够让项目制作流程顺畅的准备工作都有很大用处。

后期制作

　　后期制作是指从中期制作完成到生成最终成品之间的所有过程。这个过程就像是为房屋粉刷并添加室内饰品去装点它一样。在一部影片中，后期制作往往是指为添加最终的视觉特效并对中期制作中的拍摄素材进行修饰的过程。

　　根据不同的项目，后期制作可难可易，可简可繁，并且可以引入一些虽小却很关键的细节元素。实际上，后期制作是你决定最终项目视觉效果的阶段。

　　假设你拍摄的是两个演员在室内交谈。在后期制作时，你可以对场景片段进行色彩校正、变日景为夜景、更改从窗户看到的场景内容、将物体模糊、推进镜头，甚至可以添加另一个新角色！有无限的可能，而且会确定人们在你的图片、视频或影片等项目当中能看到什么。

阶段划分

现在你已经了解了项目制作流程的三大阶段，而关键在于了解每个阶段的起止点在哪里，毕竟各个阶段不尽相同。我们可以通过几个案例来更好地理解它们之间的区别。

未应用视觉特效的影片

如今，几乎每部电影都或多或少地使用过视觉特效。尽管如此，我们暂且想象有一部不加任何视觉特效的影片吧。这会有助于你理解电影制作的基本流程，然后我们将探讨其他一些中期制作的选择。

> 小提示：
>
> 视觉特效不仅指爆炸、太空飞船、外星人或怪兽一类的元素，有很多种视觉特效（泛指可视化特效）都是很微妙的，你在观看影片时可能不会注意到它们。例如，道具扩展、背景替换或清除等，这些几乎在每部影片中都有，它们也属于视觉特效的范畴。

在后期制作过程中，制作人撰写电影脚本，并确定高潮时刻出现的时机（甚至会去真正拍摄，以此来检验是否可行）。每部电影都会经历分镜脚本阶段，也就是画出体现镜头方位和内容的草图，供中期制作团队规划每个镜头，确定他们需要准备些什么，了解应该使用哪种摄像机镜头，了解演员的走位等。然后，制片人会去各地取景，也需要制作演员的衣服和各类道具。然后，制片人会对演员和其他内容进行拍摄。最后，制片人会安排团队去做拍摄影片、管理设备及搭建场景等工作。通常，音乐制作人会在这一阶段开始创作音乐，以便结合每个镜头的时序做出影片的大致分镜预览。

现在一切准备就绪，中期制作就可以开始了。此时，演员们已经准备好了，团队成员也知道每个镜头要做些什么，摆放什么样的道具等。中期制作通常并不会耗时很久，因为项目的各个方面都在前期制作安排好了。中期制作（耗用资源最多的阶段）越短越好。当中期制作完成时，电影已经根据前期制作的决定进行了拍摄，在通常情况下，包括在制作过程中必须进行的更改等，因为就像我之前说得那样，往往并不会完全按照制定好的计划进行。

当影片拍摄完成后，后期制作就可以开始了。影片必须在这个阶段进行编辑，包括可以使用某些色彩校正技术将场景调节得更加生动，或者调成暖色调或冷色调等，这取决于导演想要每个场景向观众传达什么样的视觉语言。导演可能会认为给主角面部一个近距离特写会比较适合某个特定的镜头，如果是这样，那么视觉编辑软件就应把镜头放大一些；又或者背景中有一个商业机构的名称出现，而导演并不希望它出现在镜头中，那么可以用一个简单的视觉特效技术把它移除，或者替换成另一家为制片人支付了广告费的商业机构的名称！这个阶段属于影片的雕琢阶段，包含完整的声轨和声效，然后就可以输出最终成品了。

视觉特效影片

现在我们来分析一下应用了复杂视觉特效的影片与未应用复杂视觉特效的影片的区别。

在前期制作过程中，制作团队需要思考应用哪种特效，应当如何拍摄它们，以及需要做哪些准备工作。通常来说，在前期制作时，视觉特效团队会与导演密切合作，了解哪些创意可行，哪些不可行，以及可以实现什么样的效果等（通常，视觉特效几乎可以满足所有需求，只是考虑到影片预算方面的因素）。

在中期制作时，视觉特效团队会需要用特殊方法拍摄一些镜头，如使用绿色幕布或演员的假人偶，随后团队可以向场景中添加动画角色。某些效果如爆炸等可能需要单独拍摄，以便在后期合成到演员所在的镜头中。

当影片拍摄完成后，就可以进入后期制作了。但是由于影片需要使用视觉特效，中期制作和后期制作两个阶段之间的界线是趋于模糊的，有些时候，两个阶段会有重叠的地方。视觉特效艺术家们甚至可能会在中期制作开始之前就着手创作了。这样一来，在拍摄期间，不同的元素在场景中可以无缝地结合在一起。

视觉特效团队有自己的前期制作、中期制作和后期制作。他们设定出特效，并确定镜头实现方式。然后开始中期制作，并创建视觉特效元素，最后将元素、色调、形态、纹理等结合起来。

动画电影

相比之下，动画电影的阶段划分要更困难，更难以区分，因为整个电影都是由计算机生成的，中期制作与后期制作之间的分界线并没有那么泾渭分明。

在前期制作时，和其他类型的电影一样，动画电影的各个方面也都在这个阶段进行规划与设计，但随后的中后期制作会趋于重叠，因为这些阶段的各个方面都是在 3D 软件里进行的。通常，较为简单的阶段划分方法是：中期制作负责创建情节（开发角色、道具和动画），后期制作负责打造特效，包括流水、飞溅的液体、粒子、布料、尘埃、烟雾、火焰、爆炸等模拟效果，最后将所有这些不同的元素合成到一起。

照片拍摄

没错，即使是拍摄照片这样简单的工作也可以分成三个阶段。即使摄影师自己并未意识到这一点，他们还是会将这些阶段用在摄影作品当中。

首先，摄影师会思考他们想要拍摄什么、去哪里拍摄，这就是前期制作。在中期制作时，他们必须想好构图，摆放好拍摄物体，最后拍下照片。然后，他们可以做一些后期制作工作，如添加滤镜等，来增加照片的老化效果，增加照片的对比度，甚至把照片改成黑白摄影效果等。

角色创建设定

现在你对于项目制作流程的主要阶段已经有了更深入的了解。我们将在本书后续章节中创建一个完整的 3D 动画角色，让我们先来对项目各阶段的流程做一下定义。

前期制作

角色创建流程毫无疑问要先从设计开始。
- **角色创意**：设计源于你的构思。在设计角色之前，你先要想象，构思它的故事和性格，以及它所生活的世界等。
- **角色设计**：画一些草图，大致描绘出角色的样貌、衣服及人物性格特征等。

中期制作

可以说这是一个相对复杂且包罗万象的阶段，因为这是从设计到完成角色制作的主要流程。
- **建模**：根据前期制作所确立的设计稿，在 Blender 中创建 3D 动画角色的模型。

- **UV 展开**：将 3D 模型的表面展开并平铺到 2D 空间上，这样可以将平面图像纹理映射到它上面。
- **纹理**：在 3D 模型表面绘制各种纹理细节，如衣服纹理、皮肤、头发的颜色等。
- **着色**：创建能够定义角色表面特质的材质，如反光度或平滑度等，让纹理更显细腻。
- **绑定**：为你的角色添加一个骨架，并定义它的工作方式，以及对角色的控制方式。
- **动画**：在动画的不同时间点使用关键帧记录角色的姿势，让角色做出行走或奔跑等动作。
- **视频录制**：录制一段供角色合成的背景素材视频。

后期制作

当角色创建完成后，还需要修饰一下效果，或者在场景中添加一些元素。

- **摄像机追踪**：分析真实的视频，并使用 3D 摄像机模拟摄像机的运动轨迹，以便将 3D 物体自然地合成到视频当中。
- **光照**：为场景添加光照，让光影与在中期制作拍摄的视频相匹配。添加光照通常是中期制作的一部分，但是由于本项目的主要目标是创建角色，所以这次我们把光照放在后期制作进行。
- **渲染**：将 3D 场景转换成带明暗光影的 2D 图像序列，并计算光线、阴影、反射等。
- **合成**：将视频和 3D 物体合成到一起，并做一些必要的修整，让合成效果更加逼真。

总结

现在你已经了解了创建自己的动画角色的流程，也了解了项目制作流程的三大阶段。前期制作尤为重要，对于未来的项目也是如此。有很多人即使做过充分的前期规划和准备也未必能够成功，更何况是前期准备不充分的时候。几乎每个专业的 3D 艺术家都有过由于没做好项目前期准备而受挫的经历，并且对管理的重要性深有体会。建议借鉴一下他们的宝贵经验！

接下来，你就可以正式开始制作真正的项目了！

练习

1．任选一部影片，想象你会如何划分它的前期、中期和后期制作。

2．你是否有过项目失败的经历？反思失败的原因，并思考如何使用本章介绍的三大阶段划分法重新思考失败的项目。

角色设计

角色制作项目的第一个部分，毫无疑问，应该是前期制作（在第4章"项目概览"中已有讨论）。当创建一个角色时，前期制作往往是指设计的过程。角色的设计方式有很多种，每个艺术家所使用的方式不尽相同。在本章中，你将了解其中最常见的一种方法，你也可以在以后掌握它，其他一些方法会被提及，你感兴趣的话可以进一步了解。

你可以使用任何介质去设计你的角色，既可以用纸，又可以用数字化的方式。在本章中，整个过程都是在数字介质上完成的，使用的是数字绘画软件和数位板。不过，你当然可以使用其他的绘画介质。

角色刻画

在你开始绘画或想象角色的衣服样式、眼睛大小或头发的颜色之前，你至少需要对角色有一个基本的想法，设计最终会体现出角色的性格。因此，理解角色的思考和行为方式将有助于你更好地表现它。例如，如果你知道它的身份，那么就会比较容易地设计出它的衣服。如果它是一名骑士或战士，那么就应当穿戴铠甲或战袍。但如果它是一名会计师，那么穿着一身铠甲或手拿武器一点也说不通，无论那样看上去有多酷！

另外，角色的态度可以决定其样貌：一个看上去很有活力的角色运动起来的速度会很快。如果角色很忧伤，那么行动起来就会显得较为迟缓。一个高兴的角色的脸上会挂着灿烂的微笑，夸张的眼睛。而如果是一个情绪低落的角色，那么它的眼睛会是小小的、眼泪汪汪的，嘴角也会向下垂。

可以说，对角色的深入刻画无疑会有助于你理解它的行为方式。最终，你可以进入它的思想，想象它会怎样穿着、怎样行走、怎样说话、怎样微笑、怎样大笑、怎样哭泣。对于同样的状况，不同的人的反应可以是千差万别的，创建角色的特质既有助于理解角色，又有助于定义它的生活方式。

如果不想过度深入，那么可以不必将角色的完整背景或性格都设计出来，只需要一个关于性格和样貌的简单刻画。

在以下章节中，你将大致了解角色的形象刻画。我们给这个角色起名为Jim。从现在起，你就要结识这位 Jim 了，去了解他的思维与行为方式。把 Jim 想象成一个活生生的人，而不只是一个生硬的角色设定。

小提示：

　　了解肢体语言将非常有助于确定角色抱有特定情绪时的表情和表现，包括它的衣服。角色的外表会让观众看出它的态度。如果想要设计出优秀的角色，强烈建议找关于这方面的书读一读。

性格设定

以下内容是针对 Jim 的形象刻画。他的性格有很多方面，其中一些会受到别人的影响。例如，一个懒惰的人不会有当探险家的想法，如果你不热衷于挑战，那么就不会发现未知的新鲜事物。也就是说，你需要具备足够强大的动力。一个角色的性格必须保持始终如一（除非是剧情需要）。

Jim 是一个 15 岁大的男孩，他非常活泼，并且喜欢和朋友们一起参与很多体育活动。他看上去总是那么乐观，他喜欢挑战，他的梦想是成为一名探险家去探索新鲜事物。他追求理想的动力就是他那无穷无尽的好奇心，也正因为如此，他很善于观察细节。他也想要从同龄孩子中脱颖而出。另外，他也会经常让自己陷入麻烦当中。

故事背景设定

想必你已经对 Jim 的性格有了一个基本的了解，但依然有一个重要方面影响着角色——故事的背景，或者说角色所处的那个世界。让我们来了解一下。

2512 年，人类的足迹已经遍布很多星球。太空探索一直都是个新闻话题，宇航员被视为英雄。车辆都会飞行，而且没有污染。机器人随处可见，方便了人们的生活，有些甚至与人类建立了情感交流。这种未来主义设定的弊端在于，个体很难从群体中脱颖而出：所有的人穿着同样的衣服，开着同款的车，大家的住宅也都是一模一样的。

你能看出这种背景会对 Jim 带来怎样的影响吗？此外，人们在宇宙中各个星球上的探索都会成为每天的新闻焦点，这会让一个男孩子梦想着成为一名宇航员，对吧？如果时代的背景设定在史前，那么男孩子的梦想又会是另一个样子：或许他会想成为一个强壮的猎手或一个令人敬畏的巫师。

故事背景（他生活的地域、文化及交际圈）能够清晰地刻画出角色的性格及其思维和行为方式。对 Jim 来说，他的时代背景激励他立志当一名探险家，探索太空，寻找新的星球，甚至外星人！

风格设定

在你开始想象角色的样貌之前，要先对他的风格进行设定。这里，我们就选定一种卡通风格吧。这样做的原因是，鉴于你将要学习完整的动画流程，我们并不希望 Jim 这个动画角色过于复杂。因此，出于学习的目的，Jim 的造型简单，并且没有过多的细节。

在保持造型简单的前提下，我们也要让他看上去让人眼前一亮。你可以用更写实的手法，或者用深色线条或抽象元素勾勒出草图，或者寻找某些图片等素材，有助于你确定他的风格，这会在很大程度上决定角色的最终模样。

除此之外，当你设定风格（及所有与角色外表相关的元素）的时候，需要考虑技术局限。例如，你可能不会希望让角色的头发过长，因为这会让动画或模拟工序变得更加复杂。

另外，风格也要取决于角色使用的媒介。在电影中，你可以添加更多的细节和复杂感，因为每帧的情形都可以预先设想。但如果你是在制作一个游戏角色，那么局限就比较大了，因为角色需要实时表现，因此，你需要使用较少的多边形、较低的贴图分辨率或相对简单的效果，以便提升性能并让计算机（或电视游戏机）能够实时渲染图像。

外表设定

现在我们设定好了 Jim 的人物性格，也设定好了他所处的世界环境，以及他的风格，我们可以开始思考他的外表了。例如，他生活在一个未来风格的环境中。当我们思考未来世界时，我们通常会采用单一色调的衣服，并且线条简洁明快，因此，选用白色和蓝色的衣服是合乎情理的。

这里，我们可以使用铸版元素，因为这样的角色会让人们印象深刻，会让人们对角色和主题有个概念，这正是铸版元素的作用，所以不用去避讳它。

例如，未来的衣服是趋于贴身的，此外，Jim 是个健康、活泼且热爱运动的男孩。他的体型很好，因此，穿上修身的衣服也不会有什么问题，反正他也不会因为体型不好而感到难为情。另外，他是一位探险家，所以或许他对外表不是很在意，而更在乎衣服的实用性和舒适性。

在对角色的描述中，曾经提到过他想要脱颖而出，因此如果人人都穿着相似的衣服，他必定会在上面加点细节以体现自己张扬的态度：可能会是一个胸针，或者一顶俏皮的帽子（这也会突显他的探险家性格），或者某些与星际旅行和太空探索相关的元素。

设计角色

在本节中，你将遵循创建角色的典型流程。通常会先从一个大体的概念开始，逐步细化：先创建一个基本形状，然后循序渐进，逐渐润色，最终得出成品。

剪影法

建议先设计角色的几个剪影方案，这将有助于你确定角色的比例（见图 5.1）。然后从中选择满意的方案，并继续添加细节。这是艺术家们设计角色时常用的一种技术。剪影法是非常重要的技法，一款优秀的角色设计往往可以从剪影得出。你可以只从剪影便认出超级马里奥、米老鼠、索尼克等经典角色，这意味着它们有着标新立异的原创设计。

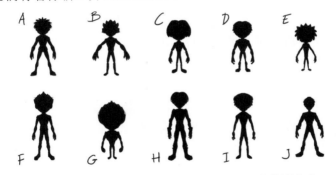

图 5.1　根据对比例和体型的研究画出的 Jim 的剪影方案

在这里，你只需要了解 3D 动画角色的创建，而不必了解如何设计出一个非常成功的角色。因此，我们并不希望所有人都能只看一眼剪影就能认出 Jim。我们的目标是设计一个看上去很酷、很有性格的角色。

观察图 5.1 中的剪影。根据我们之前对这个角色的描述，你可以想象出多种多样的角色形体。现在你要从中选择最中意的一个。例如，A 和 F 方案的体型比例比较合适。他们看上去比较有真实感，只是手、脚和头的比例大了些。较大的头部（相对身形而言）会有助于体现 Jim 还是个小孩子。例如，看看图中的 J 方案，它看上去更像是个成年人，因为它的头看上去小了些。而 E 方案的头和身体的比例差距太大，看上去像是个很小的孩子。

在图 5.2 中，你可以看到最终的剪影稿，基本上是对我们所选出的方案的综合体，而且加了些许细节。最初的那批剪影方案只是为了得出 Jim 的大体形象，而最终的这个形象更大、更具体，可以用到下一阶段。目前，它还没有衣服方面的细节，也没有帽饰。现在，你要做的就是看一眼角色的大体身形。

图 5.2　综合 A 方案和 F 方案后得出的剪影结果

小提示：

图 5.1 和图 5.2 中的剪影是使用 Krita 软件绘制的，这是一款开源绘画软件，建议你去体验一下。详情可访问 Krita 官方网站。当然，除此之外，还有其他一些同类软件，可以根据自身喜好去选用，如 MyPaint、Painter、GIMP 及 Adobe Photoshop 等。你甚至可以用 Blender 中专门用于创作 2D 绘画的蜡笔工具来做（本书并未涉及）。制作剪影时使用的一项实用的功能就是镜像绘画（并非所有的绘画软件都有此功能，但 Krita 有）。它可以让你只画出一半身体，软件会同时在画布上画出对称一面的身体——可以看到，这样会事半功倍。

基型设计

接下来，就要根据最终的剪影图来画出基本的细节了。这时只要用一些线条在边界周围勾勒出角色的内部形体。在这一步中，最终应勾勒出角色的基础版本，因此不必太过在意细节，下一阶段再去完善。

这一步也应当添加衣服，可以尝试各种轮廓。在这个基础版本中可以尝试制作若干种衣服，以便在后续步骤中选择喜欢的设计，并把它们搭配起来，做些修改，直到自己满意。不过，也不要添加太过复杂的元素，所以要避免复杂的设计元素，尽量在力所能及的范围内进行设计。

此时并不需要过多地完善，一个大概的草图即可，如图 5.3 所示的样子。

这有助于你了解角色的最终模样，好让你以后可以对每个部分进行针对性设计，并最终将所有部分合并成一个干净完整的版本，如果有不满意的地方，别担心，以后有足够的时间去修改并完善它们。

图 5.3　最终剪影图和基本设计图的对比

　　从图 5.3 中可以看出，角色的发型依然没有确定，这个地方需要仔细思考一下，因为头发通常是比较难处理的地方。如果想要应用逼真的毛发粒子效果（可以创建 3D 粒子在表面上生出毛发，梳理并修建它，做出某种发型，并且随后会受重力或风力的影响），需要充分了解它们的样子和运动方式，确保发型适合用 3D 粒子表现（否则就会前功尽弃）。如果想要应用手工建模风格的头发，那么就会有很多选择，但也要注意网格建模法的局限。

　　对于这个角色，你可以使用网格来做，因为这样会相对容易些，对于这种类型的角色设计，这样就可以了。如果你不具备充分的绘画经验，那么先画得尽量简洁就好，先用几何球体来画出轮廓，有助于你理解形体的比例。例如，头部可以是个形变的圆，手臂和双腿基本呈圆柱形。如果你不擅长角色形体勾画，那就先从简单的几何图形画起，然后再在上面增加细节。

设计头部

　　现在开始设计头部、面部和发型，也不妨试试帽子元素（因为它们会影响发型）。图 5.4 是 Jim 面部的几种草图方案。注意，在第一次尝试时，不要指望能得到非常理想的结果（对于这个角色，我也只是展示了我尽力而为的效果）。有时候可能会尝试去画大量的草稿，幸运的话，可能会在第一次就得到满意的效果（尽管这种可能性小之又小！）。

图 5.4　Jim 头部的多种草图，以及帽子样式的尝试

　　观察所有的草图，我们从中选用戴帽子的那个，因为这会彰显 Jim 的性格，而且看起来也挺酷的。它会把头部的大部分盖住，这会大大简化头发的设计工序！

　　在 2512 年，一顶典型的棒球帽可能不会那么常见，因为未来社会的人们会在头上戴着奇异的装饰，但别忘了 Jim 想要与众不同，对吗？这里，你只要创建 Jim 就好，但如果你有必要对他所生活的城市及那里的市民有所刻画，那么他在 2512 年戴着一顶棒球帽显然会让他与众不同。

添加细节

　　现在你已经将 Jim 的身体和头部的基本形态设计出来了，那么应该到了添加细节的时候了。或许你不太擅长绘画，但别担心！这些设计的目标并不是追求完美。设计本身主要是一些能够有助于你理解角色形体的草图和素描。了解角色及其细节构建方式能够让你把任何元素转化成 3D 模型。

　　例如，你想创建一块手表的模型，如果你马上就开始建模，最终可能你最终会因为遇到诸多问题而放弃。可能它看上去怪怪的，缺乏真实感，这往往是你没有认真研究过它的形态导致的。建议去找些合适的参考图，并在设计的时候拿来借鉴。你甚至可以仅凭头脑中的想象去做，但还是建议你把它画在纸上（或屏幕上），这样可以在正式开始 3D 建模之前看到设计稿，并做到心中有数

图 5.5 是 Jim 着装方面的一些草图，都是些从整体剥离出来的关键部位的设计，并且从多个视角去展现它们。例如，夹克衫的前面和背面的设计图等。这很重要，因为对 2D 视角来说，我们可能不会用到背面设计稿，但在 3D 模型中，每个面都是同等重要的！

整件衣服布满了直线条，这会让平淡的表面风格看上去更加丰富一些。肩关节、肘关节、膝关节都有护垫，这让衣服看上去像是一件制服，这正符合 Jim 的穿戴风格，因为在未来，人人都穿着同样款式的衣服。

Jim 戴着一个耳机，用来听音乐和接电话。帽子的款式也是很有性格的，能够凸显他的性格，而且他会反着戴，有叛逆感。他的性格或许可以体现在衣服的颜色上，可能衣服某些部分的颜色会与其他人衣服上的有所不同，这会在后面的上色阶段进行探讨。

夹克衫的背面有一个小背囊，用来存放制服的电子系统。肘上方手臂上的制服分割线让它看上去像是一件真正的太空探险装。

此外，衣服上还增加了一个细节，Jim 的前胸和帽子上各有一个太空探索标识。结合这套制服风格的衣服，让他显得像是一个真正的太空探险者。至于那些符号，我使用了土星图案，这是比较好辨认的星球，也是太空探索的标志性图案。

图 5.5　角色细节设计草图，包括衣服、耳机、靴子、手套和帽子

细化设计

此时，你已经对各个部分的外观有了清楚的了解：面部、头发、衣服，以

及其他的细节。在你完成最终的图稿之前，我们回头看一看基础设计稿，并添加一些细节进去。此外，现在也是绘制角色背面设计稿的良好时机（见图 5.6）。

　　目前来看，一切都还不错！接下来我们要尝试选用颜色了。

图 5.6　在基础设计稿的基础上完善设计，并设计角色的背面设计稿

上色

　　基础的设计目前已经完成，现在应该给 Jim 上色，并且看看他使用不同配色方案的效果（如果你此前一直在纸上进行创作，那么现在是时候把你的设计稿扫描到电脑中了，开始用电脑去设计，这样可以让你对同一款设计应用多种配色方案，调节起来非常方便）。我们需要一个 Jim 的正面视图版本，以便让我们能够使用编辑软件中的油漆桶工具快速填充颜色（见图 5.7）。将角色的每个部分分别存储在单独的图层中，这样便于调整各个部分的颜色，如肤色。使用这种方法，你可以尝试多种方案，并从中选出你最中意的那个。

　　分层上色可以在短时间内测试出一种新的配色方案。在图 5.7 中，不同的头发颜色可以让你看出这个流程是如何工作的。但在这个例子里，我们姑且假设我们已经知道了头发颜色应该是蓝色的，和眼睛的颜色一样，因为这与蓝灰色的制服相协调。为 Jim 选出最适合他的配色方案。让我们继续使用中间的配色方案，也就是蓝色头发那个，因为头发颜色与制服颜色的反差没有旁边那两种方案那么剧烈。

图 5.7　在设计稿上测试不同的配色方案

完善设计

　　此时，应尽可能创作一张角色的最终定稿图，而且你已经了解了它的建造方式、外表及设计细节等。在图 5.8 中，你将看到 Jim 的最终定稿效果。对于初学设计的人，无须苛求达到这样的品质，但这有助于你更加熟悉角色，了解他，理解他的比例和特征。此外，当你为他摆造型的时候，有时也能够暴露出在角色设计过程中的一些潜在问题。例如，制服的某些地方的元素不太适合出现在那里。通常，当创建一个复杂角色时，原画艺术家们会创作很多类似这样的插画，以确保角色看上去不仅漂亮，而且逼真。

图 5.8　使用最终的设计稿创作一张 Jim 的插画

> **小提示：**
> 在本书的下载文件中，可以找到一段演示这张插画创作过程的视频。希望它能帮助你理解我所采用的步骤，并激励你去创作自己的角色。

制作角色参考图

好了，你已经设计好了角色。如果你是有经验的人，你可能会马上着手建模。如果你并没有什么经验，那么你可能会想先弄几张用于 3D 建模项目的参考图，以便对角色的基本形体和大小有更直观的概念，这也会让建模过程事半功倍。在建模的时候，这些图像会位于 3D 视口的背景中，这样你可以在它们的上面进行比照建模。参考图中的角色应当呈正常站立姿势，毕竟这是为了建模。更酷的姿势等以后再去摆弄。

在我们的案例中，会用到六张不同的参考图，可以把它们放在 3D 视口中，按照以下方案在背景中放置参考图。

- 头部，前视图。
- 头部，后视图。
- 头部，侧视图。
- 身体，前视图。
- 身体，后视图。
- 身体，侧视图。

这些参考图有助于确定 3D 模型与最初设计相符。当从 2D 转到 3D 时，设计元素或多或少会有些差异，因为 2D 和 3D 是两个完全不同的世界。但使用了参考图后，你会做出一个较符合 2D 设计原稿的 3D 形象。

对于头部视图，不必考虑毛发，因为目前要专注于头部形态建模，毛发将在后面章节加到头部上（见图 5.9）。

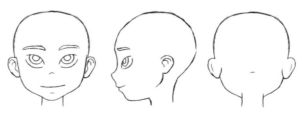

图 5.9　头部的前视图、侧视图和后视图

对于如图 5.10 所示的身体视图，你可以看到侧视图中并没有手臂。这是有意为之，因为目前我们暂且不创建手臂的模型。随后，你可以根据前视图和

后视图把它建造出来。在测试图中，并不会有太多的相关信息，而且它们会把角色身体挡住，不利于通过侧视图观察身体的侧面。

图 5.10 身体的前视图、侧视图和后视图

注意观察草图上的水平线，它们务必要始终对齐，好让角色的特征位于各个视图中的相同位置，这样可以在后面免去在 3D 场景中摆放角色的麻烦。参考图不够完美没关系，毕竟它们是手绘稿，况且难免会犯错，但它们对齐得越好，创建模型就会越容易。否则，你将不得不经常一边建模一遍揣摩，只是因为参考图没有对齐，而且当你建模时也不得不将某些地方彻底返工才行。

小提示：

对于这些设计，你可以任意发挥创意，并把它们改成你觉得比较好的样子。如果你从未做过角色设计并且渴望一些初始引导，那么这会是个良好的起点。这应该会让你用某种方法着手做起，但并不一定完全照搬。角色设计是个创意无限的过程，所以要不断尝试新元素！

其他设计方法

之前有提到过，上面介绍的这种方法并不是设计角色时所使用的唯一方法。有很多的艺术家，他们会逐渐创立自己独到的方法和技术。以下列出了其中一些方法，可以尝试选用。

- 使用如球体、立方体或圆柱体等非常简单的 3D 模型，快速搭建出剪影的基本形状和比例。这样能够让你看到角色在 3D 场景中的大致模样。
- 在绘画软件中使用随机笔刷去尝试设计形态。这样可能会让你偶然做出意想不到的结果，能够让你去挖掘在使用笔纸绘画时可能会被遗漏的有趣元素。

- 使用 Adobe Illustrator 或 Inkscape 等矢量绘图软件尝试设计剪影图。这与 3D 建模创建法类似，不同之处是在 2D 环境中。这种方法的好处在于你可以方便地缩放或旋转身体的各个部位来尝试新的想法。

- 使用 Blender 的蒙皮（Skin）修改器创建角色原型。你可以自学一下如何使用蒙皮修改器：基本上是先画出带顶点和边线的角色骨架，蒙皮修改器会给它指定厚度，你也可以控制各个部位的网格厚度。该修改器的初衷是创建用于雕刻的基础网格，但也可以用它来快速尝试创建角色的形态。

- 使用图像合成技术，选取多张照片或画稿的特定部分，并把它们合并起来，拼凑出你的角色的剪影。

总结

角色设计是个很复杂的过程，你必须去思考很多方面。当然，你可以仅凭头脑中的一个想法就直接着手建模，但那样很可能会让难度显著增加，毕竟你要凭空创建一个新事物出来。这个设计阶段很关键，因为它让你定义了角色的各个方面：性格、态度、样貌、衣服、细节等。当你完成设计时，你会对角色有一个深刻的认识，你会预见到那个角色转换成 3D 模型后的效果会有多好。否则，你只能在经过所有努力后才能看到。你头脑中的那个想法并没有那么清晰，有些事情也会事与愿违。

设计是个积累的过程，所以要记住万事开头难的道理。要做好尝试、失败，然后重复这一过程的准备，直到能够做出让自己满意的设计。

请记住，前期制作就是你的良师益友！

练习

1. 基于 Jim 的设计稿，添加或替换某些元素，让角色看上去有所变化。
2. 如果你准备好去迎接挑战，那就设计一个你自己的角色出来吧！

III

开始建模

Blender 的建模工具

可以说，建模是角色创建过程中最重要的环节，因为这是你要用多边形生成最终角色的主体外形的一种方法。在本章中，你将学习 Blender 的建模基础，以及如何使用某些主要的工具进行创作。然后，在第 7 章，我们会对这些工具进行讲解，你将更加熟悉它们。在开始创建 3D 模型之前，需要进行三个技术层面的考量：认识网格上的元素，学习如何选择它们，以及了解应使用哪些工具去操纵它们。

操纵顶点、边和面

每个 3D 模型都是由三种元素构成的，即顶点、边和面。顶点是指空间中的一个点。当把两个顶点连接起来时，就创建了一条边。而且如果把三个或更多的顶点连成一个闭合回路，那么就创建了一个面。可以说，一个面就是一个多边形。这三种元素如图 6.1 所示。

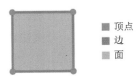

■ 顶点
■ 边
■ 面

图 6.1　顶点、边和面——构成每个 3D 网格的三种元素

面有三种类型：三角面（triangle）、四边面（quad，由四条边围成的面），以及多边面（n-gon，由四条以上数量的边围成的面）。在 3D 世界中，有一条"准则"——尽量使用四边面，因为在动画中它们有利于网格形变。而且，如果你打算为网格添加一个表面细分修改器，那么四边面的细分效果往往会很理想。而三角面和多边面有时会产生各种问题，会在网格上形成"尖点"，特别是当它们呈弯曲形态的时候，或者当 3D 模型因动画产生形变的时候。

不过，在某些情况下，使用三角面或多边面会更有利。例如，对于某些非常复杂的形状，多边面比四边面的形变及细分效果好。在积累了一定的建模经验后就会掌握什么时候应该用哪种面了，有很多经验非常丰富的建模师都写过探讨这个话题的文章，建议大家去看一看。本书就不对此赘述了。顶点、边和面在 3D 模型表面分布而构建形态的方式叫作拓扑。

选择顶点、边和面

要想操纵这些网格元素，首先需要进入编辑模式（Edit Mode），在 3D 视口标题栏上的交互模式列表中选择该模式，或者按 **Tab** 键。当你进入编辑模式后，就可以选择顶点、边和面了。在图 6.2 中，你可以看到它们的图标位于工具栏上。

图 6.2　3D 视口标题栏及顶点、线和面选择图标

小提示：

如果你在单击元素选择图标的同时按 **Shift** 键，可以同时选择多种元素。例如，在顶点选择模式下，按住 **Shift** 键并单击边选择图标，此时，你既可以选中顶点，又可以选中边。

使用建模工具

在 Blender 中有几种找到建模工具的方法，你可以从菜单里找到所有的工具，但多数工具都有自己的调用快捷键，可供快速调用。你可以在以下位置找到建模工具。

- **3D 视口标题栏**：在 3D 视口标题栏上，你会看到若干个菜单（如网格、顶点、边、面），多数工具都可以在这里找到。
- **工具栏（T）**：你可以使用工具栏上的活动工具来建模。并不是所有的工具都能在这里使用，不过主要的工具都可以。
- **上下文菜单**：在编辑模式下，在 3D 视口中单击**鼠标右键**，会看到上下文菜单，其中包含相关的工具。
- **搜索**：在 Blender 中按 **F3** 键会出现一个搜索框，你可以键入想要调出的工具的名称，然后从搜索结果中找到该工具。

以下是你可以在 3D 视口中使用这些工具的快捷键。

- 顶点：**Ctrl + V** 键。

- 边：**Ctrl + E** 键。
- 面：**Ctrl + F** 键。

选择方式

在本节中，你将学到一些在编辑模式下使用的选择方式。其中，很多都和物体模式下的操作方式完全相同（物体的选择方式已在第 2 章讲过）。而在编辑模式下，选择的物体是顶点、边或面。例如，你可以按 **Shift** 键将新元素添加到已有的选择物体集里，或者按 **B** 键进行框选。不过，下面要讲的几个选择方式仅适用于编辑模式。

最短路径

如果用**鼠标左键**选择一个顶点，并在单击第二个顶点的同时按住 **Ctrl** 键，那么 Blender 会自动选择两个顶点之间的最短路径（见图 6.3）。这种选择方式也适用于边选和面选。

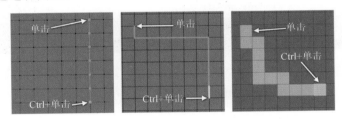

图 6.3　在点选、边选和面选时的几个应用案例

如果你始终按住 **Ctrl** 键，并多次单击**鼠标左键**，那么新的路径将被持续追加到选区中，这样可以非常便捷地选择某条路径上的一系列元素（在第 8 章中，我们将讲解 Blender 的 UV 展开技巧，需要在模型上标记缝合边，届时你会体会到这种技巧的用处）。

最短路径的选择操作提供了多种选项，包括弃选项（Deselected）、选中项（Selected）和偏移量（Offset）等选项，这些选项可以在操作项（Operator）面板中找到（或按 **F9** 键）。这些选项可让你对最短路径上所有选中的元素应用自定义的弃选方案。例如，可以实现每隔三个点选中一个点，这对包含大量顶点的模型来说，可以大大节省时间。最短路径选择选项包括其他有趣的功能，也值得你去探索一下。

小提示：

　　这个工具的另一个技巧就是在执行最短路径选择操作时按住 **Shift** 键，这样可以在面上选出一个矩形区，以第一次和最后一次点选的面定义选区范围。

比例化编辑

　　比例化编辑（Proportional Editing）是一个非常有用的功能，尤其是对生物体建模而言。首先选择一个元素（可以是顶点、边、面，也可以是物体），当你移动它的时候，周围的元素也会随之一起移动，移动幅度取决于你所选用的衰减类型和影响范围（见图 6.4）。

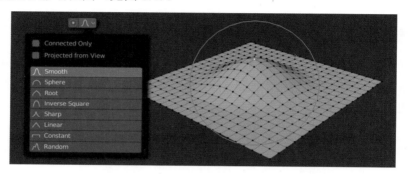

图 6.4　3D 视口标题栏上的比例化编辑工具菜单，其中列出了衰减类型等选项。
图中是使用该工具移动一个网格上的一个顶点的效果示例

　　比例化编辑工具的使用方法很简单：只需要在 3D 视口标题栏上找到该工具的图标，选用某一种方法的同时即可将其启用。你也可以按 **O** 键启用或禁用它。启用比例化编辑工具后，当你执行变换操作时，选区周围会出现一个圆圈，代表影响范围，你可以使用鼠标滚轮调节该区域的大小。

　　当你启用比例化编辑工具时，该工具的图标旁边会出现另一个下拉菜单，你可以在里面选用多种衰减类型。以下是可供使用的几种比例化编辑方法（见图 6.4）。

- **仅相连项（Connected Only）**：该选项仅作用于与被选中的元素相连的顶点、边或面（也就是说，它并不会影响那些位于同一个网格但未与其相连的部分）。

- **从视角投影（Projected from View）**：它的影响方式并不取决于网格或 3D 空间中的距离，而取决于编辑当前网格时的视角，

小提示：

　　在其他软件中，比例化编辑又叫作衰减选择、软选择、平滑选择，或者其他一些表意相近的叫法。它们的工作方式可能会略有不同，但基本功能都相同。

关联选择

　　网格可以由多个相互孤立的关联部分组成。如果想要快速选择其中某个孤立部分，但又不想用常规的方式逐一去选择各个元素，那么可以使用下面的两种方式快速实现。

- 选择网格上的一个或多个顶点、边或面，并按 **Ctrl+L** 键，所有与之关联的网格部分都会被选中。
- 在未选中任何元素时，将鼠标指针移动到网格上并按 **L** 键，可以选中鼠标指针下方元素所关联的网格部分。在另一个元素上按 **L** 键，可以将其添加到选区。按 **Shift + L** 键则可以从选区中减去。

循环边与并排边

　　边线在网格表面上的分布形态通常叫作边流或网格流，它在建模时非常重要（详见第 7 章）。在任何网格中，都会见到循环边（Loops）与并排边（Rings）。循环边是指一系列沿相同路径排布的相连边，并排边是指一系列沿网格表面平行排布的边（见图 6.5）。

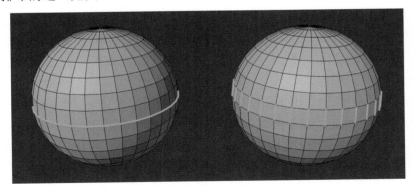

图 6.5　一条循环边（左图）与一组并排边（右图）

可以使用以下快捷键快速选择循环边和并排边。

- 选择循环边：将鼠标指针放到某条边上，按 **Alt** 键的同时单击**鼠标右键**，即可选中整条循环边。

- 选择并排边：将鼠标指针放到某条边上，按 **Ctrl＋Alt** 键的同时单击**鼠标右键**，即可选中整组并排边。

如果按住 **Shift** 键并结合上述快捷键，则可实现加选。

这种方法适用于顶点、边和面。但对面来说，循环面和并排面是相同的选择结果。

此外，还可以从 3D 视口标题栏的选择菜单中进行选择。你需要在 3D 模型中选择至少一条边。然后在菜单中选择选择循环（Select Loops），然后选择循环边（Edge Loops）或并排边（Edge Rings）即可。

选取边界

边界是指定义了未闭合的网格边界的一系列边。以一个平面物体为例，平面的四条边是开放的，那里就是边界。而立方体则是一个闭合的网格。

在边界上用**鼠标左键**连续单击两下，同时按住 **Alt** 键，即可选中所有的边界。

加选和减选

当你选中了多个顶点、边或面时，如果按 **Ctrl＋** 数字键盘区的"＋"或"－"键，则可以在选区范围的基础上扩展选择相连的元素。

选择相似元素

在选取元素后，按 **Shift ＋ G** 键（或使用 3D 视口标题栏的选择菜单中的选择相似（Select Similar）子菜单）弹出若干选项（这些选项的内容视选中的元素类型而定），当你选中了某个元素时，以边元素为例，并使用选择相似元素工具后，你就能自动选中网格上所有符合某个相似规则的边，如长度、面夹角、面朝向等规则。

请留意调整上一次操作（Adjust Last Operation）面板（或按 **F9** 键），因为你可以在这里通过自定义参数来调节选择的结果。其中一个非常重要的选项就是阈值（Threshold），可以让你决定与初始选区的相近程度，该选项的数值会影响选区的范围。

选择相连的平直面

你可以在 3D 视口标题栏的选择菜单中的选择相似子菜单中找到该选项。它能让你选中选区周围所有处于相同平面上的元素。操作项面板中的锐度（Sharpness）值可以决定选区内面与面的夹角上限。

选择边界循环线与循环线内侧区域

这两个选项位于 3D 视口标题栏的选择菜单中，你也可以在选择循环（Select Loops）子菜单中找到。

当你在网格表面上选中了一些面后，你可以使用选择边界循环线（Select Boundary Loop）工具。该工具仅会选中之前选中区域的外边界线（见图 6.6）。

选择循环线内侧区域（Select Loop Inner-Region）工具的作用结果则恰恰相反。此工具可让你将之前选取的某个封闭循环线内侧的所有表面元素全部选中。

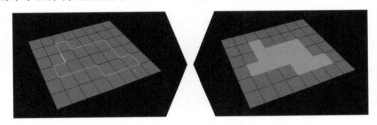

图 6.6　选择边界循环线（左图）；选择循环线内侧区域（右图）。
两张图的效果互为应用另一个选项后的效果

间隔式弃选

间隔式弃选（Checker Deselect）工具其实是一种将已选中的元素从选区中移除的操作。首先，创建某个选区，然后使用此工具将某些指定的元素从选区中移除，以获得期望的选区内容。该工具位于 3D 视口标题栏的选择菜单中。

一般来讲，此工具会根据操作项面板中的三个参数来确定选择样式：间隔选取、跳过及偏移。你可以利用它们将选区中的某些元素移除。

其他选择方法

在 3D 视口标题栏上，进入选择菜单，你会看到之前讲过的所有选择方法，上面讲过的那些方法是最常用的。但你也应该了解一下其他的选择方法，也许你会发现它们的用处。此外，如果你忘了上述各种方法对应的快捷键，则可以随时从这里的菜单中找到（比例化编辑工具并未出现在该菜单中，只能从 3D 视口标题栏上启用）。

网格建模工具

本节会介绍几种 Blender 主要的建模工具（按英文名称首字母次序讲解）。你将学习如何使用它们及它们的各种选项（选用工具后，对应的选项可在 3D

视口左下方的调整上一次操作面板中找到，或者按 **F9** 键），了解它们会产生怎样的作用效果。试着去使用它们，并掌握它们的用法，因为本书在后续章节中将会频繁用到它们。不过，如果不能马上学会也不必担心，可以随时回看本章节。

> **小提示：**
>
> 所有这些工具都可在上一节提到的菜单中找到。本节只会提到对应的快捷键。建议掌握以下快捷键来辅助变换操作：按 **Shift** 键进行精确移动；按 **Ctrl** 键开启吸附或输入数值，并使用 **X**、**Y**、**Z** 键将变换约束到对应的轴向。

倒角

倒角（Bevel）是一个非常有用的工具，尤其在科技产品或非生物体建模当中，它可以创建出倒角或斜切效果，可以作用于顶点、边和面（顶点倒角仅在勾选该工具的操作项面板中的仅顶点（Only Vertex）后可用）。图 6.7 是一个倒角应用案例。

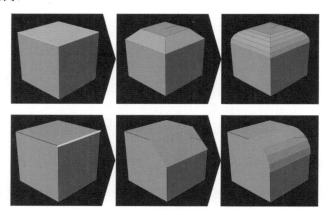

图 6.7   对面应用倒角（上图）；对边应用倒角（下图）

倒角工具的使用方法如下。

1．先选择想进行倒角的元素。

2．按 **Ctrl + B** 键并拖动鼠标来增加或减少倒角量。

3．使用鼠标滚轮增加或减少倒角细分级数（段数）。此时，如果按一次 **S** 键并移动鼠标，则可以设置分段数。

4．按 **P** 键并移动鼠标可更改倒角剖面形状（也可以直接输入数值来定义）。

5．单击**鼠标左键**确定，或者单击**鼠标右键**取消。

在倒角工具的调整上一次操作面板中，你可以计算方法、尺寸、段数、剖面（内倒角或外倒角），也可以设置为仅对顶点执行倒角操作（也可以按 **Ctrl + Shift + B** 键直接启用顶点倒角）。

> **小提示：**
>
> Blender 的倒角工具类似 3ds Max 的斜切（Chamfer）工具。

切分

切分（Bisect）工具能够让你用一条直线划过被选中的网格，并用投影的方式生成一条将网格一分为二的循环边。然后，你可以选择仅保留某一侧的网格（可在调整上一次操作面板中找到），这有助于创建物体的横截面（见图 6.8）。

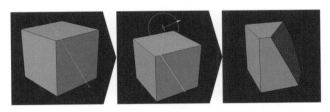

图 6.8　使用切分工具切割默认的立方体

切分工具的使用方法如下。

1．先选中想要分割的网格部分（有时候可以是整个网格，此时只需要按 **A** 键全选）。

2．从之前讲过的菜单中选用切分工具，或者按 **F3** 键搜索（该工具默认没有快捷键）。

3．单击**鼠标左键**确定直线的一个点，然后按住并拖动鼠标，可以看到直线的指示。

4．松开**鼠标左键**确定操作。此时会看到一个用来调节切面位置与朝向的操纵件。

5．如有需要，可在调整上一次操作面板中调整更多的选项。

布尔操作

布尔交切（Interset Boolean）与切刀交切（Intersect Knife）工具可让你使用两块网格在其交叠的地方切出相交线（见图 6.9）。二者的作用结果有所区别。二者都位于面操作菜单中（**Ctrl + F** 键）。记住，二者仅对同一物体中的交叠网格有效。

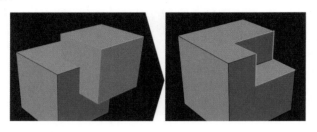

图 6.9　使用差集（Difference）模式的结果

布尔交切

布尔交切工具的执行结果与布尔（Boolean）修改器的结果相近。布尔操作可通过使用另一个与之相交的网格来从当前选中的网格中减去或增加体量。在 Blender 中，你可以使用布尔修改器实现这种操作，也可以在编辑模式下使用布尔交切工具。

布尔交切工具的使用方法如下。

1．先选中部分网格用作切割器。

2．按 **Ctrl + F** 键，选择布尔交切工具。

3．在调整上一次操作面板中选用一种布尔操作类型。

切刀交切

切刀交切工具与布尔交切工具类似，不同之处在于，它并不会增减网格的体量，而是在网格上切出并生成交叉线。它也能够将交叠部分的网格单独分离出来。该工具非常适用于在网格上切出指定的形状。只需要创建一个切割器网格，并使用此工具执行切割。

切刀交切工具的使用方法如下。

1．先选中部分网格用作切割器。

2．按 **Ctrl + F** 键，选择切刀交切工具。网格会被切割，效果类似切刀（Knife）工具，只是用另一个网格作为"刀"，并把切下来的网格留在原地。

3．将不需要保留的部分移除（如作为"刀"的那部分网格）。

> 小提示：
>
> 　　在物体编辑层面，布尔操作通常使用布尔修改器来实现。但如果你不想再去动态修改布尔操作选项，可以直接使用上面介绍的这些网格编辑层面的布尔操作。

桥接循环边

桥接循环边（Bridge Edge Loops）工具适用于桥接若干相邻的循环边，相当于一个高级的建面工具（本章后面会有介绍），但不同的是，它通常会同时创建出一组面，将两个选中的循环边连接起来（见图 6.10）。

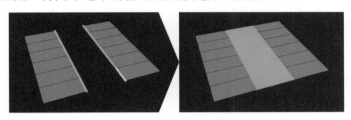

图 6.10　使用桥接循环边工具连接两条独立的循环边

桥接循环边工具的使用方法如下。

1．先选择一条边（并排边或循环边）。

2．再选中模型其他部分的并排边或循环边（要想获得理想的效果，两组边的边数应相同）。

3．按 **Ctrl + E** 键进入边（Edge）工具菜单，并选用桥接循环边工具（如果你正在使用编辑模式，该工具也可以在上下文菜单中找到）。

此工具包含控制边线连接类型的选项，也可以扭转，以及应用某些合并选项（仅当两侧边数相同时）。这些选项也包含了若干其他功能，如控制在新生成的几何体上的切割段数等。

连接

连接（Connect）工具用于在两个顶点之间沿面创建一条新边（如图 6.11所示）。

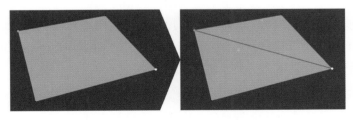

图 6.11　使用连接工具在两个顶点之间沿面创建一条新边

连接工具的使用方法如下。

1．先选择两个顶点（必须在同一个面上）。

2．按 **J** 键进行连接。

小提示：

> 如果你选择的一串顶点所在的面是两两相接的，那么当你按 **J** 键后，Blender 会将它们依序相连，这样你就无须多次选中相邻两点执行连接操作了。

删除和融并

在 Blender 中，当你选中某个网格上的元素并按 **X** 键时，会弹出一个包含多个选项的菜单。你可以按 **Delete** 键移除那些顶点、边或面，这会带来多种结果。如果你选择了其他选项，如仅面（Only Faces），那么就只会将面删除，而顶点和边会被保留。

此外，你也会看到融并（Dissolve）选项，与删除工具类似，不同的是，它不会让元素直接消失，而是用一个简单的多边形替代。当你处理复杂表面并想要重新为其布线时，这样会带来便利，先将那些面融并，然后重新手动连接上面的点即可（见图 6.12）。

图 6.12　选中的面（左图）；融并那些面的效果（中图）；删除那些面的效果（右图）

删除或融并的使用方法如下。

1．先选择一组相邻的顶点、边或面。

2．按 **X** 键，从弹出的菜单中选择相应的删除或融并选项。

当你使用删除工具时，根据你所选择的元素类型不同，你可以使用一些与之对应的选项，可以让你控制删除程度。对于有限融并（Limited Dissolve），你可以调节能够让两面融并到一起的角度临界值。

小提示：

> 要想节省融并面的操作时间，你可以选中想要融并的面并按 **F** 键。**F** 键一般用于在多个顶点或边之间创建面元素，不过，当已经存在面元素时，它可以使用一个单面来替代所有选中的面（执行结果与融并面的结果相同）。

复制

复制（Duplicate）的功能非常简单。你可以快速复制网格的一部分并把它放到别处。

复制工具的使用方法如下。

1．先选择一个或多个顶点、边或面。

2．按 **Shift + D** 键。

3．拖动鼠标移动选取的物体，在移动时，你可以使用 X、Y 和 Z 轴向约束，如同在常规变换时的操作一样。

4．单击**鼠标左键**确认。

复制工具虽然很简单，但它提供了丰富的选项。例如，你可以在操作项面板中控制副本的偏移量，并进行约束，甚至可以启用比例化编辑工具。

挤出

另一个很有用的建模工具是挤出（Extrude）。要想理解它的工作方式，可以想象一下房间的地板。选中地面，当你挤出它时，将它向上移动，仿佛这是一个可以用来创建屋顶的副本，只是 Blender 会同时为你创建连接地板和屋顶的"墙壁"（见图 6.13）。你可以对顶点、边或面使用挤出工具。此外，也有多种基础方法和选项，如挤出面（Extrude Faces）、沿法向挤出面（Extrude Faces Along Normals）和挤出各个面（Extrude Individual Faces）等。挤出面将选中的区域沿平均的或预先设定的方向同时整体挤出；沿法向挤出面和前者类似，只是会让各个面沿着各自的法线方向同时挤出；而挤出各个面则会让各个面沿着各自的法线方向单独挤出。

图 6.13　挤出工具的效果示例。右图是全选正方体的六个面后
使用挤出各个面（**Alt+E 键**）工具的效果

使用挤出工具的方法有三种。第一种方法如下。

1．先选择一个或多个顶点、边或面。

2．按 **E** 键挤出。

3．拖动鼠标移动新生成的几何元素，你可以按 **X**、**Y** 和 **Z** 键约束轴向（如果你挤出的是一个面，那么它将默认沿面的法线方向挤出）。

4．单击**鼠标左键**确定挤出结果。

第二种方法如下。

1．先选择一个或多个顶点、边或面。

2．按 **Ctrl** 键，并在挤出的目标位置单击**鼠标右键**，Blender 可以自动完成挤出。

第三种方法如下。

1．先选择一个或多个顶点、边或面。

2．按 **Alt + E** 键，从弹出的菜单中选用不同的挤出选项。

3．拖动鼠标，调节挤出的高度。

4．单击**鼠标左键**确定挤出结果。

在挤出工具的操作项面板中，你会找到更改挤出方向、幅度或约束轴向等选项，也包括比例化编辑选项。

填充和网格填充

填充（Fill）和网格填充（Grid Fill）工具可以让你先选择网格上有孔洞的部分，然后对那里进行填充。通常，网格填充工具的效果优于填充工具（见图 6.14）。

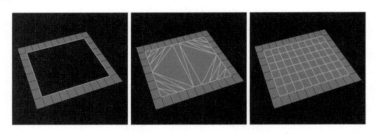

图 6.14　选择网格元素（左图）；填充效果（中图）；网格填充效果（右图）

填充工具的使用方法如下。

1．先选择孔洞的边界线（有时候可以用 **Alt + 鼠标左键**选择循环边）。

2．按 **Alt + F** 键填充该孔洞，并生成新的几何元素。

填充工具在调整上一次操作面板中提供了美化（Beauty）选项，可以对新建元素应用更美化的布线方式。

网格填充工具的使用方法如下。

1．先选择孔洞的边界线。

2．按 **Ctrl + F** 键打开面（Face）菜单（网格填充工具默认没有快捷键），并选择网格填充，用新建元素填充孔洞。

网格填充工具会尝试创建网格状的四边面，你可以从调整上一次操作面板中调节旋转角度等，以生成更简洁的几何面。此外，也可以选择简单混合（Simple Blending），以减少网格表面的紧实度。

内插

内插（Inset）工具与挤出工具类似，只是它会在原网格面的内部创建新面，同时不改变网格的原本形状。该工具会生成原始选区的副本几何面（也可以调节其高度）。该工具仅对面元素有效（见图6.15）。

图 6.15　对一个网格面使用内插工具（左图）；定义内插量（中图）；定义高度（右图）

内插工具的使用方法如下。

1．先选择一组面。

2．按 **I** 键执行内插操作。

3．拖动鼠标，增加或减少内插厚度；在拖动时按住 **Ctrl** 键可调节内插面的高度。

4．单击**鼠标左键**确定操作。

该工具提供了若干选项，如边界（Boundary），可让网格的边界参与内插运算（当你编辑镜像网格，且又不想让内插操作影响镜像面处的边界时，此选项会非常适用）。

除此之外，你还可以更换厚度的计算方法，以及定义内插的厚度和高度。最后，还有一些关于"外插"的选项，以及分别作用于选区内的每个面。你也可以控制在应用此工具后默认选中内插结果的内侧还是外侧，视个人需要而定。

> **小提示：**
>
> 在 Blender 中，内插工具相当于 3ds Max 的倒角工具。这可能会让人混淆。而 Blender 中的倒角工具则相当于 3ds Max 中的斜切（Chamfer）工具。

合并

合并（Join）工具并不是在编辑模式下使用的，而是在物体模式下。你可以选择两个物体，并把它们合并成一个物体。与分离（Separate）工具的作用相反（将在本章后面介绍）。

合并工具的使用方法如下。

1. 在物体模式下，选中两个或多个物体。确定将其中的一个作为合并后的主物体，并把它最后一个选中，即把它选为活动物体。合并后的物体的原心点或修改器等属性将从活动物体上继承。

2. 按 **Ctrl + J** 键将它们合并成一个物体。

> **小提示：**
>
> 合并和分离分别对应 3ds Max 的配属（Attach）和分离（Detach）。

切刀

切刀工具是非常有用的工具，能够让你在网格表面进行切割，分离它的面和边，并生成新的几何元素（见图 6.16）。

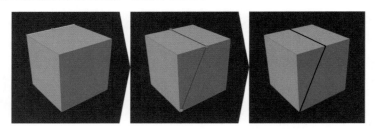

图 6.16　使用切刀工具切割网格面

切刀工具的使用方法如下。

1. 先按 **K** 键。

2. 单击**鼠标左键**，移动鼠标并定义切割面，再次单击**鼠标左键**。

3. 重复步骤 2，直到完成目标。切刀工具会在屏幕上显示将要在网格上新增的切割顶点的位置。切刀工具会默认吸附到边或线上。按 **Shift** 键可禁用吸附，进行自由切割。按 **Ctrl** 键可吸附到边线的中点，按 **E** 键可在最终确认前执行新的切割操作。按 **Z** 键可进行穿透切割。

4．当完成切割后，按 **Enter** 键应用切割结果。

投影切割

投影切割（Knife Project）工具与切刀工具类似，不同的是，它通过将另一个网格的轮廓投射到某个网格表面实现切割。切割器的形状会从视角投射到网格上，并生成新边（见图 6.17）。

图 6.17　建出一个切割器网格（左图）；基于视角投影切割操作（中图）；

从透视视角观察切割的结果，可以看到在网格表面生成了新边（右图）

投影切割工具的使用方法如下。

1．创建一个网格，也就是你想要用作切割器的形状。

2．按 **Shift** 键并选择（加选）你想切割的网格。

3．转到期望的切割视角。

4．从 3D 视口标题栏的网格（Mesh）菜单中选择投影切割（该工具默认没有指定快捷键）。

该工具会让你对网格进行穿透切割，而不只是切割朝向视角的这一面。

小提示：

　　在编辑模式下，你同样可以选中另一个物体。方法是按住 **Ctrl** 键并选择另一个物体，这样就可以将另一个物体一并选中，同时不会影响当前选中的物体。通过这种方法，即使在编辑模式下也可以选中切割器物体。

环切并滑移

环切并滑移（Loop Cut and Slide）工具可对选中的元素进行环切，生成一条或多条循环边，然后你可以在新建的循环边两侧的边线之间对其进行滑移操作（见图 6.18）。

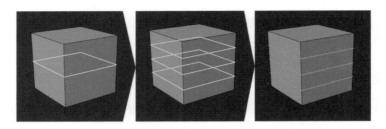

图 6.18　对默认的立方体网格应用环切并滑移工具

环切并滑移工具的使用方法如下。

1．按 **Ctrl + R** 键。

2．将鼠标指针移动到 3D 模型上，以挑选将要添加循环边的位置。此时会看到粉色的循环边预览。

3．滚动鼠标滚轮可调节循环边的数量。

4．单击**鼠标左键**确定要添加循环边的位置。

5．拖动鼠标，可滑动循环边。

6．再次单击**鼠标左键**确定操作，并应用新建的循环边。如果此时单击**鼠标右键**，则可忽略滑移，新的循环边将位于边线中央（要想移除新添加的循环边，请执行撤销操作或按 **Ctrl+Z** 键）。

此工具在调整上一次操作面板上提供了多项实用功能。在应用操作后，你可以更改环切边数，甚至可以调节它们的平滑度，并应用不同的平滑衰减类型，以此创建出带曲率的几何外形。此外，你也可以调节边线滑移系数。

> 小提示：
>
> 　当你使用环切并滑移工具时，新创建的循环边会在相邻两边之间均匀排布。如果你不想让新创建的边均匀排布，而是对齐到某一边，那么可以在滑动的时候按 **E**（均匀）键。此时会出现一条与当前滑动线垂直的黄线，标示滑动的方向和界限，以及一个红点标记，代表当前形状对齐的是哪一侧。按 **F**（翻转）键可翻转对齐的方向。

创建边/面

创建边/面（Make Edge/Face）工具非常有用，你可以选中两个元素（仅对顶点或边有效），然后在它们之间创建一条边或一个面（见图 6.19）。选中的元素类型不同，效果也会不同。如果你选中两个顶点，那么该工具将在两个顶点之间生成一条边。如果你选中三个或三个以上的顶点（两条或两条以上的边），那么根据选择物体的不同，它可以创建出三角面、四边面或多边面。

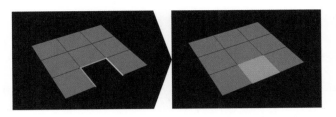

图 6.19　使用创建边/面工具对四个选中的顶点间的洞面进行填充

创建边/面工具的使用方法如下。

1．先选中两个或两个以上的顶点或边（必须在几何体的边界处选择。在将要创建面的地方，不应存在任何连接它们的元素）。

2．按 **F** 键创建边或面。

合并

借助合并（Merge）工具，你可以选择两个或多个元素，并把它们合并成单一元素。这与其他软件中的焊接（Welding）工具类似。合并选项有几种，效果也不一样。此工具可对顶点、边或面使用。

合并工具的使用方法如下。

1．先选择两个或更多的顶点、边和面。

2．按 **M** 键，在弹出的菜单中选择一种操作。

对于某些选中的物体，还会看到更多的选项。对于顶点，你通常可以决定合并位置：可以选择合并到第一个被选中的顶点上、最后被选中的顶点上、选区中心或 3D 游标的位置。

塌陷（Collapse）可将每组相连的元素分别执行合并，因此，如果元素之间并未相连，那么它们就不会被合并到一起（可用于删除循环边：你可以选择一条并排边，然后应用塌陷，这样一来，每条边都会塌陷成一个顶点）。例如，如果你选择的是网格上不同位置的两个面，并应用塌陷，那么每个面都将被转换成位于各个面中心处的一个单点。

按距离合并

在 **M** 键菜单中，你会看到按距离合并选项。你可以用它来合并那些间距小于指定距离阈值的顶点，该阈值可在调整上一次操作面板中设置。该工具在以往的 Blender 版本中叫作"移除重叠点"（Remove Doubles）。

合并元素后，你依然可以更改合并类型，以及元素的合并位置。这便于尝

试元素各种合并效果，或者在不慎操作错误后改正。

偏移边线并滑移

偏移边线并滑移（Offset Edge Slide）工具尤其适用于定义边角，与表面细分修改器结合使用。它会创建出两条平行边，分别列于最初选中的那条边的两侧（见图 6.20）。

图 6.20　最初选中的边（左图）；两条新边（中图）；将末端顶点连接后（右图）

偏移边线并滑移工具的使用方法如下。

1．选中一条或多条边。

2．按 **Ctrl + Alt + R** 键。

3．滚动鼠标滚轮确定新生成的边的位置。你可以按 **E** 键让新边与原边的距离自动保持均匀，而不是自动计算与邻边的距离均值。

在操作项面板中，你可以定义滑动量，以及封闭末端点（Blender 会尽量将两条新边的末端点连接起来），也可以使用均匀距离等其他参数。

尖分

尖分（Poke）工具用法简单，功能实用，它可以在所有被选中的面元素中央创建一个顶点，并在该点与构成该面的各个顶点之间创建边线（见图 6.21）。

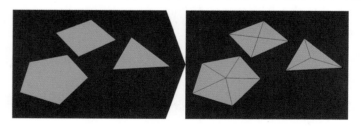

图 6.21　对不同类型的面使用尖分工具

尖分工具的使用方法如下。

1．选中一个或多个面。

2．按 **Alt + P** 键。

在该工具的选项中，你可以定义生成的中心点的高度，以及中心点的计算方式。

断离与补隙断离

断离（Rip）工具仅作用于顶点，可让你将选中的一个或多个顶点断离，并在网格上形成一个孔洞。补隙断离（Rip Fill）的功能与之相同，只是它会自动填充孔洞（见图 6.22）。

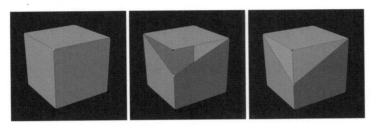

图 6.22　选中顶点（左图）；应用断离的效果（中图）；应用补隙断离的效果（右图）

断离与补隙断离工具的使用方法如下。

1．先选择一个或多个顶点。

2．将鼠标指针放到你所期望的顶点断离指向的那一侧。这将定义新顶点的位移方向。

3．按 **V** 键执行断离，或者按 **Alt + V** 键执行补隙断离。

4．拖动鼠标，移动断离后的顶点。

5．单击**鼠标左键**确定操作。

分离

使用分离（Separate）工具，你可以选择网格的一部分，然后把它分离成一个独立的物体。

分离工具的使用方法如下。

1．先选中你想要从网格上分离的那部分。

2．按 **P** 键，然后会看到一个弹出菜单。

3．选择选中项（Selection）选项可将选区从中分离；如果选用按材质（By Material）选项，则可将网格上使用不同材质的部分各自分离（只有当对网格应用过不同的材质时才有效）；如果选用按松散块（By Loose Parts）选项，则可将网格上互不相连的部分各自分离（使用按松散块时，无须建立选区）。

法向缩放

法向缩放（Shrink/Flatten）工具非常简单，却很实用。它可以将选中的顶点、边或面沿元素自身的法线方向缩放（法线（Normal）方向是指顶点或面在 3D 空间中的朝向）。

法向缩放工具的使用方法如下。

1．先在网格上选择想要编辑的部分。

2．按 **Alt + S** 键。

3．拖动鼠标调节缩放值。

4．单击**鼠标左键**确定操作。

此工具也提供了几个简单的选项，可以在调整上一次操作面板中调节，也有比例化编辑选项。

滑移

滑移（Slide）工具，当你选择顶点、边或循环边时，可将其在邻近的边上滑动。尽管可以对面使用此操作，但通常对顶点或边操作起来更直观一些。

对顶点使用滑移工具的方法如下。

1．先选择一个或多个顶点（通常建议你每次都对单一的顶点进行操作，因为你选择的顶点越多，滑移的结果就越难预料）。

2．将鼠标指针放在你想要让顶点滑移的边上。

3．按 **Shift + V** 键。

4．拖动鼠标滑移顶点。Blender 会用一条黄线显示你可以滑移顶点的幅度。

5．单击**鼠标左键**确认新顶点的位置。

对边使用滑移工具的方法如下。

1．先选择一条边或一条循环边。

2．按 **Ctrl + E** 键，进入边菜单，并选择边线滑移（Edge Slide）选项。

3．拖动鼠标滑移边或循环边。

4．单击**鼠标左键**确认操作。

操作项面板中的相关选项很简单，可供调节所选元素在邻边上的滑移距离。

小提示：

有一个更快速的滑移技巧，对顶点、边或面均适用——按两次 **G** 键。滑移工具也提供与环切并滑移工具相同的选项，如按 **E** 键和 **F** 键来适应相邻的循环边走向等。

平滑顶点

平滑顶点（Smooth Vertex）工具的功能和名字一样简单直观。如果网格上有你不希望存在的突出结构，或者只是想要让元素分布得更加均匀，那么此工具较为实用。

平滑顶点工具的使用方法如下。

1．选择一组顶点、边或面。

2．从工具栏中选择平滑顶点工具（此工具尚无对应的快捷键）。

此工具的操作项面板中包含控制平滑效果的选项。

生成厚度

生成厚度（Solidify）工具可以为选区添加厚度，仅对面元素有效。

生成厚度工具的使用方法如下。

1．先选择想要添加厚度的面。

2．按 **Ctrl + F** 键进入面（Face）菜单，并选择生成厚度选项。

当对一个或一组面应用生成厚度工具时，你可以通过操作项面板中的选项调节准确的厚度值。

旋绕

旋绕（Spin）工具可让你先选取一个或一组顶点、边或面，然后绕着 3D 游标挤出它们（如图 6.23 所示）。

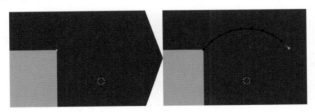

图 6.23　选中一个顶点并使用旋绕工具，绕着 3D 游标旋绕

旋绕工具的使用方法如下。

1．先选择一个或多个顶点、边或面。

2．将 3D 游标放在想要作为"圆圈"中心点的位置。

3．视角决定旋绕的朝向。

4．按 **Alt + R** 键调用旋绕工具。

旋绕工具可以让你定义旋绕角度及阶数（也就是在旋绕时的挤出次数），

也可以调节旋绕中心和轴向。此外，还有一个复制（Dupli）选项，可以让你对选区进行复制操作，而不是挤出。

拆分

拆分（Split）工具可将选区从网格拆分下来（见图 6.24）。较适用于面元素（对顶点或边而言，如果它们位于面上，则作用效果无异于复制）。当选区被拆分下来后，你可以把它自由移动到其他地方。拆分工具与分离工具的不同之处在于：拆分工具会将网格留在同一个物体上，而不是像分离工具那样分离出一个新的物体。

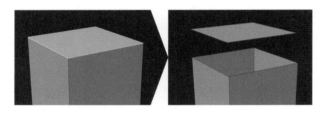

图 6.24　将一个面从默认立方体的网格上拆分下来

拆分工具的使用方法如下。

1．先选择想要断开连接的面。

2．按 **Y** 键执行拆分。此外，还可以按 **Alt+M** 键（与合并工具的快捷键 **M** 相对）打开包含高级选项的菜单。

细分

细分（Subdivide）工具专门用于对几何体进行细分操作，适用于边和面。边可被一分为二，并且会在中间生成一个新的顶点。面可被一分为四，如果你选中的是一个并排边，那么细分工具将创建出一条将并排边一分为二的经过各条边中点的循环边。你可以调节分割次数（见图 6.25）。

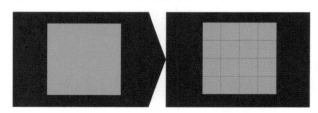

图 6.25　对一个面执行细分，分割次数设为 3

细分工具的使用方法如下。

1. 先选择想要细分的几何元素（至少要选择两个相连的顶点，也就是一条边）。

2. 按**鼠标右键**，从弹出的上下文菜单中选择细分选项。

你可以定义分割次数，以及它们相对于周边几何体的平滑度。你也可以在细分区域上创建三角形，以免产生多边面，还可以对最终的几何体应用分形（Fractal）噪波样式。

使用建模插件

以上介绍了主要的建模工具。下面来介绍一些 Blender 自带的插件（可在偏好设置面板中启用）。对于某些情况，它们会很实用。

使用 LoopTools 插件

启用 LoopTools 插件后，可以从 3D 视口的侧边栏中使用它，也可以在编辑模式下的上下文菜单中找到（见图 6.26）。

图 6.26　3D 视口侧边栏中的 LoopTools 插件

此插件提供了某些有趣且实用的建模工具，值得去了解一下。它们会提高建模的效率，我们来了解它们的作用吧。

- 桥接（**Bridge**）：在 Blender 的内建桥接工具被开发出来之前，此插件就已经有了这个功能。它所提供的选项和 Blender 的内建桥接工具"桥接循环边"（Bridge Edge Loops）有所不同，尽管二者可以做出类似的结果。这个工具可以让你选择边或面，并在选区中间创建出新的几何元素，类似用桥梁连接起来的效果。
- 圆周排列（**Circle**）：此工具可将选中的元素（如顶点）排列成一个完整的圆周形状。
- 曲线排列（**Curve**）：选中一条边或一个面，并使用此工具将其转化成平滑的曲线。通过侧边工具栏下方的操作项面板可控制该工具的效果。

- **平面排列（Flatten）**：选中多个面、边或至少四个顶点，然后可用此工具让它们排在同一个平面上。想象一下，如果你手动创建了一个网格面，但它并不是完全平坦的，那么你可以选中整面后使用此工具让该网格面变成一个完美的平面。
- **蜡笔路径（Gstretch）**：此工具可让你用标注（Annotation）工具［旧称蜡笔（Grease Pencil）］来改变循环边的排列形状。

标注工具的基本用法

标注工具主要用来在 3D 视口中进行标注：**按住 D 键的同时单击鼠标左键并移动鼠标**，即可画出标注线条。**按住 D 键的同时单击鼠标右键并移动鼠标**，即可擦除已有的蜡笔路径。在 3D 视口的侧边栏中，你可以找到删除或更改标注图层参数的选项。

- **放样（Loft）**：此工具与 Blender 的内建桥接循环边工具类似，只是功能上有些增强，它可以让你同时"桥接"两条以上的循环边。例如，你有三个圆环，如果使用放样工具，你可以选中所有三个环，然后从第一个环开始依次桥接到最后一个环，中间经过第二个环，这样可以让你有机会在桥接的过程中控制网格形态。
- **松弛（Relax）**：此工具可对选中的元素做平滑处理，避免产生尖锐感。
- **间隔（Space）**：此工具会将你选择的元素按均匀的间距排列，它适用于机械类建模。例如，你手动编辑了多个部分，但你需要让它们彼此间均匀间隔开。此工具适用于循环边。

使用 F2 插件

该插件对 **F** 键的功能进行了增强，可提高面元素的创建效率。

其中一项功能就是能够让你选择一个角点，按 **F** 键，即可基于该角点创建一个面。还有一种用途不是很好描述，不过相信你能从图 6.27 中看明白：选择两个顶点，然后多次按 **F** 键，这样可以快速填充有孔洞的面。

小提示：

当你在偏好设置面板中开启 F2 插件时，展开它的菜单，你可以勾选自动抓取（Auto Grab），当从角点创建新面时，自动选中生成的顶点，便于你用鼠标指针快速拖曳调整其位置。此功能在对 3D 模型进行重拓扑的时候尤其好用。

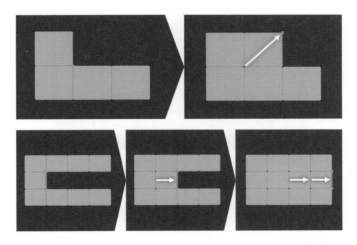

图 6.27   图中每个箭头所指的地方都代表按 **F** 键后创建的结果，
创建的结果视所选的元素而定

更多实用有趣的 Blender 选项

此外，还有一些工具，虽然不算建模工具，但可用来设置视觉效果，在某些情况下，对建模来说非常有用。

自动合并

自动合并（AutoMerge）功能对建模来说非常实用。启用它后，你可以将一个顶点放在另一个顶点的位置上，它会自动与目标位置的顶点合并。

如果你同时启用了吸附（Snap）工具，当你将一个顶点移动到另一个顶点附近时，这个顶点会被吸附到目标顶点的位置上，这让合并更快速、更直接。或者不启用吸附工具，只把它的模式设定为顶点吸附（Vertex Snap），想要合并时，只需要按 **Ctrl** 键临时启用吸附工具。

此工具类似其他 3D 软件的焊接（Weld）工具，自动合并功能的按钮位于 3D 视口标题栏上（在编辑模式下可见，如图 6.28 所示）。

> 小提示：
> 在编辑模式下，你可以在 3D 视口侧边栏或选项按钮中阈值，在启用自动合并功能时，该值代表你想要对被操作顶点执行自动合并的顶点间距上限。如果你想在禁用吸附工具的时候合并顶点，那就应当增加此值；当你操作的顶点与其附近顶点的间距小于此值时，二者被合并。

图 6.28　自动合并工具及其选项

全局视图与局部视图

该工具能帮助你专注编辑某个或部分物体，特别是在包含大量物体的复杂场景中。也就是说，你可以选中一个或一组物体，单独显示它们（所谓的"局部视图"），而将其余的物体全部从视图中隐藏。

你可以按**数字键盘区的"/"键**在全局视图（Global View）与局部视图（Local View）间进行切换，或者从 3D 视口标题栏的视图（View）菜单中选择该选项。效果类似隐藏与取消隐藏工具，但要更快捷，而且这两种工具可以结合使用。

小提示：

当你切换到局部视图时，将无法使用某些功能，而且有些操作的结果可能会有所不同。例如，如果你在大纲（Outliner）视图中更改了某个物体的可见性，而该物体并不在当前的局部视图中，那么你将无法看到该操作的结果。因此，在局部视图中操作结束后，要记得返回全局视图。

如果你发现某些功能不可用，或者找不到某些选项（那些选项在局部视图中是能见到的），那么就要确认自己是否位于局部视图。当你在局部视图中时，Blender 会在 3D 视口的左上角提示你当前位于局部视图，你会在视图名称旁边看到"局部"（Local）字样。

隐藏和取消隐藏

隐藏（Hide）和取消隐藏（Reveal）是非常有用的！你可以选中网格的一部分，然后按 **H** 键，把它隐藏起来，这样就可以看到被它们遮挡的网格元素了，方便对它们进行编辑。编辑完成后，你可以按 **Alt + H** 键让之前隐藏的部分重新显示出来。此外，也可以按 **Shift + H** 键将未选中的元素隐藏起来。

它们不仅有助于隐藏或显示元素，还可以用于控制编辑的范围。例如，你想创建一条环切边。在一般情况下，这样做会影响整组并排边。但如果你只想对该组并排边的一部分进行操作，那么你可以把其余的部分隐藏掉，环切工具就会只作用于当前可见的那些元素上。这个技巧可以和绝大多数的建模工具结合使用，所以要充分利用它哦！

吸附

就像在物体模式下那样，你可以在编辑模式下的 3D 视口标题栏上启用吸附工具，并选用期望的吸附元素类型：顶点（Vertex）、面（Face）、增量（Increments）等。如果吸附工具当前是启用状态，当你移动元素时，就会看到它们的吸附效果。一方面，当按下 **Ctrl** 键时，你可以临时禁用吸附，从而自由地移动它们。另一方面，如果吸附功能当前是禁用状态，那么按下 **Ctrl** 键后将会临时启用吸附。

透视模式

透视模式（**X-Ray**）可以让物体呈现半透明效果，尤其对查看包含很多内部细节的复杂物体非常有用。透视模式的按钮位于 3D 视口标题栏的右上方，与视口着色模式按钮相邻。此外，透视强度可以在视口着色模式的下拉菜单中调节。

当使用实体模式时，透视模式可以让物体表面变得半透明，从而让你看到物体的内部。

当使用线框模式时，透视模式是默认开启的，透视强度值为 0。如果你增加滑块值，那么物体表面就会变得不透明，而且只能看到视角方向的表面线框。有时候，这种视图样式也会派上用场。

总结

在本章里，你已经学习了 Blender 的常用建模工具、它们的作用效果、使用方法，以及如何在应用之后调节它们的选项。学会了这些，也就算基本入了建模的门，而且你已经学会了运用这些工具对网格进行修改，从而创建出简单的模型。你会发现，其中大多数的功能都可以通过键盘快捷键进行快速调用（当然，你也可以在菜单里找到它们，然后会看到它们对应的快捷键提示）。一下子记住这么多快捷键或许有些勉强，但从长远来看，你会觉得记住它们是很值得的，因为它们会大大提升你的工作效率！

练习

　　1．尝试在简单的物体上应用本章所讲到的所有建模工具。

　　2．做一个非常简单的物体，供 Jim 在他的冒险之旅中使用（如手电筒）。思考应该使用哪些工具，如何去使用，以及按照怎样的顺序使用来达到最终效果。

角色建模

终于到了可以正式开始为 Jim 建模的时候了！在本章里，首先，你将学习关于拓扑的知识，以及几种最流行的建模方法；然后，你将跟着一起设定在第 5 章做好的参考图，以便可以照着它进行建模；最后，你将一步一步地创建出 Jim 身体的各个部分。这是本项目中至关重要的一个环节，因为它将直接决定在后续章节操作的角色的形态和外观。

什么是网格拓扑

网格拓扑是指边线在网格面上的分布方式。两个外形相同的网格面可以拥有截然不同的拓扑方式。那么为什么说拓扑是非常重要的呢？对动画角色制作来说，拓扑显得尤其关键。当角色运动的时候，模型会产生形变。好的拓扑方式可以确保让形变看上去真实、自然；否则，网格就会显现出尖突感或拉伸感，产生怪异或不正确的形变效果。

在图 7.1 中，你可以看到两个拓扑方式不同的案例。一种是好的，另一种是不好的（图中为非常夸张的效果，意在演示不好的拓扑是什么样的）。在左边的案例中，拓扑做得很糟糕：几乎所有的循环边都是仅沿纵向或横向分布的，它们并没有真正沿着面部外形的走向排布。显然，这将在角色做出动作时产生问题，如张口的动作。而右边案例的拓扑做得就要好很多了：循环边的走向顺应面部外形，并且分布得当。

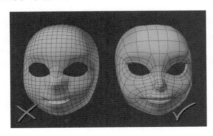

图 7.1　不合理的拓扑（左图）和合理的拓扑（右图）

可以把拓扑结构想象成面部或身体其他地方的皮肉。根据形变方式，它们需要沿着模型的外形分布。否则，创建蒙皮时就会产生严重的问题。

以下是确保做出正确拓扑结构需要注意的几点。

- **尽量使用四边面（Quad）**：避免使用三角面或多边面，除非确有必要。对三角面和多边面而言，如果使用不当，就会在经过细分或形变后的表面上产生尖点。这并不代表不能使用三角面和多边面，只是说要清楚用在哪里才能不产生问题。它们在弯曲的表面上往往会产生问题，但是在平坦的表面上，通常不会有什么问题。

- **尽量使用方面而不是矩面**：总的来说，如果操作的是一个有机体形态，那么四边面上的四条边的长度往往不会相同。因此，要避免使用过于狭长的矩面，因为它们不利于形变，以及其他一些建模过后的动画制作流程。尽量让拓扑结构保持匀称。

- **留意需要复杂形变的区域**：模型的某些地方可能会比其他地方更复杂，不只在形态方面，在做动画时，可能需要让某些地方的运动幅度大一些。边线的走向应当适应这些区域的具体情况，以便随后可以正确形变。眼睑、肩、膝、肘、臀及口等部位都是需要特别留意拓扑的地方，甚至可能需要更多的多边面去呈现更细腻的形变。一般来讲，对于简单的角色，在关节处使用三条循环边通常就够了，一条用在关节处，两条用在两侧。

- **保持低面数**：多边面数是指多边面的数量总和（通常按三角面计算，因为模型上的任意多边面都可以被分割成三角面）。面数越多，意味着在建模过程中需要处理的元素越多，也会相应地增加建模难度和工作量。一般来讲，应当用尽可能少的面数去表现想要的模型细节。

- **留意密度和伸展度**：当使用表面细分修改器时，务必要留意密度和伸展度。表面细分算法会让表面变得平滑。但有时候你想要做出拐角，这样的话，就需要增加布线密度（更多的模型细节）。如果密度不够，那么就会带来明显的拉伸感，在细分后，形态会由于缺乏足够的几何细节支撑而呈现拉伸状，因此，细分后的循环线也会更加偏离原来的位置。要根据模型的实际情况决定密度和伸展度。记住，细节越多，形状就越理想，因为它能降低拉伸感（但需要添加更多的几何细节）。

- **顺应网格形态**：网格边线的走向应当顺应其自身的形态。例如，在口腔周围，应当使用环状循环结构，这样可以在角色张口说话时保持自然的口型。如果都是横平竖直的线条，那么角色的口型就会显得方方的，会让张口的动作显得十分别扭——这是初学建模且并未认清边线的正确走向时容易掉入的一个陷阱。

建模方法

建模看似技术含量高（实际上也的确如此），不过建模的过程同样提供了大量的自由度和创作空间，不乏很多实用的方法和技巧。其中，某些方法可能会相对更适合你用，或者你可以自行选用，取决于你要建什么样的模。在本章中，我们将介绍几种最常用的建模方法。

方块建模法

方块建模法基于一个假设，即可以从一个基型（如立方体、球体或圆柱体等）创建出任何模型。不要被名称误导哦，这里所说的"方块"是指任何物体都可以被抽象简化成的最基本的形状。这种方法的理念是，如果你开始从一个基型建起，那么就需要进行切分、挤压等方式去修改它，以达到任何想要的形态。

使用方块建模法，你可以从非常基础的形状做起，一点一点地往上面添加细节——首先创建出最大且最重要的形状，然后以此为基础去添加细节。起初，模型只有一个基本的形状，你只需要在上面添加必要的细节。不妨把方块建模法看作泥塑的过程。例如，你可以从一个球体或其他形状的基型做起，然后逐渐增加细节，如使用表面细分修改器让外形变得平滑等。

逐面建模法

这种方法也叫作 poly2poly。逐面建模法基本上是指把多边面逐个"画"出来的方法。你可以创建顶点和边，挤出它们，然后合并到一起形成面，其过程类似用一块块的砖一点点砌起一面墙。同样，你可以添加表面细分修改器让网格变得平滑。

雕刻+重拓扑法

方块建模法和逐面建模法算得上是最"传统"的建模方法，而雕刻功能走进 3D 软件也只有几年的时间，如今它却已被广泛使用，尤其是在有机体建模流程中。有了雕刻功能，你可以从一个非常基础的形状做起，而此时可以不必太在意拓扑。然后你在它的上面进行雕刻，调整它的外形，添加各种细节。之后，你可以使用重拓扑（Retopo，Retopologize 的简称）工序，也就是使用逐面建模法创建最终的拓扑结构，只不过几何元素会被吸附到之前雕刻完成的模型上。

　　这种方法是目前创造空间最大的建模方法，艺术家们都爱使用它。它可以让你专注于模型的塑造，而不必去花费心思考虑拓扑方案等技术方面的细节。只有当你对所塑造的形态满意以后，才需要去考虑拓扑布线，而此时的工作就变得非常容易了，你不需要考虑外形是否正确，因为你已经在雕刻环节把外形搞定了！

自动重拓扑与重构网格

　　近年来，自动重拓扑技术越来越受欢迎，因为它可以节省大量烦琐的工作和时间。软件和插件都支持使用这种技术，从本质上讲，自动重拓扑技术就是先分析物体形状，然后生成想要的拓扑结构。

　　然而，根据情况，你可能还需要做大量的手工修整才能做出理想的几何体。其中一些工具能够让你在模型上画线，用来指导拓扑的生成样式。

　　请不要将自动重拓扑（Auto Retopology）与重构网格（Remesh）混为一谈。后者通常不分析形状，只分析体积。虽然重构网格工具可以生成一个网格，作为手工重拓扑的一个很好的起点，但它更有用的地方在于为一个已经高度扭曲的网格重新创建一个网格，以便可以继续进行后续的雕刻工作。

　　你可以把重构网格看作一种工具，在雕刻时用统一的几何图形重新创建形状，以避免在扭曲和拉伸的几何图形上工作，因为那样可能会很棘手，而且会产生问题。在雕刻完成后，当你想将模型转换成最终的网格时，你可以使用自动重拓扑技术。

　　在 Blender 的最新版本中，你可以使用重构网格修改器，或者属性编辑器的网格（Mesh）选项卡中的相关选项进行操作。

修改器建模法

　　使用修改器本身并不能称得上是一种建模方法。但在很多情况下，修改器的作用不容小觑。例如，你想创建一个角色模型。你可以先创建出它的一边，然后用一个镜像修改器同步创建对立面，对当前正在操作的网格做镜像。此外，你可以使用修改器提高工作效率。例如，你需要编辑一个复杂的弯曲模型，你只需要创建出该模型在平面上的形态，然后用修改器让它沿一根曲线做弯曲形变。修改器的用处很大，而且有些时候是建模的必要环节，所以还是有必要在这里提一下的。

最佳的方法

如果你以为本节会告诉你建模的最佳方法，那么抱歉了，所谓的"最佳"方法并不存在。每个人都有相对其他人来说更适合自己使用的方法，取决于他或她的技能高低、空间想象力，也取决于特定的项目，等等。有些人会在多种建模方法之间按需切换使用：建造汽车？那就用方块建模法。创造一个怪物？那就用 Blender 的雕刻辅以重拓扑功能。

请记住，最强大的建模工具是你可以将多种方法综合运用到同一个模型上（这里只是介绍了创建角色模型会用到的诸多方法中的几种而已），你会体会到其中的奥妙！你可以对某个部位使用方块建模法，甚至可以在完成基础模型后进入雕刻模式（Sculpt Mode）调整角色的形态，然后转而继续使用方块建模法。

这会带来无限的可能，这也是为什么说 3D 建模是非常愉悦且充满创意的过程，尽管该过程需要了解一些技能。

设定参考平面

在开始建模之前，你需要将在第 5 章"角色设计"里做好的角色设计稿导入场景，作为建模时的背景参考图。这将非常有助于把握我们的角色 Jim 的正确身形比例。

在 Blender 中加载参考图有以下几种方法。

- **加载对照参考图**：你可以使用图像编辑器来加载参考图，并始终把它放在屏幕一侧，这样你可以一边建模一边观察它。当你没有准确的参考资料，只能靠直觉判断比例和形状时，这个技巧尤其有用。
- **在场景中使用参考图**：你可以在场景中创建参考图作为平面，并将它们放置在可以看到的位置（例如，放置一个与 Y 轴对齐的侧视图，这样当你从侧面看时就可以看到它了）。使用这种类型的参考图时，有很多选项可以调节，我将在下一节介绍它们，因为我们将对 Jim 使用这种方法。
- **使用摄像机背景图**：摄像机的这个属性能够让你将参考图加载到场景视图中，而且这些背景图只能从摄像机视图中看到。当你需要将一个物体匹配到特定视角的真实照片中时，这种方法会非常有用。

　　要想在 3D 场景中加载参考图，只需要从文件夹中把它们拖放到场景中。它们将作为空物体投放在你指定的位置——这种辅助物体不会出现在最终的渲染图中。你可以将空物体用作图像或标记空间位置的点，或者作为某个层级结构的一部分，而无须使用实体网格。

　　我建议遵循以下步骤添加参考图。

　　1．**按数字键盘区的“1”键**，或者用其他办法，将 3D 视口切换到正交前视图。

　　2．将参考图拖放到 3D 视口。

　　3．选中图像，并按 **Shift+S** 键，将选中的图像移动到 3D 游标处，确保将图像摆放到正中央。（显然，需要先确保 3D 游标位于(0, 0, 0)，也就是世界坐标原点）。

　　4．现在切换到正交侧视图，为侧视参考图重复步骤 3 的操作。最终效果如图 7.2 所示。

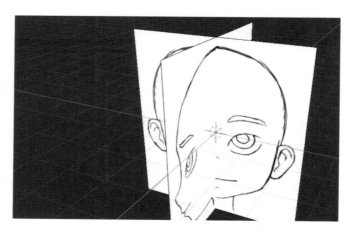

图 7.2　参考图被加载到对应的视角中

现在你可以设置参考图，从而更方便地使用它们。

　　1．选择其中一张参考图。

　　2．转到属性编辑器的物体数据（Object Data）选项卡。其中可以找到用来控制图像显示方式的参数（见图 7.3）。

　　3．首先启用透明度（Transparency），并将不透明度（Opacity）值降低到 0.2，这样更有助于观察。

　　4．将深度（Depth）参数设为后（Back）。此时，图像总会出现在场景中的物体的后面，不管它们的位置在哪，相当于将图像设置在 3D 视口的背景中。

5. 接下来，将边侧（Side）参数设为前（Front）。该选项定义了图像是单面显示还是双面显示，如果是单面显示，则可以定义从哪一面能看到图像。该设置可以防止从后面看到头部前面的参考图。

6.（此步骤可选）启用显示正交（Display Orthographic）和禁用显示透视（Display Perspective），从而让图像仅在正交视图中可见，而在透视视图中不可见。有时，你可能更喜欢另外的设置方案，现在你知道：你可以启用一个选项或另一个选项，或者同时启用二者！

7.（此步骤可选）如果你想要确保你只能从一个指定的角度看到图像，那么还有一个有趣的选项，叫作仅轴向对齐时显示（Display Only Axis Aligned）。启用该选项时，只有当视点正好与图像垂直时才可见。以图 7.3 为例，侧面参照图仅在你使用正交侧视图时可见，哪怕稍微旋转一下视角，图像也会消失。

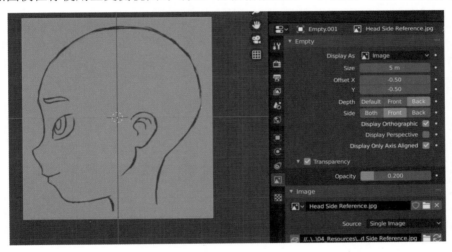

图 7.3　属性编辑器的物体数据选项卡中的参考图参数

小提示：

适当地对齐参考图是非常重要的。在本案例中，它们的高度均相同，而且前、后视图是恰好居中的。但在某些例子里，图像的尺寸或边际可能不尽相同，因此，你可能需要去精确调节参考图的比例和位置。为了便于对齐，你可以先用一个非常简单的网格作为图像的比例和位置的参照。只需要放置一个简单的立方体或球体，用来显示大小和体积如何匹配所有图像的视角，这会非常有帮助。此外，毕竟手绘稿并不会那么精准，所以要在图上留一点修改的空间，因为要想将 3D 模型完美对齐到 2D 图像上是非常不容易的。

2D vs 3D

请注意，2D 绘画的体量和外形难免会存在一定的偏差，因此，如果 3D 模型未能完全匹配参考图，或者未能匹配所有的视角，这也很正常，此时也不要担心。关键在于是否对 3D 模型的形状和外观满意，而不必在意是否与参考图精准匹配。

此外，建议将所有的参考图物体归入一个集合当中。

1. 选中这两个图像物体，按 **M** 键，并创建一个名为 References（参考图）的新集合。图像可能很难选中，因为现在它们被设置为只能从特定的角度才能看到。但你仍然可以在大纲视图中轻松选中它们。

2. 此时也可以为图像物体重命名，如 Front_Head_Reference（头正面参考图）和 Side_Head_Reference（头侧面参考图）。你可以在大纲视图中双击物体的名称来重命名，也可以在属性编辑器的物体选项卡中重命名，甚至可以在 3D 视口中按 **F2** 键来对选中的物体重命名。

3. 单击大纲视图标题栏上的漏斗形按钮，会看到过滤器菜单。该菜单的顶部会显示若干限制切换（Restriction Toggles）按钮，用来启用或禁用大纲视图列表右侧的几列图标，对应每个物体。这里我们单击箭头图标来启用它（如果将鼠标指针悬停在该图标上，你会看到一条工具提示信息，写着"可选择"）。

4. 在每个物体的右侧，你可以看到眼睛图标旁边的箭头图标。箭头图标可以使物体或集合可选择或不可选择。单击 References 集合的箭头图标，图标变成了灰色，这意味着你不能选择其中的物体。要让这些物体可选择，再次单击该图标即可。

该技巧非常有用。你不仅可以隐藏或显示参考图（你既可以单击每个参考图物体旁边的眼睛图标，又可以单击包含所有参考图的集合旁边的眼睛图标），还可以使它们变得不可选择，这可以防止你不小心移动它们，也会让选择它们上面的网格变得很方便。

现在，参考图已经设置好并正确对齐了。我们可以开始建模了！

眼球建模

当然，每个人都会根据自身的喜好选择最先建模的部位。有些人喜欢从面部开始做起，有些人喜欢从身体开始做起。对于 Jim 这个角色，我们就先从眼睛开始做起吧，因为这样可以将其作为面部其他部位的比例参考，尤其是眼睑，因为这些特征结构是需要对齐到眼睛上的。

创建眼球

Jim 的眼睛好似一种动漫风格（不是正圆形）。眼睛基本是圆形，但要想增加一点真实感，你可以做出角膜及其后面的瞳孔。图 7.4 显示的是建模的详细步骤，以及每个步骤中对于作用效果的解释。

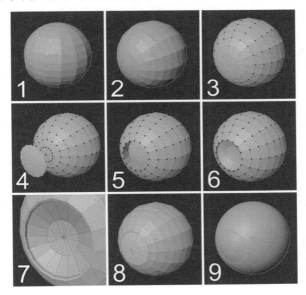

图 7.4　眼球的创建过程

1．在物体模式下，创建一个经纬球（UV Sphere）。在操作项面板中，将选项分别设为 16 段、16 环。

2．将球体绕 X 轴旋转 90°，让两极分别朝向前后，这样你就可以用指向前方的使用环状循环边制作瞳孔了。

3．按 **Tab** 键进入编辑模式，选择极点及其邻近的两条循环边。有一种方法可以快速选择它们：先选中极点，然后按 **Ctrl＋数字键盘区的"＋"键**，连按两次即可将两条循环边一并选中。

4．按 **Shift＋D** 键将上一步选中的几何元素复制一份，并将新的几何体向外侧移动一点，或者按 **H** 键暂且把它隐藏。这部分元素随后将作为眼角膜使用。

5．再次选中步骤 3 中的那些元素，按 **E** 键挤出。

6．将选中的网格面的弯曲方向反转，方法是先按 **S** 键，然后按 **Y** 键将缩放轴约束到 *Y* 轴上，然后输入-1 并按 **Enter** 键确定。然后在 *Y* 轴上调节这部分网格的位置，把它放到眼球的适当位置，以免由于反转操作让它从眼球上突出来。

7．选中反转后的圆面区域的外边缘，并执行倒角操作（**Ctrl + B** 键），以便在随后应用表面细分修改器时能够多生成一些细节。

8．按 **Alt + H** 键，让之前分离并隐藏的眼角膜部分显现出来，把它移回原来的位置，并稍做均匀缩放，使之填补由于对边界进行倒角而产生的间隙。

9．添加一个表面细分修改器，并将细分级数设为 2。在上下文菜单中选择光滑着色（Shade Smooth），这样可以让眼球不再显得像是由若干小平面构成的那种生硬感了。

> **小提示：**
>
> 在这个练习中，灯和摄像机位于不同的集合中。按 **M** 键，单击最下方的 **New Collection**（新建集合）按钮，把它命名为 Hidden Stuff（隐藏的物体）。然后，你可以通过单击大纲视图右侧的眼睛图标来隐藏该集合（我们将在以后的章节中学习更多关于集合的知识），或者你可以直接删除灯和摄像机。不过，如果你这样做了，你就需要在以后的章节中重新创建它们。

用晶格修改器让眼球形变

现在你做好了一颗眼球，但它是完美的球形，而在 Jim 的参考设计图中，眼球是偏椭圆形的。好在 Blender 里有一种叫作晶格（Lattice）的修改器，可以用来让物体形变，同时可以在旋转物体时保持几何体的形态不变，这恰恰是你期望的眼球样式。你可以直接沿 *Y* 轴缩放眼球，让它变得更扁，而当你旋转它并让它注视某件物品时，它不会填充眼窝。晶格修改器的效果如图 7.5 所示。

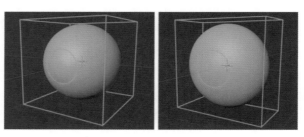

图 7.5　晶格（左图）及其对眼球的影响（右图）

对眼球应用晶格修改器的步骤如下。

1．按 **Shift + A** 键创建一个晶格物体。

2．把它缩放至覆盖整个眼球的大小。

小提示：

　　使用晶格修改器时要注意，当你把它应用到想要形变的物体上时，必须在物体模式下去缩放它。形变操作应该在编辑模式下进行，但是要用物体模式下的缩放值作为未缩放形状的参考。

3．选择眼球并为它添加晶格修改器。建议把它添加到表面细分修改器的上方，以便让晶格形变作用于未经细分的低精度网格上，然后在此基础上使用细分，这样操作起来会更顺畅一些。请注意，单击晶格修改器右上角的上箭头与下箭头可调整晶格修改器的应用顺序。

4．在晶格修改器面板中，在物体（Object）选项卡下面的列表中选择你在步骤 1 中创建的晶格物体，或者你可以单击物体选项卡的滴管图标，然后单击 3D 视口中的晶格。

5．现在，你可以选中晶格物体，按 **Tab** 键进入编辑模式，然后，一边移动晶格顶点，一边观察眼球产生的相应的形变。

6．按 **A** 键选中所有的顶点，并沿 *Y* 轴缩小，将眼球压扁些。

7．使用侧视参考图调整靠外侧的顶点，使其更加贴合眼球。

8．退出编辑模式，旋转眼球物体测试一下它的形变方式。现在它应该能够在应用晶格形变的同时进行旋转了，这正是我们想要的效果。这里我们可以连按两次 **R** 键启用自由旋转模式，这样你就能用鼠标让物体沿着任意方向转动了。测试完成后，按 **Esc** 键或**鼠标右键**撤销旋转。

眼球的镜像与调节

　　我们已经做出了一颗眼球，但 Jim 需要两颗哦！首先，你需要将现有的这颗眼球对齐到背景图上的其中一侧的眼球的位置上。别忘了，由于晶格现在正作用在眼球上，因此你需要将眼球和晶格都选中并一起移动。要想创建另一颗眼球，你可以对当前这颗眼球执行镜像操作（见图 7.6）。

 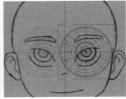 

图 7.6　对齐眼球的位置（左图）；移动顶点时，眼球会被挤压（右图）

1．先选中眼球和晶格。

2．同时对它们进行移动、缩放等调节操作，让它们达到前视图中的眼球的位置，然后对侧视图中的位置也做相应的调节。即使没能完美贴合也没关系。请注意，当你用一个物体让另一个物体发生形变时（如使用晶格），你必须同时移动它们，以免破坏形变结果。

3．当对齐了第一颗眼球后，确保你将 3D 游标放在场景的中心点，你可以按 **Shift + S** 键从中选择游标 → 中心点（Cursor to Center），或者直接按 **Shift + C** 键。

4．按 **Shift + D** 键复制眼球和晶格。单击**鼠标右键**撤销移动，这会让新的眼球和晶格留在和原物体相同的坐标上。

5．按键盘的"**.**"键将 3D 游标用作当前的变换操作轴心点。

6．按 **Ctrl + M** 键进入镜像模式，以轴心点为镜像轴（这就是为什么要将 3D 游标用作镜像变换轴心点，否则你将沿所选物体的轴心点执行镜像）。

7．进入镜像模式后，可以按 **X**、**Y** 或 **Z** 键选择镜像轴。本案例中应按 **X** 键，新的眼球和晶格物体将被移动到镜像位置（见图 7.6）。按 **Enter** 键确认操作。

> **小提示：**
>
> 　　当使用镜像方法时（**Ctrl + M 键**），你会发现，有时候它会产生一些出乎意料的奇怪效果，如物体并不会按期望的方式镜像等。这通常是你在编辑模式下旋转过物体，或者沿负向缩放过物体，它的坐标轴向并未直接与世界坐标空间保持一致导致的。如果你遇到了这种情况，那么可以在执行镜像前先选中物体，然后按 **Ctrl + A** 键应用旋转和缩放后再试一下，这通常会解决此问题。

面部建模

现在 Jim 有了一对大眼睛，是时候开始为他做一张与之相配的酷炫的面孔啦！在此阶段里，你将使用方块建模法创建角色的面部，可以先体验一下这种方法。

研究面部的拓扑结构

还记得我们说过前期制作对一个项目来说有多重要吗？其实，它对于任何建模任务都是同样重要的，而且面部建模是人体建模最难的一个部分，有必要先观察一下参考设计稿，并研究一下面部的拓扑方案，这样才能在建模时做到心中有数，这比单纯去盲目建模要好得多！图 7.7 是对 Jim 面部拓扑的研究，在参考图上使用了一些简易的描线做标记。

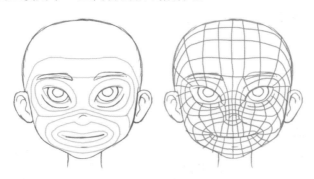

图 7.7　面部主要区域的边线走向演示，包括眼、鼻、口（左图）；
可行的拓扑方案设计稿（右图）

小提示：

　　面部建模是本书的一大难点，也是角色创建过程中最重要的一部分。如果第一次的结果不理想也不要灰心，建模需要多实践，有毅力和技巧。此外，下文所讲的步骤是建模流程的关键点。在各步骤之间，当你创建生物体模型时（如 Jim 的面部），你需要频繁移动顶点，最终让新建的几何元素呈现出想要的形状。生物体建模需要不断调节顶点的位置，顶点并不会神奇地吸附到它们的理想位置上，而你要做的就是告诉 Blender 你想把它们放到哪里。

　　如果这是你第一次创建面部模型，即使没能做出满意的结果也不要灰心。再试试看，你一定会越做越好的。

面部基型打样

　　在本节中，我们就要开始创建面部的基型了。"打样"是我们对建模、动画、绘画或其他艺术创作工序的第一阶段的称呼。这是你快速定义物体大体样貌的阶段，此时无须太过留意细节，只是确定基型。例如，在本案例中，打样工序是指做出面部的基础形状和几何轮廓，以供我们在后续步骤中添加更多细节。

　　打样的作用很大，能够方便快捷地在此过程中做出实质性的改动。因此，在此阶段中，你可以尝试多种建模思路。

小提示：

　　对场景元素进行有序的组织是很重要的，我们即将创建很多新的物体，现在就是对它们进行适当命名的好机会。一般来讲，应尽量避免使用默认的名称，如 Plane.001 或 Sphere.013 等。适当地命名物体能够让你在复杂的场景中通过大纲视图方便地找到它。

　　在图 7.8 中，你可以看到面部建模的第一阶段，我们以此来创建出基础形状。以下就是各步骤的详细说明。

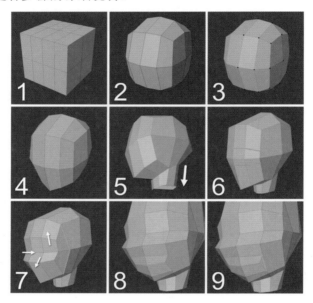

图 7.8　Jim 面部建模的第一阶段

　　1．创建一个立方体，进入编辑模式，像第一张图中那样在立方体上创建出若干条环切线（**Ctrl + R** 键）。在面部的前面添加三条纵向分割线、一条横向分割线，在面部的侧面添加一条纵向分割线。这几条循环边将有助于你完成第一阶段的面部基型。之所以要在前面添加三条纵线，是因为你需要做出口和双眼的细节。

　　2．按 **A** 键选中所有顶点，在侧边工具栏或顶点菜单（**Ctrl + V** 键）中找到平滑顶点（Smooth Vertices）工具。应用平滑效果后，在该工具的操作项面板中增加它的迭代值，目的是让形状更为圆滑。现在，对形状进行整体缩放，让它的尺寸与参考图中的尺寸相符。

　　3．在前视图中选择网格左侧的顶点（−X 轴方向），并把它们删掉，只保留右半边脸。现在，添加一个镜像（Mirror）修改器，勾选修剪（Clipping），这是为了避免镜像中心附近的顶点跳到对立面去，其他设置保持默认即可。此时，当你操作面部一侧时，另一侧的镜像网格也会同步显示更改结果。

4. 使用比例化编辑工具（按 **O** 键启用或禁用）调整几何体的形状，让它与头部参考图的轮廓对齐。眼睛应当放在前面的水平线上。头部的后下部的面将作为颈部的基型。

5. 选中该区域的面，并用挤出的方式创建出颈部。要想做成颈部的形状，需要调节顶点让它们看上去呈圆形排列。在此阶段中，你定义的是基型，所以要避免使用方方正正的形状；否则，等你开始添加细节的时候，那些方方正正的地方会越发凸显，而且在后面的步骤中会更难进行适当的调节。如果模型没能和参考图完美匹配也没关系，等细节更加丰富些以后，我们再去完善它。

6. 使用切刀工具（快捷键 **K**）在前面做出若干条切割线，如图 7.8 中的高亮线条所示，此时，面部中间一共有三条横向的循环边。

7. 经过上一步操作，你已经创建出了三条循环边。适当地移动它们，让它们贴合 Jim 的面部形状。顶部的循环边将确定眼眉的位置；中间的循环边将确定眼睛中线；底部的循环边将确定鼻子和脸颊的位置。随后，再次使用切刀工具，在图中的位置再切一下，用来增添面部的圆滑度。

8. 在嘴部切出三条循环边，中间的循环边将形成嘴部，底部的循环边可用于确定下巴，顶部的循环边将用来标记嘴部靠近鼻子处的区域。

9. 将嘴部的顶部和底部侧面边线上的顶点合并，在嘴角处做出三角形。可以选中那两个顶点，然后按 **J** 键创建连线，或者使用切刀工具切割出一条连线。

确定面部的形状

完成打样阶段后，我们就创建出了面部的基型，现在我们来继续为网格添加细节。

图 7.9 显示了接下来的面部建模步骤。

10. 使用切刀工具，对步骤 9 中形成的嘴角处的三角形进行切割，并创建两条新的循环边，将嘴角与脸颊和下巴相接。现在，嘴部周围的循环边就被完全转化成四边面了（所有的面均由四条边构成）。

11. 选择嘴角的边，对它稍做倒角处理，并删除新创建的网格元素，以便让嘴角的开口及周边区域都由四边面构成。

12. 选择眼睛中间的顶点并执行倒角（可使用顶点倒角工具的快捷键 **Shift + Ctrl + B**）。然后，将生成的顶点做成参考图中设计的形状。

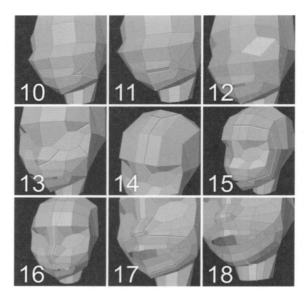

图 7.9　面部建模第二阶段

小提示：

当你调节网格并与参考图对齐时，应当让网格形状适当扩大一点。这样做的原因是，当你添加的细节越来越多时，某些地方分割出多个顶点，这会让网格趋于内敛。使用表面细分修改器的时候也会出现这种现象，网格上的顶点就会趋于内敛，尤其是在几何细节较少的地方。

13．用切刀工具在眼睛周围切割若干次，位置如图 7.9 对应的高亮线条所示。这会在眼睛周围增加更多的顶点。用类似的方法再切几刀，确定鼻子的网格面细节。

14．在上一步中，眼睛的一个侧面并没有被切割到。现在我们就来切割它，要让切线朝头顶走，并按如图 7.9 所示的方式将两条循环边相接。由于我们只需要头部前侧的循环边，所以用这种方式可以让循环边在不需要的地方终结延伸，从而不会影响头的后部。这样的几何形状能够在对表面进行细分时做出突出的表面细节，不过我们会用头发盖住这里。

15．使用循环边工具（**Ctrl + R** 键），新建一条从嘴角延伸到额头的循环边，并对周边顶点的位置做相应的调节。

小提示：

当使用环切滑移（Loop Cut and Slide，快捷键 **Ctrl + R**）工具在生物模型上添加一条新的循环边时，你可以利用调整上一次操作面板中的平滑（Smooth）值来减少新生成的循环边的锐利感。此外，当你处理一个含有大量顶点的区域时，你可以选择全部顶点并使用平滑顶点（Smooth Vertices）工具进行平滑处理。

16．从眼眉到嘴部切出一条线，为鼻子的形状进一步增加细节。

17．再从眼睛向鼻子切出一条线，并与嘴部周围的另一条新建循环边相接。调节一下形状，你会发现这里的网格面对鼻孔来说是有必要添加的。

18．从脖子下面向下巴再向嘴部新建若干条循环边，并且从鼻子到上嘴唇处新建一条纵线（这会将二者之间的多边面拆分成两个四边面）。按照参考图对顶点稍做调整，然后我们就可以添加更多的细节并做出嘴唇了。

确定眼睛、嘴巴和鼻子的形状

Jim 的面部细节开始逐渐成形啦！接下来，如图 7.10 所示，我们将为眼睛、嘴巴和鼻子添加更多的细节。

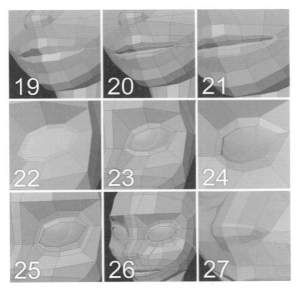

图 7.10　为眼睛、嘴巴和鼻子添加更多细节

19．选择嘴巴的循环边并挤出，按照参考图调节嘴唇的形状。不用担心上下嘴唇之间的网格交叉问题。

20．使用环切滑移工具（**Ctrl + R** 键）为嘴唇添加一条新的循环边，并为该区域添加更多的细节。例如，你可以通过调节环切滑移工具的操作选项中的平滑值来让嘴唇显得鼓一点。此时，你可以给网格添加一个表面细分修改器，并经常开启该修改器的显示，以便观察调节过程中的平滑度是否适当。

21．选中嘴唇外侧的循环边，按 **Ctrl + B** 键添加一个倒角效果。然后滑移嘴角附近的循环边，让其附近的点距大于其他地方的点距。这将定义使用表面细分修改器后的嘴唇形状，将那里的顶点距离调大有助于增加平滑的细分效果，而嘴唇中部会有更多的细节，因此循环边会靠得更近一些（注意，如果顶点靠得太近，细分后会产生突起，而顶点间的距离足够大的话，细分后会更加平滑）。

22．选择眼睛那里的多边面，按 **I** 键执行内插操作，创建出眼睑的基础网格。

23．让之前隐藏的眼睛部位显示出来，并调节眼睑的网格，让它贴合到眼球的表面。这时我们可以使用比例化编辑工具来做。在眼睑和眼球之间留出一定的间隔。这里可以采用一个编辑技巧：不断变换视角，从各个角度调节顶点的位置，直到对结果满意。

24．选择眼睑内侧的循环边并挤出，用它来填充眼睑和眼球之间的间隔。

25．选择眼睑外侧的循环边并向外侧滑移顶点，为即将创建的另一条循环边留出一点空间。我们可以连按两次 **G** 键来滑移循环边和顶点。

26．在眼睛区域，按 **Ctrl + R** 键添加若干条循环边，用来定义鼻子与前额之间的细节；然后，调节顶点直至与参考图上的位置贴合，确保顶点与周围网格呈平滑过渡。

27．选择鼻子底部和鼻孔上的面，执行内插操作，并将该工具的操作项面板中的边界（Boundary）关掉，鼻孔前部的面不会内插到中央。

小提示：

　　在建模的时候，试着去思考下一步该做些什么。如果你心中已经有了最终拓扑方案的样貌，那么就会更有针对性地添加循环边和顶点。盲目地建模当然也可能做出来，但你可能需要多花些时间去琢磨，而且难免要修正一些错误。有时候，你不得不删掉某些部位然后重新创建那里的拓扑结构。

　　建模的过程也是积累经验的过程。作为新手，你只有多练习才能变得越来越熟练，加油吧！

添加耳朵

面部差不多快完成啦！图 7.11 显示的是对 Jim 面部的进一步细节调整。在这个阶段，你将添加耳朵，并对颈部和头部做进一步的调整。

28．移动刚创建出来的鼻子的顶点，调整出鼻子的形状。打开表面细分修改器查看细分后的效果是否满意。鼻子的网格部分可能需要多花些精力去调整。在本案例中，由于角色的设计风格较为卡通化，所以我们就不为模型做非常精细的鼻孔了。

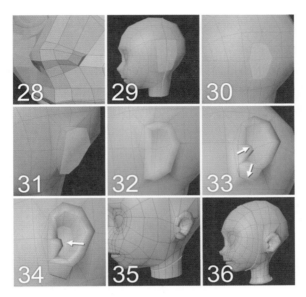

图 7.11　耳朵细节的创建及调整步骤

小提示：

　　在建模的时候，不时地启用表面细分修改器有助于观察网格细分后的效果是否理想。此外，该修改器提供了几种显示模式（也就是修改器面板顶部的四个按钮图标），后两个按钮图标在此阶段尤为有用。其中一个按钮可以让你在编辑模式下预览细分后的模型效果，此时，依然可以调节原始网格的数据，相当于在细分后的模型上面加了一个罩。另一个按钮的效果比之前的那个更进一步，可以让你直接操作细分后的网格，同时不会显示原始网格罩（在某些情况下，这种显示方式更为直观）。

　　你可以对选中的物体使用不同的细分级数，可通过 **Ctrl + 数字键盘区的"1"键**快速将表面细分修改器的细分级数设为 1，随后可以按需要组合相应的数字。如果按 **Ctrl + 数字键盘区的"0"键**，那么细分级数就为 0，等同于无细分时的效果，按 **Ctrl + 数字键盘区的"2"键**会显示细分级数为 2 时的效果

　　29．转到头部的侧面，并从颈部向头顶创建一条新的循环边，图中高亮的那些面就是用来挤出耳朵的基面。耳朵的细节相对多一些，不过，在本案例中，我们的设计偏卡通化，因此，我们姑且做个简单的耳朵吧，不是特别逼真，但可以与角色的整体风格相配。

　　30．对耳朵的基面执行内插操作。

　　31．将它挤出，并调节成耳朵的形状。

32．在耳朵内部再次执行内插。

33．再次挤出，并调节高亮区域，做出耳朵的细节。

34．再次用挤出的方法创建出耳孔，并对耳孔的顶点稍做调节。如果网格看上去有点别扭，也别太在意，只要留心细分后的效果就好，因为细分以后的效果难免会和原始网格有较大的区别。同样，现在就可以用比例化编辑工具在侧视图中调节耳朵的形状了，确保让它和参考图很好地匹配。

35．切割一条新的循环边，用来确定头部底部的关节。

小提示：

在与此阶段对应的步骤示意图中，你会看到低精度的网格，这样你可以更加清楚网格和顶点的添加及修改方法；不过，在此过程的当前阶段，你也可以从一开始就对细分后的网格进行调整（需要在修改器面板上手动开启）。

36．还是这个区域，在你觉得有必要增加细节的地方继续添加几条循环边，在此步骤的示意图中，新加的两条循环边如高亮线条所示：其中一条加载到脖子底部，以便填充 Jim 夹克顶部的空隙。

创建口腔的细节

在本节中，我们将为 Jim 的头部添加最后的细节。面部看上去还不错，但还需要做出口腔内部的细节，以便在 Jim 张口的时候不至于看到头后面有个空洞！最后的若干步骤如图 7.12 所示。

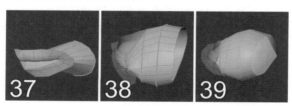

图 7.12   创建口腔内部，以免在 Jim 张口时看到空洞

37．选择嘴唇内侧的循环边，并向头部内侧挤出，头部的其余部分已被隐藏，这样便于观察操作结果。沿 Z 轴方向缩放循环边，并适当移动顶点，让形状更加圆滑，而不至于让嘴唇交叉的地方显得过于平坦。此外，还要确保新几何体的顶部末端的顶点在上嘴唇网格上，而底部的顶点在下嘴唇网格上。考虑到嘴唇的几何形状和可能出现的交叉，你可能会得到相反的结果。

小提示：

你也可以先选中你不想隐藏的部分，然后按 **Shift+H** 键隐藏未选中的元素。在图 7.12 中，头部的其余部分已被隐藏，这样就能看到口腔内部了。

38. 添加若干条循环边，以便更好地定义口腔内的圆滑区域。最重要的是，要在嘴唇内侧添加一条循环边，否则在细分后会丢失一些细节。如果嘴唇内侧有叠加的部分也不必在意。

39. 闭合口腔后面的洞，并稍做调整。你也可以在嘴唇内侧再添加一条循环边，让口腔内侧靠近嘴唇的地方的纵向空间更宽敞一些，这部分空间将在后续步骤中留给牙齿使用。

到这里，Jim 的面部建模就算大功告成啦！最终效果如图 7.13 所示。对角色建模而言，面部是最复杂的部分，也是最容易一眼就看出问题的部分，因此，需要细心调节才能获得满意的结果。

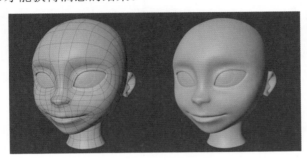

图 7.13　Jim 面部的拓扑方案（左图）；应用细分后的最终效果（右图）

躯干和手臂建模

到目前为止，我们一直在进行面部的建模。现在我们来进行身体的建模。我们已经不需要背景中的面部参考图了，你可以在大纲视图中禁用那些参考图。你甚至可以为所有的头部参考图创建一个集合，为身体的各个部分创建单独的主集合和子集合，这样可以更方便地在场景中显示或隐藏物体。

现在，我们来添加身体参考图，步骤和添加头部参考图相同。然而，这次你需要将参考图上移，因为如果你像对头部那样将它们居中，那么一半的身体将位于地板下方，尽管这不会造成什么大问题，因为我们在对面部建模时也是这样做的，但这显然不是我们想要的效果。

当然，你可以在建好身体模型后再移动它。这里，你可以将参考图向上移动，直到图中的脚落在场景的地面上（如果从侧视图中观察，地面将会在 Y 轴上用绿色水平线标出，如图 7.14 所示）。你也可以将正面参考图稍微向左移动（沿 X 轴），再调整一下它的 Z 轴方向上的位置，让脚跟着地。通常，我们难免要这样来调整参考图的位置，因为在通常情况下，它们并不会精准匹配到理想的位置。

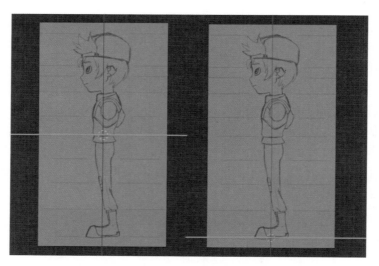

图 7.14　Jim 的侧面参考图中的地面在刚导入时的位置（左图）；
将图中的脚底平移到接触地面时的位置（右图）

　　首先，我们会发现，面部真的很大而且不呈比例，所以，我们选择目前创建的所有物体（面部、眼球和晶格），移动并缩放这些元素，使它们匹配到新的参考图上。头部摆放好以后，我们就有足够的空间来为 Jim 的身体建模了。

　　此外，我们还需要解决另一个问题，这是我有意设计的，也是想让你有机会发挥一下想象力，来面对你在自己的项目中可能遇到的情况。从 Jim 的设计稿中可以看到，角色的手臂姿势与你实际要做的模型略有不同。有时候，手臂会摆成通常所说的 T 形姿态，也就是完全伸平双臂。尽管 T 形姿态适合建模（如果一切元素都与 3D 世界的某个轴向对齐，那就会更容易操纵），但这在后续阶段中可能不是最适合模型的姿势。如果手臂完全伸平，那么当它们弯曲时，肩膀那里的网格可能会有问题，因为那里的旋转幅度会更大。

　　考虑到我们为 Jim 的夹克的肩部区域设计了一些细节，所以我们应该让手臂轻微弯曲（45° 左右）。不管你是向上还是向下转动手臂，形变的幅度都不会太大，有助于让 Blender 保留这些地方的细节。所以，在这种情况下，参考图会略有不同。因此，我们最好用一种稍微不同的姿势创建你的模型，但不必担心，在这个过程中，你会学习到一些有用的技巧。

躯干和手臂基型建模

　　1. 创建一个包含 12 个顶点的圆，删除左半边并添加一个镜像修改器（类似面部建模时的做法），并把它放在颈部下方。勾选镜像修改器面板中的修剪可有助于修整躯干中线处的顶点。

2．执行三次挤出（快捷键 **E**），每次挤出时都选择一组边（两条前边，两条后边，两条侧边）。两条前边将定义躯干前侧；两条侧边用来形成肩部的梯形区；两条后边将延伸至臀部，定义背部的形状。

3．使用环切并滑移（**Ctrl + R** 键）工具在肩部肌肉的面上切出一条循环边，如图 7.15 的 3 所示。然后选择前面和后面靠外侧的边，并向下挤出。然后选择围绕狭长空隙的四个顶点并按 **F** 键，在空洞位置补面（对前后两侧均执行此操作）。

4．选择肩膀侧面中间的顶点，向下挤出至臀部，然后选择旁边的顶点并按 **F** 键补面。此时，你已经做出了躯干的封闭外形。

5．切三条贯穿躯干的横向循环边，并按照参考图调整形状。注意图中的高亮面：那里的形状应当是将要挤出的手臂基面形状。

6．选择图 7.15 中的 5 中的高亮面，并横向挤出它们，做出整条手臂，长度直达手腕。

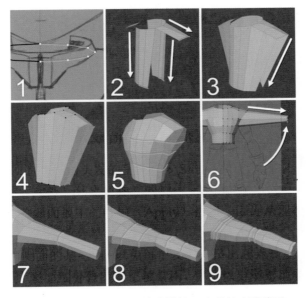

图 7.15　Jim 躯干及手臂建模第一阶段的步骤演示

小提示：

即使你完全沿水平方向挤出(X 轴)，也可以根据参考图想象手腕在 T 形姿态下应当延伸到哪里。随后，你可以按照参考图进一步摆好姿态，但此时沿着单一轴向调节会比较容易（本例沿 X 轴方向）。此外，手腕的形状将稍稍不规则一些，因此在挤出之后，你可以沿它的 Y 轴方向缩放，缩放值为 0。现在在前视图中就会看到它是完全平的了。

7. 在手臂中间环切一下，稍做调节，做出肘部。在顶视图中，将循环边略向后移，让手臂显得略微松弛一点，这将有助于调节手臂形状。需要注意的是，手臂绕肩部的转角一般达不到 90°，因为那样看上去会显得不自然（而且会为第 11 章"角色装配"的操作带来问题）。

8. 要想继续定义手臂形状，需要分别在二头肌和前臂上按 **Ctrl + R** 键创建几条新的循环边。每添加一条循环边，便对顶点的位置稍做调节。因为如果你添加很多条循环边并打算以后去修改，则比较难调节。

> **小提示：**
>
> 手臂或腿部建模的方法有很多。其中一种办法（以手臂为例）是从肩膀挤出到手腕，然后在肘部切一刀，然后在二头肌和前臂上切，并继续切割，直到满意。通过这种方式，你可以得到手臂的大体形状，然后你将确定主关节的位置，一分为二，然后二分为四、四分为八等。对我而言，这种方式建模更加方便，也便于逐步增添细节，而不是一点点地挤出形状。此外，这可让你在模型的某些分段中添加切线等细节时对整体的形状有个大致的把握。

9. 在关节处添加更多的循环边，如肩关节和肘关节。在这些地方使用足够数量的几何元素是很重要的，这有助于让它们随后可以正确形变。你也应该在手腕处再添加一条循环边，以便在细分后更好地定义那里的形状。就像创建面部时那样，现在我们来添加表面细分修改器，并观察细分后的效果。

定义手臂和躯干的形状

在本节中，我们将为手臂和躯干添加更多的细节，也要开始添加 Jim 的背包了。接下来的若干步骤如图 7.16 所示。

10. 添加几条循环边，并定义手臂形状。

11. 选择肘部周围的面。你可以向肘部添加细节，确保当 Jim 的手臂弯折时，肘关节也会相应地变化。

12. 对这些面执行一次内插操作，然后，使用滑移工具（选择一个顶点或一条边，然后按两下 **G** 键），让肘部的循环边更圆滑一些。此外，选择循环边之间的面（见图 7.16 的 12 的高亮面），并向外移动一点，这是为了让肘关节外侧鼓起一点。

13. 回到躯干上，添加几条循环边，用来定义腰部。

14. 使用切刀工具，在图 7.16 的 14 的位置切出若干条边线，定义胸部轮廓。

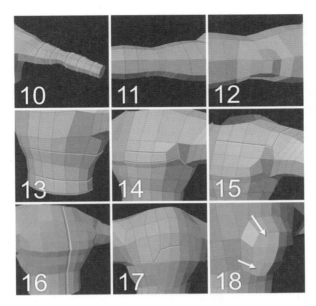

图 7.16　继续创建躯干模型

小提示：

　　如果你真想把角色模型做得漂亮，那就按照创建面部的拓扑思路制作手臂的肌肉。对这个模型来说，并没有显示太多的肌肉细节，而且夹克上的形变也非常简单，所以我们可以使用相对简单的拓扑结构去做。

　　15．用切刀工具在颈部与肩部附近切出几条边线，为的是在那里添加一条新的循环边（在图 7.16 中，你只能看到躯干的正面，但背面的切割方法和正面是一样的）。

　　16．在前面的镜像面附近切两条竖边，用来创建夹克的拉链。

　　17．现在，转到模型的背面。如果你之前没有做过任何编辑，请先按照参考图调整一下形状。在图 7.16 的 17 的位置创建切割线，并调节高亮面，这些细节将作为背包的基面。

　　18．挤出选中的面，做出背包，并调节形状。

背包和夹克的细节处理

接下来，我们将要完善 Jim 的夹克和背包。步骤如图 7.17 所示。

　　19．选中背包棱角上的边线，并做出倒角（**Ctrl + B** 键）。此时会做出一个三角面（图中圆圈标注的位置），我们稍后再来把它消掉。

　　20．你可以通过焊接顶点来移除三角形，但在当前这种情况下，这种方法更棘手，因为如果你移除一个三角形，那么也会移除倒角添加的一些细节。其实，我们可以在三角面的一侧添加一条循环边，正面对斜面，并轻微移动新循环边所增加的第四个顶点。这样一来，当你在模型中添加更多的面时，你就会得到四边形而不是三角形，并且通过增加密度，你可以更好地定义那个角（如果结果不是你想要的，你始终可以分开这三个循环，在它们之间流出一些空间，然后再添加细节，创建出一个更平滑的表面）。

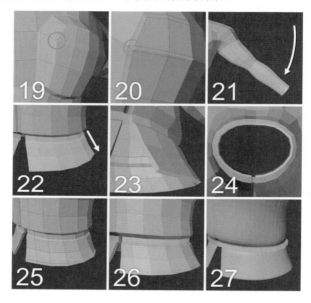

图 7.17　为背包和夹克底部添加一些细节

21．将 3D 游标放在肩膀上，选择手臂上除了肩膀附近的所有顶点，然后使用比例化编辑工具旋转手臂，让手臂的姿态放松一点（确保先将 3D 游标切换为轴心点，从而以肩为轴开始旋转）。同样，选择手臂（手腕）末端的四个面，并删除它们。这些面是不可见的，以后也没用，所以现在让它们消失吧。

小提示：

此步骤充分利用了 3D 游标，让你无须创建骨架就可以为角色摆姿态。只需要将游标放在关节处，选中想要移动的那部分身体，借助比例化编辑工具，就可以很好地调整角色的姿态。但要注意，你可能需要在操作完成后对关节上的顶点做些调节，因为这样的操作可能会让周围的几何形状产生形变或重叠。

22．挤出若干次，做出夹克的下摆。

23．选中下摆上的所有面，按 **Ctrl + F** 键进入面菜单，选用生成厚度（Solidify）工具，为下摆做出一定的厚度。厚度细节如图 7.17 高亮部分所示。

24．你在上一步中使用生成厚度工具添加的厚度也会在下摆顶部生成一些面（位于内侧），这些面对我们来说是无用面，而且会在细分网格时产生问题，因为它们焊接在其他多边形的背面，现在删掉那些面。这些问题面如图 7.17 高亮处所示，将视角放在夹克内侧可以见到。此外，生成厚度工具无法识别镜像修改器的修剪，这会让夹克下摆的后侧产生一些插进内侧的面，因此，也要把这些面删掉，并确保周围所有的顶点都落在镜像的中线上，在使用线框模式时，可以更方便地选中这些内侧的面。

25．在夹克下摆底部添加一条新的循环边，以便增加模型细分后的细节表现。你可以将拉链底部和与之对应的顶部顶点合并（**M** 键），以便填补那里的空洞区域。

26．选择腰部的所有面并创建一条新的循环边，用作腰带。按 **Shift + D** 键复制，并单击**鼠标右键**，让复制出的面留在原来的位置。现在按 **P** 键，从弹出的菜单中选择选中项（Selection），将复制出来的面分离成可供独立编辑的新物体。

27．选择这个新物体，进入编辑模式（**Tab** 键），选择前面中线处的边，并向左移，直到它贴到另一半腰带，镜像修改器会帮助你做到。选择物体的所有面，按 **E** 键挤出。单击**鼠标右键**退出移动，同时让新挤出的面留在原地。现在，确保禁用比例化编辑工具，按 **Alt + E** 键选择沿法线方向缩放（Extrude Along Normals）。将物体的面向外侧放大，为的是稍微调整一下腰带的厚度。

> **小提示：**
> 当你复制一个物体或使用分离工具分离出新物体时，新物体将自带和原物体相同的修改器。如果你想创建一个应用相同或相似修改器方案的物体，使用这个技巧创建物体可以节省设置的时间。

完成腰带并在夹克上添加衣领

夹克差不多快做好了，但我们还需要为腰带再添加一点细节，夹克需要与颈部相接，所以就让我们看看如何按照如图 7.18 所示的步骤做出这些细节吧。

28．选择腰带顶部和底部的边线，并做倒角处理，以便让细分后的效果看起来锐利些。

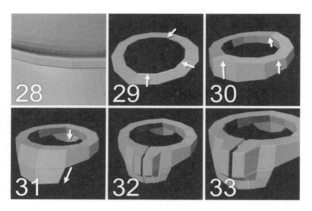

图 7.18　夹克衣领的建模步骤

> **小提示：**
>
> 　　如果你只想编辑这些细节，那么可以将夹克物体自身隐藏起来，以免妨碍视线。只需要选中它然后按 **H** 键隐藏，再按 **Alt + H** 键恢复显示。

　　29．将 3D 游标放在颈部，并创建一个圆（虽然你可以将这个圆创建到夹克物体上，但或许创建为新物体更便于分别编辑）。和刚开始做夹克时一样，做一个包含 12 个顶点的圆，删除左边的顶点，为物体添加一个镜像修改器，并在该修改器的面板中勾选修剪。然后，只需要移动顶点就可以做出夹克的衣领。选中圆上的所有边，并向内挤出它们。

　　30．选择所有的面，并向上挤出它们。现在夹克衣领的基型就算做好了。

　　31．临时将夹克和头部的网格恢复显示，根据它们调节衣领的形状，并对如图 7.18 所示的面挤出两次，进一步为衣领添加细节。

　　32．添加若干循环边，做出衣领前面及拉链的形状。

　　33．添加表面细分修改器后（你可以随时通过添加此修改器来检查网格形状是否合适），对边线做倒角处理，让边角更显细腻。此外，观察细分后的网格，并调节形状，使之贴合 Jim 的头部和身体。

腿部建模

　　腿部建模相对目前做过的部位而言要简单得多。建模步骤与手臂类似，但要先创建出臀部，以此作为基面进而挤出双腿。Jim 腿部的建模步骤如图 7.19 所示。

　　1．创建一个有 12 条边的圆，删掉半边，添加一个镜像修改器并勾选修剪。你也可以复制夹克底部的顶点，并分离成独立的物体，然后删掉其中的一些，最终保留 12 条边。这样一来，既保持了形状，又保留了相同的修改器，节省了时间。但究竟怎样做你说了算！然后挤出两次，做出臀部基型。

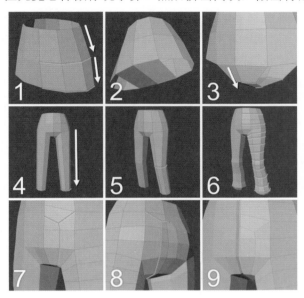

图 7.19　Jim 的臀部和腿部建模步骤

2．选择模型底部中间前侧和后侧的边，按 **F** 键在之间创建一个面，这个面用来做出图 7.19 的 3 中的胯部。

3．用环切并滑移工具（**Ctrl＋R** 键）将图 7.19 的 2 中创建出来的面分成三段。向下移动一点，调整成胯部的形状。此时，模型看上去有点像内裤的形状。

4．选择洞周围的循环边（大腿根部）并向下挤出到脚踝顶部，也就是靴子的上缘，具体做法参考制作手臂的步骤，不同的是，这里我们无须严格按照腿部当前的朝向挤出，可以与地面更垂直一些。

5．和定义肘关节的步骤相同，在膝关节处切除一条循环边，按照参考图调节上面的顶点。

6．现在在腿部添加更多的循环边并调节它们的形状。要记住，至少需要分别为臀部和膝关节添加三条循环边，以便在后续步骤中弯折腿部时能够让形变效果理想一些。

7．使用切刀工具在如图 7.19 所示的位置切出一个类似的结构，以便为胯部做出更多的细节，让形变效果更理想一些，因为胯部较靠近腿关节。

8．对裤子背面也进行类似的操作，但这里需要调节成更像臀部的形状。

9．在裤子中线处创建一条循环边，作为布料的接缝，编辑这里需要点技巧，你可以考虑使用下述任意一种方法来做。

第一种方法是使用 **Ctrl + R** 键切出新的循环边，然后滑移镜像平面附近的顶点。在胯部靠近腿部的地方，新创建的循环边将非常贴近周围的边线，而从前面看，距离则较远，因为那里的空间相对较大。

第二种方法是禁用镜像修改器的修剪，将中线处的顶点移开，再次启用镜像修改器的修剪，并向中间挤出这些顶点。这样一来，两条循环边就是完全竖直的了，并且在中线处焊接成一条单一循环边。

使用上述任意一种方法创建出几何形状后，选中靠近中间的循环边并按 **Alt + S** 键稍微向内侧缩小，稍微缩小一点点就好。

此时，将物体上其他部位的网格恢复显示，并确保裤子与夹克的下摆贴合得很好。

> 小提示：
>
> 有时候，当你使用逐面建模法进行建模时，连续面的法线的方向看上去可能是反的。当你看到颜色较深的面，或者边线的颜色呈现反常的或深或浅的颜色时，很有可能是这个问题。面的法线决定了面的朝向，因此，如果你将两个看上去法线方向不同的面合并成一个面，就会增加出现这种问题的概率。如果出现了这种问题，你有以下两个办法解决。
>
> - 进入面菜单（**Alt + N** 键），选择反转法线（Flip Normals）以下，即可将选中面的法线方向反转。
> - 如果你选择了多个面，你可以按 **Shift + N** 键，让 Blender 自动计算法线朝向，并且可以将所有的法线朝向统一向外（对复杂且非闭合形网格来说，Blender 可能不好判断哪一侧才是"外侧"）。

靴子建模

Jim 当然不能光着脚走路哦。在本节中，我们将创建靴子的模型。图 7.20 显示的就是这个过程。目前，你的建模速度应当明显加快了，并且你在使用 Blender 方面可能也越来越娴熟了，所以，靴子的建模应该算是小菜一碟啦！

1．在靴子顶部的地方创建一个八边圆，如图 7.20 所示。要注意的是你需要建造两个，因此你可以使用镜像修改器来做出另一只靴子（将靴子物体的原心点移到中间，让它们对齐到参考图上的位置），或者你只需要在完成靴子模型后手动进行复制和镜像。此外，你也可以创建一个空物体（按 **Shift + A** 键，并选择空物体（Empty）类别下的任意一种空物体），并把它作为镜像修改器的中线位置参考物体，而无须在意靴子的原心点在哪。

小提示：

　　在本案例中，你可以使用小技巧来节省一点时间。选中裤底与靴顶相接处的循环边（**Alt +　鼠标右键**），按 **Shift + D** 键复制，并按 **P** 键分离成单独的物体，随后将作为靴子物体。用这种方法，可以让分离出的新物体直接继承表面细分修改器和镜像修改器，它将与之前物体的形状相匹配。

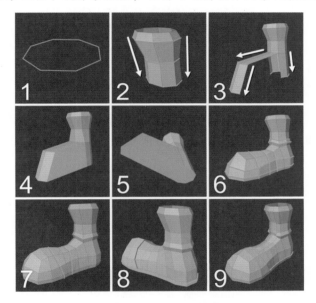

图 7.20　Jim 靴子的建模步骤

　　2．按 **E** 键将所有的边线向下挤出到脚踝，做出若干条定义形状的循环边。

　　3．选中圆圈底部除前面两条边之外的所有边，向下挤出到脚跟。然后选择前面那两条边并挤出两次，做出脚趾的形状。

　　4．在靴子两侧的空白处创建面。

　　5．用四边面填充靴底的孔洞。

小提示：

　　之前在创建圆圈时之所以要选用偶数条边（如该圆最初的八边圆），是因为这样在填充孔洞的时候比较容易用矩形面做到。

　　6．添加几条新的循环边，用来定义靴子的形状。

　　7．做几次环切（**Ctrl + R** 键），以便定义脚关节处的细节（与膝和踝关节的做法相同），便于随后做形变动画。其中一条循环边将有助于你在下一步中创建某些细节形状。

8. 选中图中高亮的区域（不包括靴底），按 **E** 键挤出，右击退出移动，按 **Alt + S** 键执行法向缩放，这样就做出了靴子的部分细节。

9. 继续完成剩下的几处细节：选中中间的两组从靴顶到接近脚趾处的循环面，按 **I** 键执行内插，然后向内挤出，用来定义鞋带的位置（纹理绘制部分详见第 9 章）。此外，在挤出的时候，靴子的顶部会生成两个厚度与挤出高度相同的面，你可以把它们删掉。最后，你可以在凹陷处添加几条循环边，改善细分后的细节效果。还有就是，要调节靴子与裤子相接处的形状，别忘了充分运用比例化编辑工具哦。另外，要确保物体之间不留缝隙。

手部建模

手部的建模难度相对较大，但在这个案例中，我们化繁为简，教你一种简易的方法。如果做错了，别担心，从头再来就是了，或者每做一步就保存一下。相信自己，你迟早能把它做好！

创建手部基型

手部建模步骤如图 7.21 所示。你可以在场景的任何地方建模，然后移动并缩放它，让它与身体的其余部位相匹配。

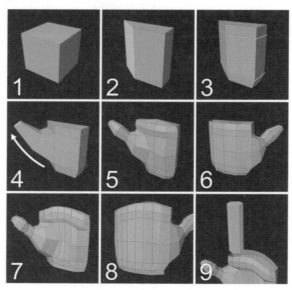

图 7.21　Jim 的手部建模步骤

1．先创建一个立方体。

2．把它做得扁一点，并将其中一条边向中间移动，这一面将作为手掌。左侧的斜面将作为拇指的基面。

3．添加两条循环边，一条靠近手腕（底部），另一条靠近手指（顶部），手指将位于网格上方。

小提示：

　　在添加顶点的同时记得及时调整它们的位置。调节得越早，在后面的建模过程中添加新顶点的时候就越方便。当你添加顶点时，应该尝试调整它们的位置，以免最终把角色做成一个"方块人"。通常，在你为平坦的表面添加了很多几何细节却不加调整时就会出现。

4．选择基面并挤出它，以此做出拇指的初步形状。

5．选中所有元素，从**鼠标右键**菜单中选用平滑细分（Subdivide Smooth）工具。然后转到顶点选择模式，从**鼠标右键**菜单中选用平滑顶点（Smooth Vertices）工具。此步骤可以让你做出手部模型所需要的形状，不过你依然需要移动某些顶点，把它们调成期望的形状。

小提示：

　　在创建手部模型时，人们常犯的两点错误是，让拇指从手掌的侧面长出，而不是前面；将四根手指创建得高度一样。这些错误都会让手部看上去不自然。

6．删除顶面（手指的基面），在手背上添加两条循环边，最终将手指基面的边分成四段。

7．在如图 7.21 所示的位置添加若干条切割线。这些切割线的目的是在手掌的两侧添加两条边，以便随后做出手指相连的地方。你可以看到手指外侧的边线是如何切割的，而且中间的切割线一直延伸到手腕，可用于细化手掌的形状。此外，在拇指上添加两条循环边，为拇指添加更多的细节。

8．在手背上同样切出几条边，用来定义手指上的肌腱和关节。观察手腕那一侧的切割方式（见图 7.21 的 8）。这样可以让你在随后挤出手套后缘时使用较少的边线，并在下一步中使用切刀工具切出拓扑布线。

9．在手部的顶端，创建一个剖面顶点数为 6 的圆柱体，顶面用多边面填充，选择圆柱体的底面，也就是靠近手部的那一面，然后删除它，在圆柱体的底部和手部的顶点之间留下一点空隙，这将作为手指的初步外形。做出一根手指后，可以创建副本并稍加修改，即可做出其他几根手指。

添加手指和手腕

想必你已经体会到了，手部建模是很有挑战性的，而且不容易做好。手指和手腕的制作过程参考图 7.22 中的步骤，并最终完成手部建模。有时候，建议添加一个表面细分修改器观察细分后的效果。

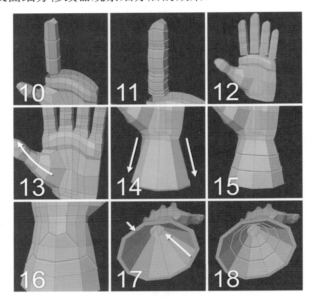

图 7.22   Jim 的手部建模的最终步骤

10．在手指上切出几条线，用来做出关节。将顶部封盖的多边面上的两个点连接起来（**J** 键），将该多边面分成两个四边面。你也可以删掉底部的多边面，因为我们用不到它了。

11．在手指上添加一些环切线，做出细节形状。

12．选中整根手指（对于这种面面相连的网格，可以按 **L** 键选择全部元素，或者按 **Ctrl+L** 键选中与选区内所有顶点相连的元素）复制三次。对副本进行移动、缩放，并调节到匹配手部的位置，做出其余的手指。

13．启用自动合并（AutoMerge，该工具的图标在 3D 视口标题栏上靠近吸附工具选项的地方，或者可以从网格（Mesh）菜单中找到）并开启顶点吸附，将手指底部的顶点拖曳到手指顶部与之对应的顶点上。然后调节顶点的位置，让手指形状看上去自然一些。你也可以在拇指底部再添加一条环切线。

14．将手部的底面向下挤出，做出围绕腕部的手套后缘。

小提示：

　　挤出后的边线可能不会像预想的那样圆。如果你启用了 LoopTools 插件，你可以使用其中的圆周排列（Circle）工具，它可以将顶点排列成完美的圆圈。然后，你可以稍加缩放，让它看上去像手腕那种椭圆形一样。

　　15．在手套后缘处添加两条环切线，进一步定义那里的细节形状。

　　16．还记得图 7.21 的 8 中那些没有切完的部分吗？继续使用切刀工具，按图 7.22 的方式切割。如果形状有点乱，你可以选择整片区域然后使用平滑顶点功能。

　　17．选择手套后缘最下面的循环边，挤出一点点，为的是做出手套的厚度，然后再向上挤出一次，做出贴着手腕内侧的一面，这是为了避免在手臂网格与手套之间产生空隙。

　　18．在手套后缘处添加一对环切线，以便在需要对它形变的时候有足够的几何细节。

　　此时，你可能需要调节一下手部的整体形状。将模型的其余部分恢复显示（如果之前隐藏过），然后对手部进行缩放、旋转，并移动到手臂下面合适的位置上，确保比例正确。就位以后，你可能需要用镜像复制出另一只手。这个过程可以参考之前镜像复制眼球时的处理方式（按 **Ctrl+M** 键使用镜像工具配合 3D 游标使用），或者你可以使用与靴子建模时同样的方法（添加一个镜像修改器，并用一个空物体定义镜像轴；你甚至可以用那个空物体做出靴子的镜像）。在物体模式下，你可以按 **Ctrl + A** 键应用旋转与缩放，确保手部的镜像效果符合预期。目前的效果如图 7.23 所示。

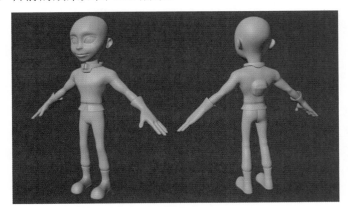

图 7.23　图中是 Jim 目前的样子，只剩少数细节待添加

帽子建模

现在我们来创建帽子。随后，我们将创建出头发的模型并让它从帽子里扎出来。帽子的建模不会很难，但也涉及一些小技巧。

创建帽子基型

Jim 帽子建模第一阶段的步骤如图 7.24 所示。

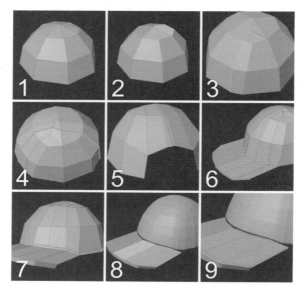

图 7.24　Jim 帽子建模第一阶段的步骤

1．创建一个经纬球，顶点值设为 8，圈数设为 6。删掉球的下半边和左半边，并添加一个镜像修改器。沿 Z 轴缩放一下，让它不再是完美的球形。

2．调用融并面（Dissolve Faces）工具（**X** 键），将选中的面从三角面转化成四边面。每次都选中一对相邻三角面并调用融并面工具，直到所有的三角面对都被转化成四边面。现在，你可以添加一个表面细分修改器。

3．使用切刀工具，按图 7.24 的方式切割帽子。两条切割线应该彼此邻近，以便在模型经过细分后，内侧的接缝看上去比较锐利。在帽顶，内侧的线与镜像中心线相接，另一条线继续从帽子的中线穿到另一面。

4．加一条环切线，并调节生成的新顶点，让帽子的形状平滑一些。

5．在帽子的后面，删掉底部的两个靠近中央的面。

6．回到帽子的前面，挤出底部靠前的边，做出帽舌。

7．将帽舌中间的面向上移动一点，为帽舌的中间做出一点弧度。此外，在帽舌靠下的地方添加一条循环边。添加一个厚度（Solidify）修改器，并把它放在表面细分修改器之前（上方），并将厚度值调节到自己满意为止。

8．现在，选择帽舌上的面，按 **P** 键将其从帽身上分离下来。如果之前添加过修改器，那么新的物体会继承那些修改器。

9．在整个帽舌的边界上添加几条新的循环边，有助于制作形状。

添加帽子的细节

现在，我们已经创建出了帽子的基型和帽舌，让我们开始继续为它们添加更多的细节吧！这个阶段的步骤如图 7.25 所示。

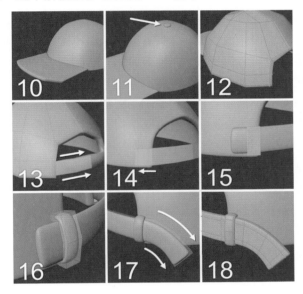

图 7.25　为 Jim 的帽子添加一些生动的细节

10．将帽子的侧边向后移动，直到它们和帽身之间没有空隙。在此步中，请启用两个模型中的表面细分修改器，以便更精准地观察最终结果。

11．创建一个小球体，沿 Z 轴向缩小，并把它放到帽顶上。

12．回到帽身，使用切刀工具在帽子后面的开口处切一条新的循环边。如果你无法避免在切割时产生三角面，那就在切割后再去合并它们，保证最终结果只包含四边面。此外，要在帽子的底部新建一条循环边。

13．按图 7.25 的方式挤出，做出帽子的调节带，并把它细分一次，以增加细节。

14．选择两个调节带的面，并把它们分离成另一个物体（按 **P** 键，选择选中项。在左边挤出一次，把它放到帽子上，并在靠外侧的边上再切一条循环边，以便在细分后仍能保持这里的形状。你也可以调节厚度修改器的厚度（Thickness）值和偏移（Offset）值，让厚度向外挤出，而不是向内。

15．选择调节带外侧的那些面，复制一下（**Shift＋D** 键），把它分离成另一个物体（**P** 键），作为调节带的扣环。

16．挤些厚度出来，并添加几条循环边，达到图 7.25 的效果。你也可以调节实体化修改器的厚度修改器中的厚度值。

> **小提示：**
>
> 　在修改器的选项里，你可以添加表面细分和厚度这两个修改器，可以在编辑模式下看到它们的影响效果，可以让你在建模过程中实时得到反馈。

17．让调节带的一段稍微松弛一点。如果你在编辑模式下，那就按 **Tab** 键转到物体模式，并应用镜像修改器（只有退出编辑模式后才能应用修改器，应用镜像修改器后，返回编辑模式，在调节带的一边挤出若干次，并做适当的旋转和移动，让它稍微下垂）。

18．在调节带的顶部和底部，按 **Ctrl＋R** 键添加两条环切线，进一步细化形状。另外，此时你可以先选中所有将要作为帽子附属部分的物体，最后选中帽身。按 **Ctrl＋P** 键并在弹出菜单中选择物体（Object），这会将所有物体附加到帽身上，这样一来，当你选择帽身并移动它时，所有其余的物体也会随之一起移动。在图 7.25 的 18 中可以看到在物体模式下启用所有修改器（镜像修改器、厚度修改器和表面细分修改器）的效果。

帽子做好了，现在需要移动并缩放它，把它放到 Jim 的头上面去。按照参考图摆放，或者在目前这个高级建模阶段，你也可以忽略参考图，想怎么摆就怎么摆！

头发建模

头发建模是很复杂的过程，而且方法有很多，每种方法做出的最终效果也不一样。例如，你可以用网格平面建模，每个平面都是一个发绺，可以在上面使用头发贴图。另一种效果更真实的方法是使用毛发粒子系统：选中头部想要覆盖头发区域内的顶点并添加一个粒子系统，Blender 会生成头发，然后你可以梳理、修剪和造型。此后，你甚至可以模拟被重力和风力作用的效果。但这是非常复杂的操作（创建、模拟与显示毛发粒子对于计算机的性能也有一定的要求）。

在本案例中，我们选择网格平面做头发，也就是手动做出头发的形状，并调节网格做出角色的发型。

小提示：

在 3D 世界中有一条通行的法则——不要创建看不到的物体！例如，如果 Jim 总是戴着帽子，那还有什么必要去创建被帽子盖住的那部分头发呢？反正我们也看不到那里嘛。在本节中，我们就来创建 Jim 的头发，但我们只专注创建露在外面的那部分头发。

制作发绺

如图 7.26 所示，你可以按照如下步骤制作发绺。

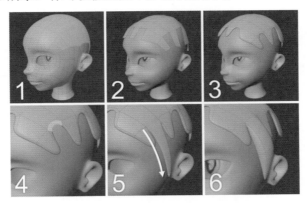

图 7.26　Jim 头发建模的第一阶段

1. 选中头顶的面作为头发的基面。按 **Shift＋D** 键创建副本，并按 **P** 键分离成独立的物体。此外，分离成独立的物体后，应用该物体上的镜像修改器，也就是单击该修改器面板中的应用（Apply）按钮，因为从现在起，我们需要做出不对称的头发，这样会显得更加真实。

2. 删掉头部侧面的某些面，以免每个发绺的挤出起点高度相同（从图 7.26 的 2 中可以看到，表面细分修改器已被禁用，你可以更清楚地看到那里的网格分布情况。不过，在后面的步骤里，还是需要重新启用该修改器的）。

小提示：

在这一步中，为了方便操作，你可以将场景中所有已经做好的物体放到单独的层中（按 **M** 键后选择现有的某个集合，如有需要，也可以新建一个集合），将帽子放到第二个集合，将头发放到第三个集合。这样一来，你就可以在建模时通过大纲视图快速地显示或隐藏帽子上的元素了。

3. 选择头皮上的所有面，打开面菜单（**Ctrl＋F** 键），选择生成厚度，适当调节该选项；你可能还需要按 **A** 键再次选中所有面，缩放到合适的厚度，并与头皮贴合。

4．选中某些由生成厚度工具生成的面，我们将对这些面进行挤出，做出发绺。按 **Alt+S** 键沿面的法向缩放（这样能够快速让物体膨胀）。

5．挤出若干次，确保将最末端的面缩到很小，让它在细分后显得尖尖的。调整顶点的位置，按自己的想法做出发绺的外形。图 7.26 的发绺一直被拉到了面部那里。

6．移动发绺前面的边，增加发绺的厚度。

在头部重复上述步骤。让帽子所在的集合恢复显示，观察是否与其贴合得好。

为头发添加自然的细节

要想让头发看起来更自然，需要调节发绺的顶点和边线，让它们彼此相叠（见图 7.27）。

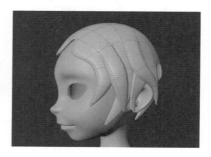

图 7.27　相互叠放的发绺让头发更显自然

发绺创建好了，也叠放完了（这会花些时间），你可能会看到有些地方空着。你可以选中一整条发绺，复制若干次，让顶点叠放到其他发绺上面，放到上面或下面（见图 7.28）。图 7.29 呈现的是目前的头发效果。

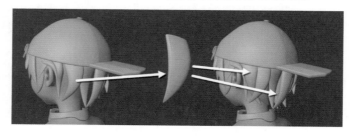

图 7.28　复制发绺，并放到空的地方

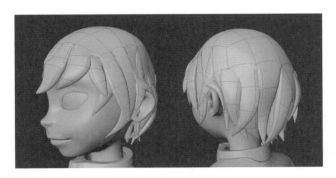

图 7.29　目前完成的效果，可以看到顶点的摆放方式

　　记得在参考图中，帽子是反着戴的，Jim 前额处的头发因此从帽子的开口处伸了出来，这块发绺需要点技巧来制作。你可以先选中一条发绺，方法同之前复制的那样。把它放到帽子开口处，并添加几条循环边，调节出你想要的形状，让发绺的根部足够大，以便能够盖住那个开口。然后，你可以复制、缩放、旋转它，将余下的开口部分盖住。这一次要把发绺做得小很多。尽量用一条大的发绺和两三条小一点的发绺把帽子的开口处完全盖住。这个部分的制作步骤如图 7.30 所示。

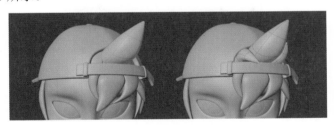

图 7.30　在帽子开口出添加伸出来的发绺

　　可以看到，头发建模并非轻而易举之事，需要做很多调整才能匹配到头部和帽子上去。现在看上去已经很自然了，那就让我们继续完成最终的细节吧！

最终细节的建模

　　经过对本章内容的实践，想必你已经学会了如何熟练使用各种建模工具编辑物体（或许这些工具的用户界面不总是那么直观易懂，但做出来的网格效果还是不错的）。在最后这一节中，我将简要讲解如何创建这些最终细节，并把它们添加给之前的模型，但我并不打算逐步讲解本节内容。图中呈现的是最终效果，你可以观察一下并从中获得启发。也可以把本节内容当作练习来做：观察最终效果，试着运用自己学过的 Blender 建模工具，并想办法自己做出这些细节。

这里创建的模型细节（当然你也可以按照自己的创意添加更多细节）包括眉毛、通信耳机、胸章、牙齿和舌头，以及其他衣服细节等。

眉毛

眉毛的做法非常简单。我选择了眼睛上方眉骨上的三条边，创建副本并分离成新网格，然后挤出眉毛的形状和厚度，并稍微调节一下顶点的位置，然后添加一个厚度修改器，让其面板位于表面细分修改器之前，修改器的执行顺序很重要，要多留意。如果将厚度修改器添加到表面细分修改器之后，那么将会是另一种结果。眉毛的最终效果如图 7.31 所示。

图 7.31　Jim 的眉毛效果

小提示：

对于这个细节，包括下面将要讲到的其他细节，你可以体会到综合运用多个修改器非常有助于快速方便地做出你想要的效果。通过手动在平面模型上创建顶点来添加厚度的做法是没有必要的，我们完全可以使用修改器来做，你可以随时打开或关闭它的效果，并控制厚度。

通信耳机

通信耳机是基于耳朵的一部分网格创建而成的。当你需要创建与某物体相贴合的物体时，建议在前一个物体的部分网格基础上建模，因为这样可以让两个物体的几何形状很好地贴合在一起。只需要选中耳朵上可用来创建通信耳机的那部分面，然后创建副本并分离，这种操作方式我们已经用过多次了。对于这个新物体，只需要建模并调整出通信耳机的形状，然后挤出、倒角，并在需要的时候综合运用之前学过的多种工具。天线（见图 7.32）是用两个圆柱体创建而成的。

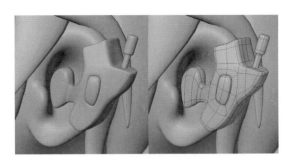

图 7.32 将通信耳机添加到耳朵上

胸章

创建胸章时将用到另一种修改器——缩裹（Shrinkwrap），该修改器可以让你把一个物体投影到另一个物体的表面上。先把一个物体靠近另一个物体，然后添加该修改器，并单击目标（Target）框，从物体名称列表中选择你想要缩裹到哪个物体上。此外，你也可以单击文本框旁边的滴管图标，然后单击场景中的物体，即可选用该物体。

创建胸章并把它放在前胸上，胸章基本上是一个扁平形状的物体（我们也可以使用镜像修改器来编辑它，因为它是左右对称的，所以只需要编辑其中的一半就可以了）。适当调节缩裹修改器的选项，直到调节出符合预期的结果，然后再添加一个厚度修改器。这样做的好处是，如果你先添加了厚度修改器，那么经过缩裹修改器的作用后会让厚度消失。但如果你先添加了缩裹修改器，再添加厚度修改器，这样的结果就完美了！

最后，只需要添加一个表面细分修改器。可以看到，综合使用多个修改器来做出特定的效果是一种很有用的技能（见图 7.33）。

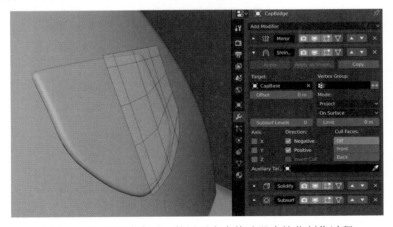

图 7.33 在创建胸章时，使用了多个修改器来简化制作过程

牙齿和舌头

牙齿和舌头都是非常简单的模型，用两个带有厚度的曲面作为上牙和下牙，用一个非常简单的形状作为舌头。从图 7.34 中可以看到它们的形状特点和基本的拓扑方案。在图 7.34 中，上下牙的距离被临时调远，方便你观察后面的舌头。

根据目前学过的知识，你应该能够创建出这样的模型。尽管这些特征并不太复杂，但这符合角色其他部位的风格。这样一来，当 Jim 张开嘴巴的时候，你会看到口腔里面的这些细节。创建这些模型的时候，你可能需要调节口腔内侧的形状，以免遮挡牙齿，或者产生网格交叉的问题。

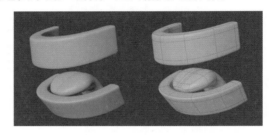

图 7.34　Jim 口腔中的牙齿和舌头模型

其他衣服细节

在参考图中，衣服上面也有一些细节设定，可以参考眉毛的制作技法：复制并分离出衣服网格，调节上面的顶点，然后应用厚度修改器等。

图 7.35 呈现的是 Jim 目前的样子，很帅气吧！

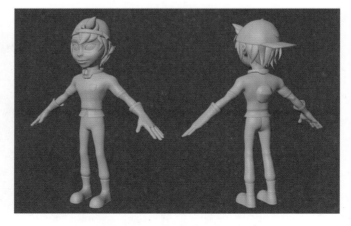

图 7.35　Jim 现在看上去很帅气

总结

本章内容虽然很有挑战性，但如果你已经学到了这里，说明你已经学会了很多东西，而且现在也做出了自己的模型。你已经掌握了如何逐步创建角色的各个部位，而且应该也对 Blender 的建模工具有了更深入的了解。此外，如果你按照指示使用快捷键操作，那么你的效率就会更高。多边形建模的拓扑布线是很有讲究的，但如果你觉得这很有趣，那么就会有乐在其中之感。当然了，建模本身就会带来满满的成就感。

最后一点，如果结果没有达到你的预期，也不要灰心。如果你是个建模新手，那么这再正常不过了。正所谓"实践出真知"，现在你已经理解了建模工具和技术的部分，完全可以通过练习来完善艺术创作的部分，做得越来越好。

练习

1. 继续添加更多的细节，如在帽子上加线，或者在衣服上添加某些细节等。

2. 说说看，为什么好的拓扑方案对动画角色模型来说至关重要？列出几点做出好的拓扑方案要遵循的法则。

IV

展开、绘制、着色

Blender 中的展开与 UV

　　展开（Unwrapping）是动画流程中为 3D 角色添加纹理贴图的基础环节。如果不进行展开，那么贴图就会随机投影在模型的表面上。UV（平面空间中与 3D 空间的 X、Y、Z 类似的概念）是指一个 3D 网格上的顶点所对应的平面空间中的坐标。它们定义了平面贴图将如何投影在网格的表面上。不妨这样来理解：如果我们要呈现地球的样貌，想象将地球表面展平成一张地图，那么这个将 3D 的形状转变到 2D 平面的过程就可以称为展开。

　　展开的操作看似有点奇特，这也是很多人不喜欢做的事，但这通常是对它的工作机理缺乏理解导致的。有时候，展开的确显得有些枯燥乏味，但如果你试着去提起对它的兴趣，那么它也会是很有趣味性的一步！看着一切都得偿所愿会很有成就感哦。但要注意，你需要一点耐心。

　　幸运的是，Blender 提供了一些实用的展开工具，另外，从其他软件转过来的人一般也会喜欢 Blender 里的展开操作方式（甚至在好莱坞的电影制作中，也有越来越多的专业人士喜欢用 Blender 去展开 UV）。不过，鉴于 Blender 的整体设计，展开会显得比较与众不同。因此，如果你之前一直在使用其他软件，那就先忘掉之前的操作方式，让思维放开一点吧！

展开与 UV 的工作原理

　　纹理贴图定义了模型表面的色彩，这里需要先了解一些知识：模型是 3D 的，但纹理贴图是平面的，那么怎样才能用一张平面贴图给 3D 的模型上色呢？答案就是用 UV。3D 模型顶点需要 X、Y 和 Z 三个方向的坐标来确定位置，但在 Blender 中，从内在角度讲，它们也存在于 U 轴和 V 轴上，而 U 和 V 代表平面空间中的坐标轴，这就可以用来做投影了。在 UV/图像编辑器（UV/Image Editor）中，可以读取及编辑那些 UV 数据，以便定义贴在 3D 模型上的投影方式。

　　展开［也叫作"UV 映射"（UV mapping）］是调节物体 UV 的过程，目的是让贴图能够正确投影。如果看一下它的工作原理，或许会更容易理解。

你是否还记得儿时做过的那些手工练习？取一张平面纸，按照特定的方式剪切与折叠，最终会做出一个立体的方块。这个例子可以用来理解展开的概念，只是刚好反了过来：你有一个 3D 模型，用 UV/图像编辑器把它沿折线展开，然后转成一张平面图（此过程不会影响 3D 模型本身，而是"悄悄"完成的）。此过程如图 8.1 所示。

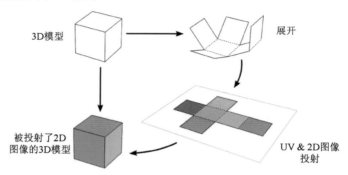

图 8.1　UV 展开过程的视觉示意图

可以看到，展开就像是一个将 3D 模型沿边线展开并转化成一个平面网格的过程，你可以将一张图投影到这样一个网格上，这种投影将作用到 3D 模型本身。

Blender 中的展开方法

现在你已经理解了展开的工作原理，我们来探索一下 Blender 提供的展开工具如何用在基本的工作流程中。

要想在 Blender 中执行展开，首先要选中模型上想要展开的那部分，然后调出展开选项（稍后再详解）。当对选区执行了展开以后，会在 UV/图像编辑器中显示展开后的样子，你可以调整 UV，把它焊接到之前展过的那部分 UV 上，或者放在你期望的贴图位置上。

需要注意的是，展开模型以后，你通常需要创建一个与该 UV 对应的纹理贴图。然而，有时候你可能要赶时间，并且只需要显示与图片的某个区域对应的 3D 模型的区域位置。在本案例中，你可以将 UV 适配到给定的图片。

在下一节中，你将了解各种相关的工具及使用方法。然后你会看到如何一步一步地展开 Jim 的头部，从而理解展开的过程。

UV/图像编辑器

UV/图像编辑器（UV/Image Editor）是 Blender 界面的一部分。图 8.2 是 UV/图像编辑器的界面一览。

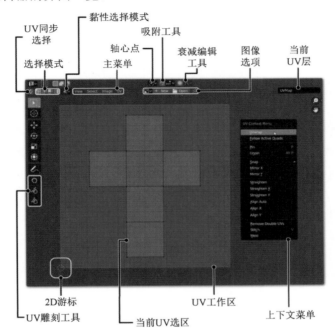

图 8.2   UV/图像编辑器及其选项

以下是 UV/图像编辑器中的一些主要功能。

- **界面**：这其实就是 Blender 中的一种编辑器。它有自己专用的工具栏和属性侧边栏，分别位于界面的左右两侧，中间是工作区，此外，它也有一个包含各种选项和按钮的标题栏。
- **2D 游标（2D Cursor）**：2D 编辑器中也有一个游标，类似 3D 游标，你可以用它来对齐顶点或其他的 UV 元素。在工作区内按 **Shift+鼠标右键** 来投放 2D 游标，并按 **Shift＋S** 键，即可看到可配合 2D 游标使用的吸附工具。
- **显示面板**：在侧边栏中（按 **N 键**可显示或隐藏），找到视图选项卡，你可以在该选项卡中自定义 UV 的显示方式。其中还包含一个拉伸（Stretch）选项，可以根据 UV 映射图中的面与面之间的夹角或面积差来显示相对 3D 模型的形变量，这非常适用于找出复杂的区域。如果面拉伸得非常剧烈（蓝色代表拉伸良好，蓝绿色代表一般，但要避免绿色和黄色出现），纹理看上去可能会有形变感，贴图在模型表面上会呈现拉伸效果，让品质打折扣。

标题栏上提供了很多选项。

- **UV 同步选择（UV Sync Selection）**：你可以同步选中 3D 视口中的模型上对应的网格。尤其对复杂的模型来说，这可以帮助你轻松找到某块 UV 在模型上对应的位置。

- **选择模式（Selection Mode）**：在 UV/图像编辑器中，你可以在顶点（Vertex）、边（Edge）、面（Face）和孤岛（Island）这四种选择模式间切换使用（孤岛是指一组相连的面）。与 3D 视口中的操作类似，你也可以将鼠标指针停留在孤岛上并按 **L** 键，即可快速选择一个孤岛。

- **黏性选择模式（Sticky Selection Mode）**：该选项旧称共用点（Sheared Vertex）选择模式，这是个有意思的选项。在 UV 图中，Blender 会将各个面分别对待，但它能够视特定的条件让你选择顶点。例如，当 3D 模型上的顶点的 *X*、*Y*、*Z* 三向坐标值相同的时候，当禁用该选项且你选中了某个顶点或某个面后，它将被单独移动，其他与之相连的顶点或面将显示在原位。如果它们在 UV/图像编辑器中重叠放置，那么共用位置（Shared Location）将把它们视为焊接在一起的 UV，但仅当它们在 3D 模型中共用同一位置的时候才有效。共用顶点将选择那些在 3D 模型上坐标相同的顶点，即使它们在 UV 图上被分开摆放。最好亲自体验一下这些功能，并观察应用的效果，才能更好地理解它们的作用。

> **小提示：**
>
> 为了能够更好地理解黏性选择模式，你需要知道 Blender 是如何对待 UV 数据的。3D 网格上的顶点坐标值对应的是 *X*、*Y*、*Z* 这三个轴向，而 UV 布局图中的顶点则对应 *U* 和 *V* 两个轴向。二者区别在于，3D 网格上的面和面通常是相连的，而 UV 空间中的面可以不与相邻的面相连，从而可以对模型的不同部位使用不同的贴图内容，即使那些部位在 3D 模型上是彼此相连的。

- **主菜单**：包括视图（View）、选择（Select）、图像（Image）和 UV 这四个菜单项。其中，UV 菜单尤为重要，其包含了几乎所有的展开工具。

- **轴心点（Pivot Point）**：轴心点的工作方式与 3D 视口中的一样。你可以选择一种轴心点类型，如作为元素的旋转或缩放中心，而这里的 2D 游标的作用也是一样的。就像在 3D 视口中一样，你可以按键盘上的 "**.**" 键，从弹出的饼菜单中选择轴心点类型。

- **衰减编辑（Proportional Editing）与吸附（Snapping）工具**：在 UV/图像编辑器中，你也可以使用衰减编辑与吸附工具来操控 UV 元素，其工作方式与 3D 视口中的相同。

- **图像（Image）选项**：你可以加载图像、选择已加载到 .blend 文件中的图像，或者在 Blender 中新建图像（如新建一张实色填充图或 UV 测试网格图，稍后我们将在本章中讨论）。通过上述方法加载图像后，图像将被作为背景图显示在 UV 工作区，供 UV 编辑使用。
- **图钉（Pin）**：这是一个图钉形的图标，单击它以后，该图像将固定显示为 UV 工作区的背景图。通常，背景图是被指定给物体的，也就是说，如果你选择了另一个物体，那么图像也会变化。不过，当你单击图钉后，就可以在选择任何物体时都能在 UV/图像编辑器中显示那张图像了。你可以随时再次单击它来撤销。

小提示：

　　在 UV/图像编辑器中加载图像的另一个方法非常简单，只需要从本地的某个文件夹中将图像拖曳到 UV/图像编辑器中。

- **当前 UV 层（Current UV Layer）**：当前 UV 层的概念很重要，因为在 Blender 中，一个物体可以包含多个 UV 层，可在创建复杂材质时独立使用，这样你就可以同时使用两张不同的 UV 布局来贴图了。当前 UV 层的默认名称是 UV Map，而且在多数情况下你只需要使用一张映射图就够了。但如果你想要创建其他的 UV 贴图，可以在属性（Properties）编辑器的物体数据选项卡中的 UV 贴图（UV Maps）面板中添加。
- **上下文菜单**：在 UV/图像编辑器的工作区内单击**鼠标右键**，将显示上下文菜单，其中列出了一些最常用的 UV 展开工具。

UV/图像编辑器的导览操作

　　UV/图像编辑器中的导览操作非常简单：**鼠标中键**用来平移，滚动鼠标滚轮或按 **Ctrl + 鼠标中键**可缩放视图，单击某处可投放 2D 游标。除此之外，其他控制方式与 3D 视口中的方式完全相同：**鼠标左键**用于选择元素，按住**鼠标左键**并拖动可移动元素，**G**、**R** 和 **S** 键分别用来移动、旋转或缩放选区等。

　　此外，其他编辑器中的某些特定的功能也可以在 UV/图像编辑器中使用，如隐藏（Hide）和取消隐藏（Unhide）功能（快捷键分别是 **H** 和 **Alt + H**），或者按**数字键盘区的"1""2""3"**键在不同的选择模式间切换（在 UV/图像编辑器中，你可以按**数字键盘区的"4"**键切换到孤岛选择模式）。

访问展开菜单

　　Blender 提供了多种展开工具，可以在界面上找到。

- 在编辑模式下选中部分面（执行展开时，通常是针对面进行操作的），
  并按 **U** 键调出 UV 展开菜单。此操作也可在 UV/图像编辑器中执行。
- 标记缝合边（Mark Seam）是展开 UV 时的一个关键操作，可以在选中
  一条或多条边线后按 **Ctrl + E** 键找到，也可以在边选择模式下从上下
  文菜单中找到（稍后会对此进行详细介绍）。
- 在编辑模式下，你也可以在 3D 视口的标题栏上找到 UV 菜单。

UV 映射工具

在图 8.3 中，可以看到 UV 映射菜单（在 3D 视口中按 **U** 键调出）及边菜
单（**Ctrl + E** 键），其中，可以找到标记缝合边与清除缝合边（Clear Seam），
它们是展开操作的基础选项。

我们来简要介绍一下这些 UV 映射工具的使用方法，以便让你有个大致
的了解，有助于本章后续内容的学习。

图 8.3   左图为边菜单（**Ctrl + E** 键）及标记/清除缝合边选项；右图为 UV 映射菜单（**U** 键）

- **标记/清除缝合边**：按 **Ctrl + E** 键调出边菜单，在边菜单中选择一条或
  多条边，并从中选择标记缝合边。标记后的缝合边在 3D 视口中显示为
  红色的轮廓线。要想清除缝合边标记，只需要选择那些想要执行清除操
  作的边，并按 **Ctrl + E** 键，从中选择清除缝合边。
- **展开（Unwrap）**：这是 Blender 中的主要展开工具。按 **U** 键进入 UV 映

射菜单并选择展开。此选项其实就是将模型沿着边界和缝合边打开。如果缝合边定义得当，它一般可以做出理想的效果。在展开选项下方，你会看到实时展开（Live Unwrap）选项，稍后我们将在本章后面讲到该工具。

实时展开

该选项位于展开选项的下方。有两个对应的选项可供启用或禁用。

- 第一个选项前面提到过。启用后，当你标记/清除缝合边时，它会自动更新 UV 的展开结果。如果禁用它，那么只能在手动执行展开操作后看到变化。
- 第二个选项位于 UV/图像编辑器的 UV 菜单中。该选项可开启实时 UV 展开功能，能够实时预览你对 UV 编辑的结果。这是一个有意思的选项，可以让你一边编辑，一边观察编辑的结果

在启用 UV/图像编辑器中的实时展开时，需要注意以下几点。

- 之前所有的 UV 展开等手动编辑动作都会变成自动展开。
- 要想在实时展开模式下移动顶点，需要先把它们钉住。一般来说，你需要钉住其中一部分顶点，此时，当你移动一个或多个顶点时，其余那些未被钉住的顶点位置将会随之变化。钉住顶点的快捷键是 **P**，选中它们并按 **Alt+P** 键可撤销钉固状态。
- 如果你对 UV 的某些部分的编辑感到满意，那就可以钉住它们，这样它们就不会在启用实时展开时受到影响了。

- 智能 UV 投影（**Smart UV Project**）：此选项可以让你免去标记缝合边的步骤，适用于简单的物体。它将物体展开，并按照你在弹出菜单中设定的参数把它拆分成多个部分（如面夹角等）。
- 块面投影（**Cube Projection**）/柱面投影（**Cylinder Projection**）/球面投影（**Sphere Projection**）：这些都是非常基本的工具，但有时候可以派上用场。需要注意的是，这些投影工具会使用物体的轴心点和当前的操作视角。应用以后，你可以在操作项面板中找到调节选项，可以调节最终效果。
- 重置（**Reset**）：此选项将所有选中的面都转化成其原本的状态，每个面都会占据整个 UV 空间。

> **小提示：**
>
> 　　要想更好地理解这些展开工具，建议都亲手试一试，看看它们的作用效果。其中，某些工具会比其他工具更有效，而且仅凭上述介绍也很难完全理解它们的作用。不只是展开，学习知识的过程又何尝不是如此呢？反复尝试才能受益良多！

定义缝合边

　　缝合边是为展开操作定义的"边界线"。还记得图 8.1 中的那个立方体吗？当它被展开的时候，那些黑色的实线就是缝合边。你也可以把它想象成衣服上的缝线，在一件衬衫尚未制作完成前，它仅是一些扁平的布料，经过后来的缝合工序，把这些布料缝合起来，形成一件立体的衣服。在 3D 世界中，最常用的展开方法就是使用缝合边。首先，在 3D 模型上定义缝合边的位置，然后，沿着缝合边把 UV 图展开。

　　你可以把缝合边看作 3D 模型上要用剪刀"剪"开的边。

　　要注意避免使用那些没有必要的缝合边。缝合边通常会放在相对不显眼的地方，这样做的原因是，当你应用一张贴图时，在贴图上的缝合处会看到一条"切割线"，因为那里有缝合边。这种现象出现在 UV 的边界处，也就是说，即使你的贴图内容是连贯无切线的，缝合线两侧的贴图尺寸也未必完全一样，进而导致图像的分辨率沿缝合边发生变化。

　　在 UV 中，模型的多边面尺寸越大，需要用到的图像像素就越多。这样才能让 3D 模型上的贴图看上去足够清晰。关键是要知道模型上的哪个部分需要更多的贴图表现细节，从而需要占用更多的 UV 空间。

　　在图 8.4 中，你可以看到缝合边的作用结果，以及 UV 的尺寸是如何影响投影后的贴图的。尽管 3D 场景中的平面物体（右图）上的两个半边大小相同，但左半边所占用的像素相对更少，这就造成了一部分 UV（左图）看上去更小。

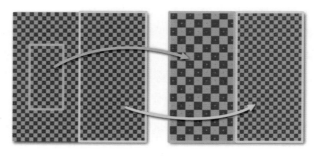

图 8.4　图像上的 UV（左图）；它们对模型贴图映射的分辨率的影响（右图）

展开前要考虑的事情

需要注意的是，并非 Jim 身上的所有物体都有相同的属性，你需要在开始做 UV 映射之前考虑某些方面的事情。以下列举了一些你需要注意的地方。

- **不需要展开 UV 的网格**：如果一个物体表面各处的材质没有变化（现实世界中的材质通常不会这样），那就没必要展开了。展开是为了定义图像在模型表面上的投影方式。但如果你只用了一种颜色，那么一个不带贴图的材质就够用了。Jim 的头发就是个例子。此外，还有一些材质可以使用自动坐标来映射贴图，而不是 UV 坐标，在这种情况下，也不需要展开模型。

- **带修改器的网格**：角色上的某些元件的网格可能使用了修改器。当网格使用了那些让几何数据发生改变的修改器时，它们也会影响 UV。我们就以 Jim 的胸章为例吧，其使用了厚度修改器来做出模型的厚度。由于 UV 仅对原始网格有效，因此由修改器生成的多边面将不会像你期望的那样显示贴图。对厚度修改器来说，表现"厚度"的那些多边形面将显示为正面贴图边界处的颜色，而背面则显示为与正面相同的贴图（这对本案例来说并不重要，因为背面是看不见的）。在这些情况下，你必须确定是否要在继续对全部网格执行展开之前应用修改器。这要视你对细节的标准而定，以及你想要让纹理精确地显示在哪里。

- **镜像网格**：镜像是一种修改器，但当结合 UV 的时候，它就显得尤为重要了。如果你要处理 UV，并且已经使用了镜像修改器，那么镜像后的网格将与你之前展过的网格共用相同的 UV。有时候，你可能希望对物体应用非对称的贴图，这时候，你需要在展开 UV 之前应用镜像修改器。除此之外，镜像贴图的效果还是比较理想的，这意味着两件事：第一，你只需要展半边物体；第二，更加节省贴图空间。此外，还有一种情况就是，你可能需要对不对称的网格形状应用对称贴图。如果是这样，那么你需要先在形状对称时执行 UV 展开操作，最后应用镜像修改器。然后再对物体网格进行编辑。这样一来，你的 UV 是镜像的，而形状是不对称的（只有形状是不对称的，但双侧网格的拓扑结构应该是相同的）。在下一节里，我们将通过 Jim 的面部和夹克网格来更好地理解这种操作。

镜像 UV

镜像 UV 主要有以下两种作用。

- 你对原始侧所应用的贴图将会镜像贴给另一侧（贴图上有文字的话要小心，因为它会在镜像之后显示为反写的字）。
- 镜像一侧的 UV 和原始侧的 UV 相重合。这样节省了贴图空间，可以比平铺两侧时显示更高的分辨率。因为你可以只展开一侧，并让它拥有更大的贴图空间（意味着纹理像素密度更高）。

请注意：如果应用了镜像修改器，那么 UV 就会重合，但重合的部分并不支持展开操作。因此，如果你需要再次执行展开操作，那么就会丢失重合部分的 UV 数据。

小提示：

一般来讲，你要先确定是先展开 UV 再调整模型更高效，还是先应用修改器再展开 UV 更高效。这取决于你的模型、你想要实现的效果，以及你认为更有效率的方法。

在 Blender 中编辑 UV

在本节中，你将逐步了解如何为 Jim 的头部展开 UV，以及如何使用基础的展开工具。然后，经过基本介绍后，你将自己动手为角色的其余部件展开 UV。这里，你不需要对面部应用镜像贴图，因此，你需要一次性展开完整的面部 UV。首先，应当选中面部，并在物体模式下应用镜像修改器。

标记缝合边

UV 展开的第一步就是标记缝合边，让 Blender 知道你想要在哪里展开 UV。在编辑模式（按 **Tab** 键切换）下，选中如图 8.5 所示的那些边线，可以分几次去标记它们，你可以先在这里标记一下，然后转到别的地方去标记余下的边线。标记缝合边的方法是按 **Ctrl + E** 键进入边菜单，并从中选择标记缝合边。

注意：被选为 UV 缝合边的那些边线在相对不太显眼的地方，它们分布在头部的后面和侧面，以及前额上方，那里几乎会被头发遮住。头顶那里选出的一段闭合式缝合边，那里将成为一个 UV 孤岛，毕竟，那里始终会被 Jim 的帽子遮挡，所以无须过于在意那里的细节。这样一来，就可以为需要占用更多贴图分辨率的区域分配更多的 UV 空间了。

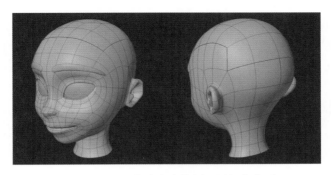

图 8.5　Jim 头部的缝合边位置（用红色表示）

另外，嘴唇内部还有一条循环缝合边，图中并没有表示出来。这样一来，在 UV 映射图上，口腔内侧的网格就与外侧面部的网格分离开了。记住，你可以按 **Alt ＋ 鼠标左键**键选中循环边。

小提示：

对于标记循环边，有一个非常有用的选择方法——最短路径（Shortest Path）。当你需要选中连成一行的边线时，可选中一条并按 **Ctrl ＋ 鼠标左键**键选择另外一条边，然后，连接你所选中的这两条边的所有边线都会被选中，这大大方便了对长边的选择。你可以连续多次按 **Ctrl ＋ 鼠标左键**键，直到选中所有想要选中的循环边。此方法同样适用于顶点选择模式。

为了进一步提高效率，可进入 3D 视口的侧边工具栏的选项选项卡，然后从边选择模式（Edge Select Mode）列表中选用标记缝合边。这样一来，当你使用前文提到过的最短路径选择法去选择边时，被选中的边会被自动标记为缝合边。标记结束后，记得把选项切换回去哦（默认模式为选择）。

设置好缝合线后，你可能不想看到它们被标记成红色的样子，你可以在编辑模式下的 3D 视口的视图叠加层中将其隐藏显示。

创建与显示 UV 测试网格图

现在你已经可以开始展开 UV 了，不过你可以创建一张 UV 测试网格图，便于在展开前看到贴图贴在面上的样子。通过使用 UV 测试网格图，你可以看到图像是如何借助 UV 奇妙地投射到 3D 模型上的。

UV 测试网格图的作用就是测试网格 UV 展开得是否理想。它是一张铺满网格的图像，当它投射到 3D 模型上时，可以让你获知很多信息。网格的尺寸会让你知道物体上的哪个区域使用了较多的贴图空间（网格越小，对应区域所覆盖的贴图分辨率就越高）。通过使用 UV 测试网格图，你可以调节物体各个部分的尺寸，让它们的尺寸大致统一。对于需要表现更多细节的区域，你可以使用较小的网格。此外，网格的形变情况也是很有用的信息。如果你发现 UV 测试网格图上某个地方产生了形变，那么可以尝试通过调节 UV 来修复。通过使用 UV 测试网格图，你可以找到缝合边的位置，并观察那里的接合度如何，或者说它们是否不会被察觉到。

UV 测试网格图既可以显示为色块样式，又可以显示为字幕加数字样式。此功能可以让你知道 UV 的哪个部分被显示在模型的特定部位上。通过颜色、数字或字母进行标识。

新建一张 UV 网格贴图

Blender 可以为你生成两种 UV 测试网格图，供你在自己的模型上做测试。要想创建它们，只需要在 UV/图像编辑器的标题栏上单击新建图像（New Image）。你也可以单击图像菜单，从中选择新建图像，或者按 **Alt + N** 键。

在图 8.6 中，你可以看到随后弹出的新建图像菜单，你可以选择创建单色图或 UV 测试网格图。你可以设置图像名称（默认名为 Untitled）、分辨率（如果你生成了一张 UV 测试网格图，那么分辨率会影响网格图中的方块数量——分辨率越高，方块就越多）及颜色。颜色选项仅当你在生成类型（Generated Type）当中选用单色图（Blank）时可用。如果你在生成类型中选择某种网格图，则会忽略对颜色的设定。

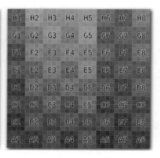

图 8.6　在 Blender 中生成一张贴图，左图是新建图像菜单；
中图是 UV 测试网格图；右图是彩色网格图

选择完成后，单击 OK 即可生成图像。你可以在标题栏上修改名称，并在图像菜单中将其保存。如果你打开属性侧边栏（快捷键是 **N**），在图像面板中，你也可以将其重命名并调节其他参数。由于该图像是由 Blender 生成的，你甚至可以在创建完以后更改其类型，也可以在 UV 测试网格图或彩色网格图之间切换（当然，也可以切换成单色图）。

在模型上显示 UV 测试网格图

在本节中，我们将学习如何通过在 3D 模型上显示纹理图来测试 UV 的效果。

在属性编辑器的材质属性选项卡中新建一个材质，命名为 uv_test_mat。这样一来，你的场景中就有了一个 UV 测试材质，准备应用给你的目标物体。在材质属性选项卡中的颜色参数中，单击颜色选择器右侧的一个小点的按钮，并从列表中选择图像纹理（Image Texture）。从下拉列表中选择刚刚创建的 UV 测试网格图。现在转到 3D 视口，使用材质预览模式来查看 UV 测试网格图（也可以使用渲染模式，但由于场景中目前还没有设置灯光，所以会显得太暗了，不利于我们观察）。

展开 Jim 的面部 UV

展开 Jim 的面部 UV 很简单。选中 Jim 的面部网格，然后进入编辑模式（**Tab** 键），选中所有的面（**A** 键）。按 **U** 键并选择展开。展开效果如图 8.7 所示。

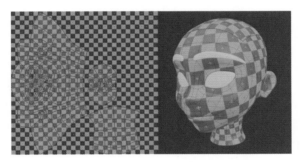

图 8.7　展开 Jim 的面部 UV 后，你会在 UV/图像编辑器（左图）中看到 UV 图；
UV 测试网格看上去分布得比较均匀（右图）

模型展开完成后，你可以看到 UV 的展开效果，面部被完全展平了。你会看到另外的两个孤岛：头的顶部和口腔内部，正如之前用缝合边划分的那样。另外，头部后面的那条缝合边将面部展开。

当你在 UV/图像编辑器中使用一张 UV 测试网格图或其他图像的时候，很难观察到精确的 UV 结果。当在 UV/图像编辑器中加载一张图像时，在标题栏右侧的 UV 层旁边会看到一个按钮，该按钮仅当你在 UV/图像编辑器中加载了一张背景后才能看到，如图 8.8 所示。

单击该按钮，会看到若干选项，可以更改图像的显示样式，包括显示当前 UV 贴图 Alpha 通道（图像透明度），当图像没有 Alpha 通道时会显示为白色，便于你更好地观察 UV。此外，在 UV/图像编辑器的侧边栏（按 **N** 键显示或隐藏）中也有其他更改 UV 显示方式的选项。

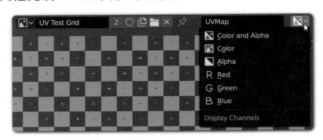

图 8.8　UV/图像编辑器的背景图显示选项（通道）

小提示：

值得一提的是，UV/图像编辑器只会显示你在 3D 视口中选中的那部分网格的 UV，并且只有在编辑模式下才能显示。这对之前用过其他软件的人来说可能会有点不知所措，毕竟在多数软件里，你是可以随时看到 UV 的。如果启用了让 3D 视口和 UV 视图中的选择内容同步的选项，那么就可以看到完整的 UV 了；不过，如果你想要在禁用同步的时候看到完整的 UV，只需要在 3D 视口中按 **A** 键全选所有的网格面。

实时展开

实时展开是非常棒的工具。它可以让你固定顶点的位置，并移动它们的位置来实时调节展开效果。用这种方式，你可以很快速地调节所有的 UV，而无须一次次地展开并根据每次的结果调节各个顶点的位置。

在 UV/图像编辑器中，进入标题栏上的 UVs 菜单，并选择实时展开。要想将想要固定位置的顶点钉住，按 **P** 键即可。请注意，至少需要钉住两个顶点。钉住顶点后，这些顶点可以是参照点，也可以是网格上的角点。只需要移动它们的位置（被钉住的顶点显示为红色），你就会看到整个 UV 会相应地调整布局，以适应那些顶点位置的变动。在这种模式下，仅可移动被钉住的顶点。如果你移动了其他的任何顶点，那么当你移动一个被钉住的顶点时，其余的活动顶点的位置会被重置，只有被钉住的顶点的位置会在实时展开期间固定不变。

对展开的结果满意后，你可以按 **Alt + P** 键取消被钉住的顶点的钉固状态。然后，确保在进行进一步的 UV 调整之前退出实时展开模式。[①]

---

① 译者注：这里省略了一段内容，为（pdf P232）的**两个实施展开选项**一段，疑似与前几页中的某段内容高度重复，已与原作者确认，故本段略。

调节 UV

当然，你可以调节 UV 上的任何顶点，以便让 3D 模型上的贴图效果如你所愿，你会在 3D 模型上的 UV 测试网格图上实时看到调节的结果。

别忘了你还可以使用衰减编辑工具和 UV 雕刻（UV Sculpt）工具对一组顶点进行细致的调节，甚至可以移动、旋转及缩放它们。试着去调节与面部对应的那部分网格，让那里的方块显得比头部后面的更小，这有助于优化贴图的尺寸，让面部显示更多的细节，那里正是要重点关注的部位。

此外，UV 里也有对齐工具。建议去试试标题栏上的 UVs 菜单中的那些选项——说不定你会找到一些有趣的选项。此外，当你使用工具的时候，你可能需要在确定之前调节它的效果，那么标题栏上会显示对应工具的指导信息，以及当前的参数，因此，要时刻留意标题栏哦！

另外，你也可以使用吸附工具，这是很实用的工具，如在你想要将某个顶点对齐到另一个顶点上的时候。这里的吸附工具用法与 3D 视口中的相同。

拆分与连接 UV

Blender 提供了一种与众不同的方式来实现 UV 的各个部分间的拆分和连接，一旦你掌握了用法，它将成为一个利器。

拆分 UV

拆分 UV 的最快速的方法是使用选中后分离（Select Split）工具。选中你想要拆分的面，按 **Y** 键，即可将它们分离出来，你可以逐个单独移动，也可以在标题栏上的选择菜单中找到该工具。

之前我们说过，Blender 只会显示在 3D 视口中选中的那些网格面的 UV。但有一点值得注意：当你在 3D 视口中只选中一个面（或一组面）并在 UV 窗口中移动所选面时，你只会改变可以看到的那部分 UV，当你这样做的时候，它们会从当前未显示的那部分 UV 上面分离出来。

另一种拆分 UV 的方法是再次单独展开你想要分离的那部分面。在 3D 模型上选中它们，然后执行展开，即可将它们分离。

还有一种拆分 UV 的方法就是利用 Blender 的隐藏和取消隐藏功能（快捷键分别是 **H**、**Shift+H** 和 **Alt＋H**），它们在 UV/图像编辑器中也可以使用。选中你想要分离的那部分面，按 **Shift+H** 键将未被选中的面隐藏。然后移动选中的面。按 **Alt＋H** 键重新显示隐藏的面，你会发现所有被移动的面都被分离了出来。

连接 UV

有时候，一个复杂的网格范围可以被轻松地展开成多个部分，然后再连接起来，这样可以尽可能避免形变。

Blender 有一条准则：只有在 3D 网格上焊接在一起的顶点才能在 UV 上焊接在一起。这意味着你可以将两个顶点吸附或焊接在同一个点上（焊接（Weld）可在上下文菜单中找到），但它们并不会真正合并为一个顶点。因此，它们会显示在 UV 中的同一点上，但它们并没有被真正焊接成一个点，而是相互独立的点。

即便如此，要想在 UV 上合并原本在 3D 模型上就焊接在一起的顶点，只需要把它们焊接到同一个点上，或者吸附到另一个顶点上。

使用 UV 视图与 3D 视口的同步选择模式可以找出相邻的顶点。使用这种方法时，如果你在 3D 视口中选中了网格的某个顶点，那么就会在多个 UV 孤岛上显示共享的顶点。另一个选项是临时启用共享点（Shared Vertex），可以查看哪些顶点在 3D 模型上共享了相同的位置。

缝合是另一个用来连接 UV 的利器。你可以在标题栏上的 UVs 菜单中找到它，它的快捷键是 **V**。选中某个 UV 孤岛边界上的某些顶点并按 **V** 键，会在 UV 上预览适合与那些顶点接合的其他顶点。如果你对预览结果满意，单击**鼠标左键**即可应用结果，如果不满意，可单击**鼠标右键**撤销缝合操作。

完成后的面部 UV 效果

如图 8.9 所示，你可以看到经过调整后的头部 UV 效果。UV 对齐得很好，头顶和口腔内部现在所占的贴图空间减少了，而面部则被放大了，也会有更多的细节。耳朵从主体上分离出去后可以充分利用头部以外的 UV 空间，但也不是非要这样。

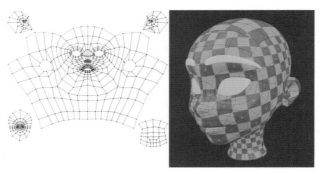

图 8.9　Jim 面部的 UV 完成啦

为角色的其余部分展开 UV

展开角色的其余部分的过程很简单。我们来大致解释一下这个过程中最重要的部分，便于你理解预期效果。图 8.10 是我们想要在本节里执行的展开物体：手套、靴子、裤子、夹克、帽子及颈部细节。

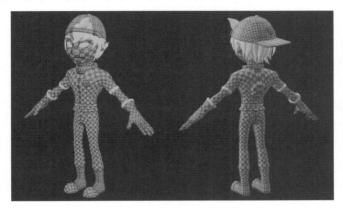

图 8.10　需要展开 UV 的网格，上面的缝合线显示为红色

小提示

当你展开各个物体时，你可以使用之前创建过的 UV 测试材质，让 UV 测试网格图显示在物体表面（要把 3D 视口的着色模式改成材质预览（Material Preview）才能看到），这样就能看到 UV 的展开效果是否正确了。

其中，多数部分的展开过程是很快捷的。整个过程大概用了 20 分钟。以裤子为例，它只需要在裤子内侧标记一条缝合线，就像现实世界里的裤子一样，展开的结果也比较理想。值得注意的是，镜像修改器也发挥了作用。

手部的缝合线是沿手掌边界标记的。一直延伸到手指底部。最终的 UV 是使用实时展开工具调节的，尤其是手背那里的孤岛，它包含手指的侧面，因此有点呈球状。

帽子上的展开方式基本上没什么特别的，并没有标记任何缝合边——只需要选中所有的面然后直接展开就行啦！

颈部网格的展开也很简单。只需要在颈部内侧底部标记一圈缝合线，就可以让 Blender 把它按适当的方式展开了。

夹克的展开过程稍微复杂一点：首先，最容易的方法是先把它展成三块——身体、双臂和下摆。然后，在使用实时展开和衰减编辑工具调节 UV 之后，将手臂接到夹克的侧面，先使用缝合工具，然后吸附并移动某些顶点。目的是让肩膀处没有接缝，因为夹克的垫肩会被上色，如果在中间有道缝的话就不怎么好看了。

别忘了也要展开胸章的 UV。对于那些需要使用不对称贴图的网格，一定要先应用镜像修改器，选中所有的面，然后执行展开。

如果你想看它的 UV 贴图是什么样的，那么可以参见下一节"拼排 UV"。现在，每个 UV 孤岛都完全占满了工作空间，如果同时把它们显示出来肯定是一团乱麻。这就是为什么说拼排很重要了！

拼排 UV

在展开物体后，你要对它们进行"拼排"，也就是将所有的 UV 都放到同一个工作空间内，而且互不重叠。拼排的目的是让角色的所有部分都使用同一张图像，而不是让每个部分各使用一张图像。这样一来，每个部分只会占用 UV 贴图的一部分空间。

图 8.11 所示为最终的 UV 拼排效果，这就是我们想要在本节实现的效果。

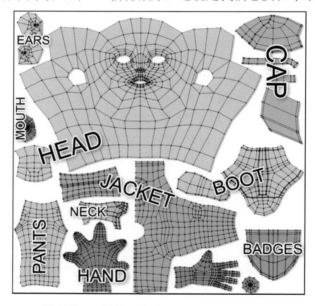

图 8.11   Jim 模型的 UV 拼排后的效果，各个部分用不同的颜色表示，
你可以看到它们的分布方式

所有的物体 UV 都放到同一个工作空间内，角色可以使用一张贴图。如图 8.10 所示，面部所占的贴图空间最大。物体各部分之间还有一些空间：你可以多花点时间去填满所有的贴图空间，尽可能多地利用每寸贴图，但通常也

应该在 UV 孤岛之间留有少量的空间，以便在绘制贴图时预留出血（bleeding），否则你会看到边缝旁边有未被画上的地方。

拼排 UV 的操作很简单。首先，选中所有想要共用同一个 UV 空间的物体。然后，利用多物体编辑功能（**Tab** 键），即可同时编辑所有选中物体的 UV。

> 小提示：
>
> 　　Blender 还提供了拼排 UV 的专用工具：孤岛比例平均化（Average Islands Scale）和拼排孤岛（Pack Islands）。这两个工具可以在 UV/图像编辑器菜单栏的 UV 菜单中找到。孤岛比例平均化工具能够对已选中的孤岛进行缩放，让孤岛间的相对比例与 3D 模型上的比例相仿。而拼排孤岛工具则可以对选中的孤岛进行自动缩放及拼排，让它们尽可能多地利用 UV 空间。

这里，建议在开始时使用孤岛比例平均化工具、拼排孤岛工具，然后对孤岛的大小进行必要的调整（使那些需要更多像素细节的块大一些，而另一些则相应地缩小一些）并重新拼排一下。你也可以旋转 UV，让它们朝向便于以后绘制纹理的方向（例如，如果部分 UV 是横向的，并且你需要使用 2D 图像编辑工具进行纹理绘制，那么横向绘制就不是很舒服）。

总结

现在你已经对 Jim 进行了适当的 UV 展开，下一步就可以为他指定贴图了！你可能已经发现了，展开 UV 需要很多技巧和耐心。不过，这是创建高品质角色的必经之路，因为你需要定义贴图在模型上的映射方式，并且使用最有效的方法。这对视频游戏而言尤为重要，因为视频游戏对实时运行的流畅度要求较高，因此对于网格（包括贴图）的优化要求也很高。某些软件的 UV 展开工具自动化程度很高，对于某些特定的情况非常方便，但在通常情况下，免不了要对 UV 的映射方式进行手动控制，便于后面为角色的贴图上色。

练习

1. 展开一个立方体，并为它指定一张贴图，这会帮你理解 UV 的工作机理。
2. 对任意模型添加一张图片（也可以是 Jim 的面部），并试着展开它，尽量让缝合边位于不显眼的地方，同时确保贴图不会形变。
3. 展开一个物体并拼排它的 UV，让它充分利用 UV 空间。

绘制纹理

纹理就是指用于为模型上色（或定义物体的其他参数，如反射度或光泽度）的图像。在前面的第 8 章 "Blender 中的展开与 UV" 中，我们已经展开了 Jim 身上那些需要指定纹理图的部件，现在就可以利用那些 UV 来绘制一张纹理图，让角色的效果离项目的预期结果更进一步。尽管 Blender 提供了一些纹理图编辑工具，但是纹理图通常是在如 Photoshop、Affinity Photo、Gimp、Krita 等平面软件，或者 Substance、Quixel 和 Mari 等专门的 3D 纹理绘画软件中制作的。用这些软件绘制复杂的纹理图需要具备一定的美术技巧，而对于它们的详细介绍并不是本书所涉及的内容，但本章会简要讲解一下 Blender 中的纹理绘制流程及步骤。

在我们开始之前，值得一提的是，纹理图和材质是相互作用的，因此，如果不放在一起讲会很难理解。关于它们是如何相互作用的，详见后面的第 10 章 "材质与着色器"。

主要流程

在 3D 模型上绘制纹理有以下两种流程。

- **先绘制纹理，后展开 UV**：有时候，根据实际需要，"先绘制出纹理图，然后再根据纹理图展开 UV" 的流程会更便利。在这种情况下，显然你需要在展开 UV 之前先绘制纹理图。一个典型的例子就是制作木地板，你可能已经有了一张木材照片，要把它贴到模型上，只需要加载照片然后根据它来摆放 UV，让照片中的木材贴合模型表面的尺寸与方位。此方法比较适用于简单的模型；对于复杂的模型，被投射的图像需要与模型相契合。

- **先展开 UV，后绘制纹理**：这种流程常用于角色或复杂的物体，因为这样可以绘制出专用于该模型的纹理图。先展开模型，然后，如果你使用 3D 图像编辑器绘制纹理图，那么就将 UV 布局图导出为一张图像，作为绘制及调整纹理图时的参考图，确保它们和你的模型相契合。如果你使用 Blender 绘制纹理图，那么你可以直接在 3D 模型上进行绘制。如果你使用其他的 3D 软件绘制纹理图，那么就把展开 UV 后的模型导出，并在该软件里进行绘制。鉴于 Jim 的模型有些复杂，我们将使用这种流程来绘制纹理图。

上面提到的第二种流程在第 8 章"Blender 中的展开与 UV"中讨论过，这里再次强调一下，以便加深记忆。

在 Blender 中绘制

没错，你可以直接在 Blender 中的 3D 模型上绘制纹理！在本章中，我们将探索纹理绘制（Texture Paint）工作区，并且了解一些纹理绘制选项。

纹理绘制工作区

在 Blender 中，开始绘制纹理的最快捷的方法就是切换到纹理绘制工作区（位于界面顶部的工作区预设方案）。纹理绘制工作区如图 9.1 所示。

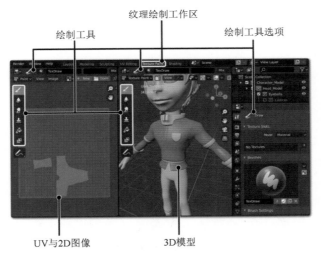

图 9.1　纹理绘制工作区中包含绘制纹理图所需要的必要布局：UV 面板、
3D 模型，以及纹理绘制工具。Jim 的夹克此时显示为品红色，
是因为我们选中了它，但目前还不能在上面进行绘制

纹理绘制工作区中包含绘制纹理所需要的必要布局，包括如下几点。

- **图像编辑器**：这里是查看所选物体的 UV 及绘制 2D 纹理图的地方。

- **3D 视口**：你可以在这里查看 3D 模型，以及直接在模型上进行绘制。每笔绘制结果都会立即显示在 3D 视口和图像编辑器中（会被正确地映射到 UV 上），只要这两个区域中显示的是同一张图像就行。
- **大纲视图**：如果你想在其他模型上进行绘制，那么可以在这里方便地进行浏览。
- **属性编辑器**：你可以在这里方便地设置当前工具的属性。在 3D 视口和图像编辑器中，可以找到工具栏，默认的工具是笔刷（Brush）。在工具属性中，可以看到所有的笔刷调节选项，如颜色、笔尖形状、强度、笔触压感（如果你使用数位板绘制），以及笔触类型等。你可以在 3D 视口的侧边栏和编辑器的标题栏中找到工具的选项。

当你切换到纹理绘制工作区时，就可以马上开始绘制了，但首先我们需要了解几件事，如何使用纹理绘制交互模式，以及被选中的物体需要具备怎样的条件才能在上面绘制等。

纹理绘制模式

纹理绘制模式是除物体模式和编辑模式等之外的另一种交互模式，你可以从 3D 视口标题栏左上角的交互模式列表里选择，或者在 3D 视口中按 **Ctrl+Tab** 键，在弹出的饼菜单中选择该模式。当你切换到纹理绘制模式时，3D 视口的界面会改变，以适应绘制工具和选项（见图 9.2）。

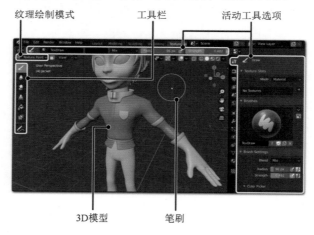

图 9.2   纹理绘制模式及侧边栏中的选项

尽管该模式是用来绘制纹理的，但我们先要对物体进行一定的设置。下面我会介绍一些工具，让你知道我们是如何设置物体的。

以下是当你切换到纹理绘制模式时改变的主要内容。

- 3D 视口工具栏，自动将笔刷切换为当前的活动笔刷。
- 3D 视口标题栏上显示笔刷的调节选项（活动工具）。
- 如果你进入 3D 视口侧边栏（**N** 键）中的工具（Tools）选项卡，就会看到所有的笔刷调节选项。此外，也可以在属性编辑器的活动工具选项卡中看到这些选项（该选项卡的图标上有一个扳手和一个螺丝刀）。

小提示：

　　使用属性编辑器显示笔刷选项的一个好处在于，你可以把它放在屏幕上的任何地方，如果你（包括很多其他人在内）喜欢在屏幕的左侧看到这些选项，那么这将会很有用。还有一个小技巧可以隐藏属性编辑器的标题栏和选项卡。要想隐藏标题栏，只需要用鼠标右键单击它，并从弹出的菜单中取消勾选显示标题栏（Show Header）。要想隐藏选项卡，可以将鼠标指针放在选项卡列表的边线上，此时的鼠标指针将变成双面箭头图标，现在你就可以拖动边线把选项卡隐藏起来了。要想再次显示选项卡和标题栏，只需要单击属性编辑器顶部和侧边上出现的小箭头按钮。

　　你可以在 3D 视口左侧的笔刷工具列表中选择笔刷，如填充（Fill）、克隆（Clone）、涂抹（Smear）和柔化（类似模糊）等。你可以在前面提到的选项菜单中调整每个工具的选项和行为，如你可以调整半径（radius）、强度（strength，即不透明度）、纹理，以及轮廓曲线等。你甚至可以使用稳定笔刷功能在移动笔刷时让笔刷稳定。你也可以创建自己的工具预设并快速调用它们，包括选择笔刷的颜色等。

　　对于笔刷的半径和强度，值得一提的是，你可以在 3D 视口中直接快速更改。按 **F+鼠标左键**，即可定义半径大小（移动鼠标时可以看到目标笔刷半径大小的预览），然后按**鼠标左键**确认更改；按 **Shift+F** 键并移动鼠标，则可以更改笔刷的强度。

　　我们在上一节中讲过，纹理绘制工作区中也能显示纹理图，你可以直接在图像编辑器中绘制。在使用纹理绘制工作区布局时，图像编辑器会被设置成纹理绘制模式，但我们也要知道怎样手动设置它。当你打开图像编辑器时，会在其标题栏的左侧看到一个下拉菜单。该菜单默认设置为视图，但你可以单击它并选择图像绘制（Paint），然后你就能看到和 3D 视口中一样的绘制工具了。如果你在 3D 视口中也处于纹理绘制模式，那么这些工具甚至可以同步，也就是说，在其中任意一个区域中调整工具或其他设置（如选择你正在绘制的纹理图，我们稍后会在本章中讲到）都会影响到另一个区域。这样一来，同时查看3D 模型和 2D 平面纹理图就会非常方便。

同时仅在一个物体上绘制

请注意，你同时仅在一个物体上绘制。如果你选中了多个物体，那么仅会在活动物体上绘制（最后被选中的那个物体）。要想在另外的物体上绘制，请回到物体模式，选择另外的物体，然后再回到纹理绘制模式。

准备绘制

在开始绘制前，要清楚以下两点。

- 你要进行绘制的物体必须已经展开过 UV，否则无法在它上面进行绘制。
- 物体至少被指定过一个带有一张纹理图的材质，或者.blend 文件中包含一张可用于绘制的图像。

在最新的 Blender 版本中，开始绘制的工作流有了显著的改进，如果以上两点都不满足，那么 Blender 可以提供让你迅速创建 UV、图像或材质的选项。在下一节中，我会介绍这种方法。

如果你已经按照上一章的步骤做了，那么 Jim 身上需要贴图的部件就有了一个材质，并且基础色中显示的是 UV 测试网格图。展开 UV 后，你可以从这些物体上移除 UV 测试材质，并添加真正想要指定给它们的材质。此外，你可以在图像编辑器中为这个 UV 测试材质重命名，切换到侧边栏中的图像选项卡，并将图像类型从 UV 测试网格（UV Grid）改为空白（Blank）。

小提示：

当你将图像类型从 UV 测试网格改为空白时，可以定义它的颜色。如果你想在上面进行绘制，那么通常建议选用白色。你也可以使用填充工具单击网格表面，将整个网格都填充为单一颜色，其余未被网格 UV 覆盖的地方依然是原色。在 UV/图像编辑器中使用填充工具时，也可以对未被 UV 覆盖的区域进行填充，而在 3D 视口中进行绘制时则无法填充这些区域。

通常，如果你选中了某个带有材质的物体，且该材质的基础色（Base Color）被指定为图像纹理（方法是单击基础色后面的小圆点，从列表中选择图像纹理），然后切换到纹理绘制模式，那么就可以立即开始绘制了。在 3D 模型上按**鼠标左键**并拖动鼠标，就可以开始绘制啦！

纹理图的分辨率

我们应该使用正方形的纹理图，而不是长方形的，而且边长应为 2 的幂次方（如 8×8、16×16、32×32、64×64、128×128、256×256、512×512、1024×1024、2048×2048、4096×4096 等）。理由是这些分辨率会比随机的尺寸好很多，之所以叫"2 的幂次方"，是因为每级数字都等于前一级数字的 2 次方。通常，我们应该使用较高的分辨率，因为我们始终可以缩小它的尺寸，但如果是放大，则意味着会丢失细节，而且模型看上去也会有失真感。你所使用的最终尺寸取决于模型本身的细节量。如果它是个高精度模型，并且在某些镜头里只出现在很远的地方，那么使用高分辨率的纹理图不会带来视觉上的差异，但会消耗不必要的硬件运算性能。绘制完纹理图后，最好能多做几种尺寸出来，以便根据物体距离摄像机的远近来适当调用。

在下一节中，你会看到如果你没有满足绘制的基本条件会发生什么，以及如何在这种情况下进行适当的配置。

绘制的条件

之前提到过，在最近的版本中，Blender 集成了一套经过改进的纹理绘制工作流。这些改进包括在纹理绘制模式下的新增选项，专门面向被选中物体不具备绘制条件的情况（见图 9.3）。要想看到这些问题，请留意纹理槽（Texture Slots）面板，该面板位于侧边栏的工具选项卡（也可以在 3D 视口标题栏及属性编辑器的活动工具选项卡中找到）中。在本节中，我们将学习如何使用纹理槽。

图 9.3　如果你想要绘制的目标物体不满足纹理绘制的条件，
那么 Blender 会显示报错信息，提示你修复问题

Blender 提供了几种方式来帮助你达到在模型上绘制纹理所需的条件。

- 如果你试图在没有达到条件时在某个物体上进行绘制，那么就会在状态栏（位于 Blender 界面的底部）上看到报错信息，提示你哪里出了问题。
- Blender 会检测物体是否包含 UV 数据。如果不包含，那么 Blender 会在工具栏面板中显示需要 UV 映射（UV Map Needed）的信息，并引导你在绘制前对物体进行 UV 展开操作。此外，你可以看到一个添加简易 UV 的按钮，可以自动快速创建简单的 UV。这样的 UV 并不会十分理想，但有的时候，做快速测试或对简单的物体而言是足够的。
- Blender 也会检测物体是否包含可供绘制的图像或材质。如果不包含，那么报错信息会显示纹理槽面板中没有纹理（No Textures appears in the Texture Slots Panel）。此外，如果你有了 UV，但却没有指定一张用来绘制的图像，那么底部状态栏上也会显示报错信息。我们将在下一节中学习该怎样做。

纹理槽

我们往往会在一个材质上应用多张纹理图。（在第 10 章“材质与着色器”中，你将学会处理物体上的多张纹理图），每张贴图都有一个纹理槽。你可以在纹理槽中看到上一节中提到过的文件中的所有纹理图或材质。你可以在该面板中指定要在哪张纹理图上进行绘制（见图 9.4）。你可以使用以下两种类型的纹理槽。

- **材质（Material）**：当纹理绘制模式为材质时，你可以在材质中已有的贴图上进行绘制。所有的贴图都列在该面板下的可用绘制槽（Available Paint Slots）中，你可以在这里快速切换（见图 9.4）。
- **单张图像（Single Image）**：如果你选择了图像模式，那么你可以看到一个图像选择器，你可以从中选择在该文件中创建过的任何图像，或者新建一张图像。这张图像会被映射到活动物体上，供你在上面进行绘制。你也可以选择一个你想使用的 UV 映射，以及保存所有图像（此选项在材质纹理槽中不可用，因为材质纹理槽中的图像已经定义过了 UV）。请注意，虽然使用这种方式会很方便，因为你可以随时切换或新建纹理图，但是如果你想把它用作物体材质的一部分，那么就要稍后手动进行指定了。

在所有这些选项的下方，可以看到一个按钮，可以让你保存所有修改过的纹理图。如果你在退出 Blender 时没有保存纹理图，那么就会看到一条警告信息，提示你是否想要保存它们。如果你不想保存对某些纹理图的某些改动，那么可以在图像编辑器标题栏的图像菜单中分别保存它们（如果当前图像存在未被保存的改动，那么菜单文字上会显示一个"＊"）。

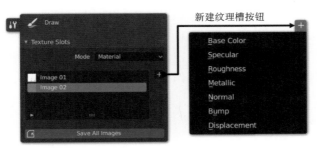

图 9.4　纹理槽面板，以及在材质中新建纹理槽的选项

关于纹理槽，请注意以下几点。

- 仅当 3D 视口使用实体模式时，才能看到单张图像（Single Image）。在材质预览模式或渲染模式下，物体的材质会覆盖所选的图像。
- 当你使用材质槽选项时，如果视口中使用的是实体模式，那么你只能看到选中的槽。而当视口着色模式为材质预览或渲染模式时，你可以看到所有材质的综合作用效果，即使你仍然只在选中的槽中进行绘制。
- 如果你选中材质槽选项，并单击右侧的"＋"按钮，就能新建一个槽。如果选中的物体未包含任何材质，那么新建一个槽的同时会新建一个材质。当你生成一个新的槽时，会出现一个菜单，让你决定想要将这张新图像作用于材质的哪个槽，该菜单会和相应的材质选项相关联。在选中一个通道后（详见第 10 章"材质与着色器"），会出现一个菜单，让你创建或选择一张用于绘制的图像。

Blender 的纹理绘制功能的局限性

尽管 Blender 的纹理绘制功能非常棒，并且提供了丰富的选项（很多选项需要你自己去探索，这里只是抛砖引玉），但它依然有其自身的局限性。例如，该系统没有图层机制，而图层对纹理绘制来说很有用处。虽然 Blender 的一些插件提供了图层功能，但从功能性上讲目前依然逊色于其他专门的软件。

当然，Blender 并不能替代专业的平面图像编辑软件，但它包含了基本的纹理绘制工具，甚至有些艺术家用 Blender 的绘制工具创作了非常惊艳的作品！

你可以用纹理绘制工具在整个角色模型上进行绘制，但这取决于你的模型，而且假设你喜欢在 3D 视口中绘制纹理。但你可能需要在平面图像上进行绘制，加载纹理图，使用分层、调色、添加效果，应用遮罩——这些都是 Blender 的内建纹理绘制模式难以实现的。

即便如此，纹理绘制工具依然有其优势。例如，可以用它绘制基调纹理图，然后在其他的软件中继续完善。当你仅在 2D 空间内创作时很难看到该改动哪里才好，所以你得先找到对应的 3D 模型上的位置。但由于你可以在 Blender 的 3D 模型上直接绘制，因此可以在 3D 模型的表面上直接在想要增加细节的地方进行绘制，然后将绘制好的图作为最终的纹理图，而这一步将在其他软件里完成。

创建基调纹理图

现在我们就来绘制 Jim 模型的细节。我们不打算在基调纹理图上做太大的改动，只是简单地画上几笔黑色与白色线条，便于在平面图像编辑软件里进行后续创作。

摆放纹理元素

使用角色参考图，观察各个部分的基础纹理元素应该摆放在哪，然后就可以开始在 3D 角色模型上进行绘制了。这一次，我们不使用用作 3D 视口背景图的那张参考图（顺便说一下，现在你可以在大纲视图中把它隐藏，或者直接删掉），而将界面工作区一分为二，将其中一个区域切换为 UV/图像编辑器。如果你恰好有第二块显示屏，那么你可以保留当前区域，让那张参考图单独显示在那块显示屏上，这样可以不占用主工作区的操作空间。当所有的基调纹理元素都就位后（见图 9.5），你需要保存一下图像。

图 9.5　Jim 的夹克，使用了用来勾勒细节概况的参考元素

小提示：

　　用鼠标指针画平滑的曲线并不是那么容易的。对某些元素来说，你可能需要更规则的曲线。你可以切换到笔触（Stroke）选项（位于 3D 视口标题栏或工具选项），并启用稳定笔画（Stabilize Stroke）选项。现在，当你绘制的时候，画笔就会跟随你的笔触并保持一段距离，同时根据运动轨迹计算平滑度，这样就可以绘制出更平滑的曲线了。

保存图像

　　当你对一张图像做过改动但尚未保存时，Blender 会给你提示。如果你观察 UV/图像编辑器标题栏，可以看到图像菜单名称后会显示一个"*"，表示有尚未保存的改动。进入图像菜单后会看到保存选项。另外，当鼠标指针位于 UV/图像编辑器时，按 **Shift + Alt + S** 键也可以保存图像。按 **F3** 键可执行另存为命令。

　　如果你使用了纹理槽选项并保存了当前的图像，那么纹理图就会被保存在 .blend 文件中，而它们并不会保存在你的电脑文件夹中。我们将在下一节里详细讲解。

　　通过图像菜单保存图像可以让你将它们保存到电脑文件夹中。

打包图像

　　这里所说的打包（Packing）和之前讲过的 UV 贴图排布（Packing）虽然英文单词相同，但却是两码事。Blender 的打包特性可以让你将外部文件（如图像文件等）保存到 .blend 文件。如果你是在多台电脑上进行操作的，那么这个功能非常有用。想象一下，如果你的模型加载了本地硬盘上的贴图，但当你把这个工程文件发给朋友时，对方却看不到贴图，因为 Blender 无法在他的电脑里找到对应的贴图文件。这时候，你可以把它们打包，将这些图像文件装进 .blend 文件内，这样你的朋友就可以看到有贴图的模型啦！

　　要想将图像打包进 .blend 文件，只需要在图像菜单中选择打包（Pack）选项（如果图像已经进行过打包，那么将不会看到该选项）。如果你想要将所有相关的外部文件都打包进 .blend 文件，那么可以在文件菜单中选择外部数据（External Data）选项，并单击全部打包到 .blend 文件（Pack All Into .blend）按钮。在文件菜单中，还可以找到自动打包到 .blend 文件（Automatically Pack into .blend）选项，启用它以后，所有新导入或创建的图像都会被自动打包到 .blend 文件中。

需要注意的是，将所有这些文件打包进.blend 文件会增加工程文件的大小，并且会随着工程的进度不断累积。

理解纹理元素

在我们学习纹理知识之前，有必要对材质的工作方式有个基本的了解，包括纹理是如何影响材质的。我们将在第 10 章了解更多关于材质的知识，而纹理和材质是同时工作的，所以很难把它们分开来讲。

PBR 材质简介

首先，材质定义了物体表面的观感，以及在渲染时对光线和颜色的反应，这需要不同的属性，如它们是什么颜色、反射性如何、是否具有金属特性等。

在过去的几年中，PBR（Physically Based Rendering，基于物理的渲染）材质越来越普及，并且成为 3D 行业的标准。因此，大多数 3D 软件与游戏引擎都支持此类材质。

PBR 材质由于其一致性而变得非常流行，近年来，硬件和技术的进步使得在实时环境中使用它们成为可能。

为什么说这些材质具有一致性呢？正如名称所暗示的那样，它们遵循真实材质的表现原理，这使得更容易生成在任何环境中都能呈现真实感的材质。在 PBR 材质诞生之前，虽然 Blender 中的材质可以模拟现实生活中的材质效果，但比较局限，很难做出逼真的材质效果。

材质的每个属性都可以由不同的纹理来控制，因为材质的不同区域可以有不同的颜色，以及不同的反光度等。

理解材质通道

事实上，一个材质的观感是由定义它的不同属性组成的，我们可以称这些属性为通道（Channel），这意味着我们需要为一个材质使用多个图像纹理。而这也是 Blender 的限制因素之一：不能同时绘制多个纹理。

2D 图像编辑器一次只能绘制一个图层，但之后我们可以用滤镜和一些技巧来生成通道。

近年来已经专门为创建 PBR 材质而开发了一些 3D 纹理绘制软件，如 Substance Painter 等，所以当我们在绘制时，笔刷可以同时影响多个通道中的图像，而且笔刷可以设置为在每个通道上有不同的效果，并且会影响你所定义的材质的所有属性。

总之，我们需要绘制纹理。绘制纹理有多种方法。

- 通道之间可以是相互独立的，有的材质可能用不到某些通道，因此，你可以用 Blender 或其他软件在另外的图像上绘制。
- 你可以先在其中一张图像上绘制，如基础色贴图，然后用平面图像编辑软件中的滤镜或其他技巧为其余的通道生成其他图像。
- 你可以使用 3D 纹理绘制软件，同时绘制出所有通道的贴图。

在其他软件中绘制纹理

我们在本章开头提到过，你可以用多种方法为物体绘制纹理图。目前，我已经讲了在 Blender 中绘制纹理图的基本步骤，现在我们来聊聊各种方法的优缺点，并分享以下各种方法的主要流程。

在 Blender 及其他软件中绘制纹理的优缺点

每种绘制纹理的方法都有各自的优缺点。

- **用 Blender 绘制纹理**：在 Blender 中绘制纹理有一个明显的优点——你可以始终在 Blender 里面操作，这就避免了导入或导出时可能出现的问题。对基础的纹理图来说，建议用这种方法，因为其快捷、高效，而且也便于随时调节纹理。缺点就是 Blender 的纹理绘制工具的功能相对没有那么强大。
- **用平面图像编辑软件绘制纹理**：既然是平面软件，也就意味着你无法在这些软件（如 Photoshop、Affinity Photo、Gimp、Krita、Corel Painter 等）中处理 3D 模型。所以该方法的缺点就在于你只能在平面上处理图像，而无法看到它最终的效果。说到创作图像，这些软件都是非常强大的，因为它们专为绘制和编辑图像而生。因此，你可以使用它们提供的非常丰富的工具，如进行色彩校正、应用各种滤镜、添加文字并设定样式，甚至可以对图像进行形变处理，而这些功能很难在 3D 软件中见到，或者功能不太强大。
- **用 3D 纹理绘制软件绘制纹理**：这类软件拥有非常现代化的工具，专门用来绘制用于 3D 模型的贴图。在这方面，这类软件非常强大，但这需要你不得不在 Blender 之外的地方处理模型，因此，如果你需要更改些什么，那就必须先导出它们，然后再导入进去。使用这类软件绘制纹理非常高效，尽管它们是图像编辑软件，还不如平面图像编辑软件强大。这类软件当中有代表性的如 Substance Painter、Mari 及 Armor Paint 等。

此外，决定使用哪种方法的因素还包括：你想达到的纹理效果最适合用哪种方法，以及你觉得自己用得最顺手的是哪种方法等。

在平面图像编辑软件中绘制纹理

现在你可以将刚做好的基础纹理元素导入你的图像编辑软件中进一步创作。本章将以 Photoshop 为例，当然，你也可以使用其他自己喜欢的软件。

将 UV 导出为图像

在绘制纹理时，能够时刻看到 UV 布局图是很重要的，这样才能知道纹理图是否适合模型，并且可以确保它们随后会正确地投射到模型上。我们这就来了解一下 Jim 的 UV 布局图的导出步骤。

1．选中物体。

2．进入编辑模式，全选所有元素（**A** 键）。

小提示：

　　当你的 UV 位于不同的物体上时，如 Jim 这个案例，务必先选中所有物体，以便让所有的 UV 都显示在导出的图像中。

3．打开 UV/图像编辑器。

4．在 UV/图像编辑器的标题栏上，单击 UVs 菜单，并选择导出 UV 布局图（Export UV Layout）选项。

5．在保存图像的界面上，可以在屏幕的左下方看到几个选项。选择修改器影响（Modified）选项可显示修改器作用后的网格，如表面细分修改器（这个选项很重要，因为它会让你看到贴图所投射的目标网格的最终效果）。所有 UV（All UVs）选项会确保导出完整的 UV 布局，因此也应选择该选项。分辨率设为 2048×2048 也行，但我们打算把它改成 4096×4096，以便能够展现更多的细节。格式选.png（你也可以导出为.svg 矢量图格式）。

6．选定想要导出的目标路径，并单击导出 UV 布局图（Export UV Layout）按钮。如果你打开了生成的图像，那么应该会看到如图 9.6 所示的效果。

在本节中，我会讲到一种典型的方法，用来在平面图像编辑软件中绘制纹理。

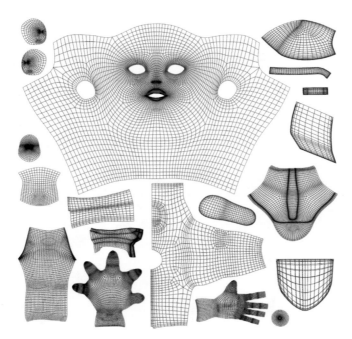

图 9.6　你可以导出某种文件格式的 UV，然后将图像和绘制结果契合到这些 UV 上。
这样一来，图像就会被正确地投射到 3D 模型的表面

添加细节

画完底色后，就该画细节了。这里我们一直在尽量使用素色，但如果你愿意也可以增加更多的细节（具体要看你想要做出什么样的角色风格）。

我们可以添加一些细节，如在衣服的接缝处画上灰色的粗线条，在胸章上画一个标识，加深嘴唇颜色，并在脸颊上加点红润的颜色等。我们也可以添加柔和的阴影、衣服的褶皱等小细节。

最后的润色

最后，我们再来让纹理图更生动一些。你可以在上面叠加一张噪点纹理图，或者将纹理图作为画笔预设手绘出来。你也可以进一步定义细节。这是绘制纹理图的最后一步。在图 9.7 中，你可以看到最终的效果。

生成其他纹理通道

正如本章前面所提到的，材质包含不同的通道，每个通道都需要用专门的纹理来控制呈现效果。如果你使用平面图像编辑软件，那么你需要对创作的图像进行调节，从而生成其他通道的纹理。

图 9.7　用这种方法绘制出的一张纹理图，本图摘自本书的过往版本，
当时 3D 纹理绘制软件尚未流行

尽管这种方法是可行的（而且一度流行了很久），但算是一种笨方法，这期间免不了要不断地试错与反复调整才能达到期望的效果。

在本章中，你会看到用于不同通道的纹理图。

3D 纹理绘制软件

这种现代化的纹理绘制流程已经成为一个标准，在这里绘制的纹理最终将用于 Jim。在这里，我使用的是 Substance Painter，这是 Adobe 公司的 Substance Suite 中的一款纹理绘制软件。当然你也可以使用其他软件。

导出、导入 3D 模型

首先，我们将需要绘制纹理的模型部分从 Blender 导出到 Substance Painter。一般来说，目前最常见的文件格式是 .fbx，几乎所有的 3D 软件都支持它。

要导出文件，请在 Blender 中选择需要绘制纹理的物体，依次进入文件（File）→ 导出（Export）菜单，从列表中选择 .fbx 格式，随即会弹出导出窗口。我们为文件命名，选择保存路径，并选择仅选中项（Selected Only）选项，以确保只有需要纹理的物体才会被导出到 Substance Painter。

当你在 Substance Painter 中创建一个新项目时，只需要加载刚刚导出的.fbx 文件。

另外请注意，有两种系统可用来计算法线贴图（法线贴图是能够在物体表面产生凹凸错觉的图像）：OpenGL 和 DirectX。Blender 用的是 OpenGL，所以你应该选择该选项，以避免稍后导出纹理到 Blender 时出现问题。

绘制的流程

软件使用方法就不赘述了，因为 Substance Painter 并不在本书的介绍范围内，但我可以简单讲解一下大致的流程，便于你理解它。

首先，在加载模型后，通常要烘焙贴图。这是什么意思呢？Substance Painter 会基于模型生成一些图像，如物体之间的邻近性（环境光遮蔽，AO）、模型不同区域的朝向（全局坐标法线）、角度和棱角（曲率），以及组成模型的物体（ID 颜色）等。这些图像通常不会直接在最终的纹理图中看到，但它们可以用来创建效果和遮罩等。

Jim 模型包含很多材质，但你不需要为物体的每个部分使用不同的材质。物体的每个部分的观感是由你绘制的纹理定义的，所以你可以在 Jim 的面部绘制不同于夹克或裤子的属性，如不同的颜色、粗糙度（反射的强度）或金属性（表面是否具有金属感）等。

角色的每个部分通常以填充图层开始，并设置该区域的基础参数，然后这个图层可以和其他图层混合，添加细节和效果。

在平面图像编辑软件中，图层堆栈能够让你在不同的图层上有不同的元素，从而可以分别编辑它们，并控制它们如何与下层的图层混合。在 Substance Painter 中，你可以有几个平行图层，分别对应不同的通道。我们逐渐添加新的图层、效果和细节，直到对结果感到满意。

你也可以添加自动效果或使用粒子笔刷，或者在角色身上喷洒灰尘，并观察灰尘颗粒是如何被喷到材质表面上的。

在绘制时，你可以选择一种环境，并在不同的光照效果下预览 3D 模型，也可以观察 UV 上的纹理，某些操作在平面上可能更容易进行。

完成后，将创建好的纹理以能够加载到 Blender 中的图像格式导出。

绘制纹理是很有趣的体验，强烈建议你尝试这些技巧。最终生成的图像如图 9.8 所示。我们将在第 10 章"材质与着色器"中进一步学习这些纹理对材质的作用。

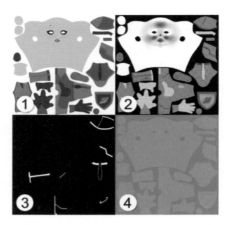

图 9.8　使用 Substance Painter 生成的纹理贴图：①基础色贴图，
②粗糙度贴图，③金属质感贴图及④法线贴图

在 Blender 中查看绘制好的模型

现在我们就来把纹理加载到 Blender 中，看看它在角色身上是什么效果。我们难免要在平面图像编辑软件和 Blender 之间来回切换调节纹理，并在模型上测试其效果。图 9.9 是应用了纹理贴图的 Jim 的模型效果。要想应用纹理图，应在物体材质的基础色参数中加载基础色纹理图。我们将在第 10 章学习如何加载其他通道的纹理，以完善材质的观感。

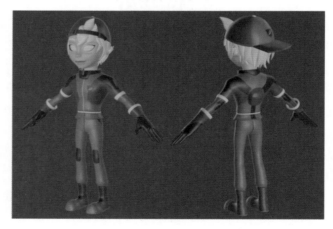

图 9.9　应用到 Jim 模型的基础色纹理贴图，用来取代网格原有的颜色

图 9.9 中的某些部分仍然显示为网格本身的颜色，并没有指定任何纹理。我们将在第 10 章为它们制作材质，所以它们此时并不需要纹理。

总结

绘制纹理图是一个充满乐趣的过程，完全凭你自己的创造力。应用纹理图是提高角色真实感的关键。如果你想要追求真实感，那么建议你使用照片素材制作纹理图（皮肤、木材、草地、沙地等），而不是用手绘的方式创作。在 Jim 模型中，由于角色并不属于写实风格，因此我们只用几种颜色配合手绘某些细节的方法就够了。

虽然在本章开头提到过，但我想再次强调的是：纹理和材质是密不可分的，所以我们很难把它们拆开来讨论。在接下来的第 10 章中，我们将了解它们是如何相互作用的。

如果你对制作逼真的纹理图感兴趣，那么不妨学习一下如何使用其他软件来编辑并绘制纹理图，然后把它们合成到 Blender 中。当然，软件终归是工具，我们还应该学习绘制的艺术层面的知识（如色彩理论），从而绘制出优秀的纹理图。这些软件的功能都很强大，能够绘制出让你的角色栩栩如生的纹理图！

练习

1. 下载与本书案例配套的纹理图文件，并在 Blender 中应用它们，然后展开模型的 UV，让纹理图与 UV 排布相契合。

2. 使用皮肤或布料的照片，在图像编辑软件里将其合成到纹理图上，让纹理图更逼真。

材质与着色器

我们的模型表面已经有了用来定义色彩的纹理图,但还有些地方并没有指定任何材质!材质定义了 3D 模型的表面在渲染的时候是如何与光线作用的,包括反射光线、吸收光线,或者透光等。材质可以像镜子一样,也可以是透明的,甚至可以自发光。通过对一系列属性数值的调节,最终做出我们所需要的效果。材质是由着色器(Shader)组成的,着色器(通过编写程序实现)会告诉软件如何将 3D 物体呈现在屏幕上(甚至有单独的着色器语言来编写不同的着色器)。可以说,着色就是添加材质的过程。在本章里,我们将学习如何创建材质,并加载我们在第 9 章"绘制纹理"中为 Jim 绘制好的纹理图,并了解它们在 EEVEE 和 Cycles 引擎下分别如何使用。

理解材质

在正式开始为角色着色之前,首先应了解一下材质的原理,以及 EEVEE 材质和 Cycles 材质之间的区别,即使这二者之间高度兼容,但仍然有些限制需要留意。

应用材质

应用材质的步骤如下。

1. 选中某个物体。

2. 进入属性编辑器(Properties Editor)的材质选项卡,从列表中选择一个材质,或者新建一个材质,将它应用到活动物体上。

3. 调节材质,直到获得期望的效果。当你调节材质时,应当添加几个光源,并做一些渲染测试,以便观察材质的效果。在 3D 视口中使用材质预览或渲染模式会很方便。

关于创建和应用材质,以及切换 3D 视口着色模式的方法,我们在第 3 章"你的第一个 Blender 场景"中已经详细讲过,而我们将在本章深入学习材质。

小提示：

　　如果你想把材质同时应用于多个物体，可以先选中那些物体，按上述步骤应用一个材质，它会被添加到活动物体上（通常是你最后选中的那个物体）。然后按 **Ctrl+L** 键打开生成关联项（Make Links）菜单，并从中选择材质。这样就可以为所有选中的物体应用与活动物体一致的材质了。

材质的原理

　　在现实世界中，物体表面的材质具有不同的属性，能够让光以不同的方式反弹。例如，玻璃可以让光线穿透，而金属可以反射光线，木材则会吸收光线。光线的反射度视物体表面的粗糙度而定。粗糙表面上的反射会呈散开状（模糊化）。如果表面的温度足够高，甚至可以自发光（如钨丝或高温的金属）。

　　在 3D 世界中，你可以通过控制材质的参数来模拟现实世界中真实光线与物体表面的作用。你可以定义表面的反射度、光泽度、颜色、透明度，以及折射率等。通过对这些参数的调节，你可以在 3D 世界中仿制出现实世界的材质。

PBR 材质

　　我们在第 9 章"绘制纹理"中讲过 PBR（基于物理的渲染）材质。在本章中，我们会更详细地介绍它们。

　　PBR 材质基于一些规则来做出逼真的材质。以下是几个例子。

- 金属材质具有高度反光的特性，而非金属材质的反光性则很弱。
- 金属材质的基础色较深，且它们呈现的色彩绝大部分来自反射的环境光，只有小部分来自其自身的颜色。而非金属材质则会始终反射白光（或它们接收到的光线），而且更多地呈现它们自身的颜色。
- 所有材质都具有菲涅尔（Fresnel）效应，也就是说，视线和物体表面的夹角会决定观感上的反光度强弱，视线和表面垂直时，反光度最强。
- 材质都有粗糙度（Roughness）属性，这是一种微观上的属性，并不是物体表面的显著凹凸感。粗糙度决定了光线照射到物体表面后的反弹方向，会呈现模糊的反射效果（见图 10.1）。

在图 10.2 中，可以看到 PBR 材质的几个例子。

　　Blender 支持这种材质类型，而且你可以打破这种现实世界的物理法则，有意做出一些非真实的渲染效果。

　　一般来讲，刚接触 PBR 材质的时候，建议使用原理化 BSDF（Principled

BSDF）着色器，它提供了很多适合用来创建 PBR 材质的选项。该着色器严格遵循 PBR 材质的物理法则，因此它们不会做出有悖于物理法则的材质。当我们新建一个材质时，Blender 会默认为我们创建该材质。

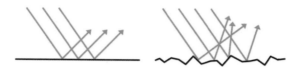

图 10.1　材质的粗糙度决定了反射的模糊程度，通过模拟表面的微小凹凸，来自同一方向的光线向随机的方向反射。在左图中，光线被光滑的表面反射后，反弹的方向一致；而在右图中，光线被粗糙的表面反射后，反弹的方向被打散了。该属性并不真正影响表面或几何体的结构，只会影响材质本身

图 10.2　通过为原理化 BSDF 着色器设定不同参数而做出的几种 PBR 材质效果：金属材质（图一），非金属材质（图二），光滑材质（图三），粗糙材质（图四）

PBR 材质的制作流程

　　PBR 材质的制作流程有两种：**金属-粗糙度**和**高光-光泽度**，二者用到的属性和规则有所不同。不过，它们的流程却非常相似，每种流程各有优点和不足。在 Blender 中，我们可以灵活使用这两种流程，Blender 默认使用**金属-粗糙度**流程，这也是原理化 BSDF 着色器所遵循的流程。

　　两种流程之间的区别如下。

- **金属-粗糙度**流程中有一个金属属性，它定义了材质的哪些部分是金属的，哪些不是，并且着色器会决定金属和非金属部分应该如何表现，这使得我们很难做出"不合理"的材质，不至于让它看起来有失真实感。而**高光-光泽度**流程并没有做这个区分，这意味着，一方面，你可以更加灵活地控制反射颜色，另一方面，也更容易做出有失真实感的效果。
- 粗糙度和光泽度其实是一码事，只不过二者概念相反。物体的表面越粗糙，光泽度也就越弱，反之亦然。

　　一般来讲，每种流程都提供了多种控制级别，也都易于使用。建议大家多了解一下 PBR 材质及不同的工作流程。在本节中，我们将讲解**金属-粗糙度**流程。

图 10.3 列出了原理化 BSDF 着色器的选项。我会在后面详细介绍它们。

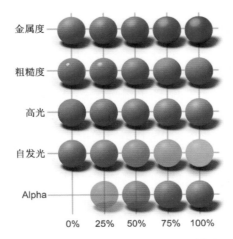

图 10.3　材质的不同属性，以及各个属性对最终材质观感的影响

着色器与混合着色器

着色器是构成材质的元素。着色器的类型包括材质的颜色、光泽度、透明度及折射度等。将不同的属性合成到一起，我们就能做出任何材质。

我们可以在属性编辑器的材质选项卡中选择着色器，如图 10.4 所示。

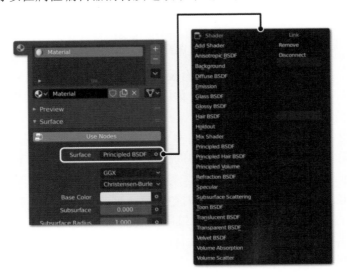

图 10.4　材质选项卡中的着色器选项。单击选项后，会看到一个包含所有可用着色器的列表。当我们新建一个材质时，Blender 默认会为我们指定一个原理化 BSDF 着色器

合成着色器的过程需要用到以下两种特殊的着色器。

- **混合（Mix）着色器**：用来连接两个着色器，然后定义每个着色器的可见百分比。如果其中一个材质的可见百分比更高，那么另一种材质就会相应变低。

- **相加（Add）着色器**：用来将连到它上面的两个着色器效果相加。该着色器适用于某些效果，如半透明效果，我们还要加上一些光。混合着色器通过削弱其中一种材质的可见百分比来更多地显示另一种材质，而相加着色器会同时添加两种材质的可见性，因此，通常会生成更明亮的结果。

混合着色器和相加着色器可以嵌套使用，用来合成更多的着色器，从而做出更复杂的材质效果。

原理化 BSDF 着色器非常简单易用，因为它所包含的着色器预设集可以让你调节出几乎所有类型的材质，从而可以让我们省去自己合成着色器的麻烦。而如果我们使用多个着色器来构成材质，则可以带来更强的灵活性，可以做出原理化 BSDF 着色器所不能实现的效果。

遮罩和层

材质可以很简单，也可以很复杂！材质包含共同控制模型各层面的属性。通过使用遮罩（Mask，是一张黑白图，白色表示完全影响，而黑色表示毫无影响）可以让 Blender 知道你想要让材质的各项属性影响的具体部分。例如，你可以用遮罩定义材质的哪些地方具有反射属性。这在制作金属表面的锈斑时会很有用，没有生锈的那部分金属会闪闪发亮，而你可以用材质作为遮罩来影响具体的效果。

材质也可以有多个层。你可以将多个纹理、着色器及效果叠加，做出复杂的分层材质。例如，你做好了一辆车的模型，想要为它刷底漆，同时想在上面贴几张贴纸。这时候，你可以使用层，在底漆材质的上层叠加它们。

我们可以使用混合着色器创建着色器层，然后用一个遮罩连接混合着色器的系数（Factor）接口，从而用遮罩控制混合着色器的影响区域。

想象一下生锈的金属材质。我们有一个金属着色器及一个生锈效果着色器（或一组着色器），然后我们把它们连接到一个混合着色器上，并在它的系数接口上连入一张灰度图，在图中，你想显示生锈效果的部分是白色的，而显示金属效果的部分是黑色的（反之亦然）。图 10.5 显示了一个遮罩如何影响混合着色器上的两个着色器的可见性配比的示例。

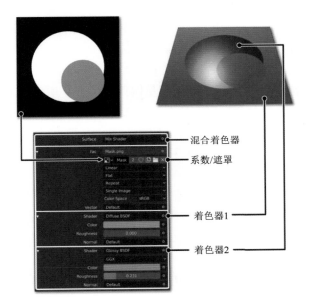

图 10.5　遮罩图（左上图）；使用了该遮罩图的混合着色器的材质属性列表（底图）；
混合后的材质结果（右上图）。我们可以在混合着色器中看到蒙版亮度是如何影响各
个着色器的可见性的。一般来讲，图中白色部分的系数为 1（只显示着色器 2），而黑
色部分的系数为 0（只显示着色器 1）。请注意，灰色部分是如何混合两种着色器的。
灰色部分相当于系数为 0.5（每个着色器各贡献 50% 的效果）

小提示：

　　如果你想要像图 10.5 一样使用遮罩图，那么需要在属性编辑器的材质
属性选项卡中使用一张带有 Alpha 通道的图像作为遮罩图，并且遮罩需要存
储在图像的 Alpha 通道中。这样一来，Blender 就可以自动把它用作混合着
色器的系数了。

　　如果你想要使用图像的颜色来控制遮罩，而不是它的 Alpha 通道，那就
在着色器编辑器（Shader Editor）面板中将图像纹理节点与混合着色器之间
的节点连接更改一下。

通道

　　材质包含多个通道或属性（通常使用纹理来影响每个通道），每个通道控
制不同的材质属性。我们之前提到过一些 PBR 材质的属性，如粗糙度等。下
面我们再来多了解一些。

　　任何属性都包含一个数值输入框，或者连接了某个纹理。如果你连接了某

张纹理图，那么该纹理图将控制该属性对物体表面指定部分的影响量。如果不使用纹理图，只输入一个值或纯色，那么该属性将对物体的整个表面产生均等的影响。

有人会觉得很难理解这些属性都是做什么用的，所以我们在下面列出了一些最常见的属性。我会标出它们在 Blender 中的名称或叫法，并在括号中说明该属性在其他软件中的典型名称或叫法，方便你熟悉它们。

- **基础色［Base Color，"漫反射色"（Diffuse Color）］**：该属性定义了物体表面的基础颜色。

- **金属度［Metallic，"金属性"（Metalness）］**：该属性定义了物体的材质是否为金属。如果我们为该属性指定一张黑白纹理图，那么图中白色的部分就是金属，而黑色的部分就是非金属。当材质被定义为金属时，其反射率更高，反射的颜色会受到基础色的影响。

- **粗糙度［Roughness，"光泽度"（Glossiness）］**：当与高光及反射属性一起使用时，可以用一张黑白纹理图告诉软件哪里的表面更光滑，哪里的表面更粗糙。该属性可使高光感和镜射感扩散或变得模糊，在表面上做出粗糙感。

- **IOR（Index of Refraction，折射率）**：当我们为材质设定了折射属性（就像光线穿过玻璃时的效果一样）时，该数值决定了你所看到的材质后面的图像的扭曲程度。

- **透射［Transmission，"折射"（Refraction）］**：该属性定义了材质是否能够折射光线。如果是，那么光线穿过它时会发生扭曲，就像穿过玻璃时那样，扭曲的程度由 IOR 来定义。

- **自发光（Emission）**：通常，该通道为一张黑色/透明图，当该通道图像上有颜色时，软件会将该颜色作为自发光的颜色，而图像自身的 Alpha 值则定义了自发光的强度（通常它仅用于定义颜色，以及使用一种不同的纹理或强度）。

- **Alpha［"透明度"（Transparency）或"不透明度"（Opacity）］**：该通道定义了表面是否透明。通常使用一张黑白图或包含 Alpha（透明通道）的图像（RGBA）来定义。图像的黑色区域为透明，白色区域为不透明，或者反之亦然。该属性不同于透射，Alpha 会让光线直接通过而不发生任何扭曲或折射。

- **法线［"凹凸"（Bump）、"法线贴图"（Normal Map）或"法线凹凸贴图"（Normal Bump）］**：该属性用来制作表面的凹凸细节或浮雕效果，且使用纹理图来实现，而不是几何结构。它通常需要进行一些设置才能正常使用，但它也可以用来创建凹凸贴图，即一张黑白图，为物体表面增加一些凹凸细节。该属性用来改变光线在表面上的光线反射样式，使表面看起来细节更加丰富。凹凸贴图适用于一些小到不足以建出几何结构的细节，如疤痕和划痕等。法线属性也可以用来显示法线贴图，效果相当于高级的凹凸贴图，即采用 RGB（红、绿、蓝）纹理，每种颜色都会告诉软件光线遇到表面后该向哪个方向反射。该技术现在被广泛应用于电子游戏中，让物体看起来比实际的集合细节更精细。法线贴图（也称为法线凹凸贴图）可以用专门的软件制作，或者使用图像编辑工具来徒手绘制，也可以利用同一模型的两个版本来生成，一个是高分辨率模型（简称高模），另一个是低分辨率模型（简称低模），软件会将高模的细节烘焙到低模的纹理图，从而生成法线贴图。

虽然以上这些属性只是原理化 BSDF 等着色器中的一部分属性，但它们是最常用的。建议大家试着去更改每个属性中的值，并观察它们如何影响最终的材质效果。

当你想要为这些属性添加纹理图时，以下这条规律适用于几乎所有的情况：黑色与白色用来定义值（从 0 到 1），而彩色用来定义樱色（如果对应的属性支持）。在黑白纹理图中，黑色代表不会产生任何效果，白色则代表 100%的效果，而灰色代表介于二者之间的一切值。

程序纹理

程序纹理（Procedural Texture）广泛用于计算机图形领域，甚至出现了程序建模技术。这里的"程序"（或称程序化）一词是指计算机能够自动生成大量的结果。

例如，你想建造一座城市。你可以创建几幢建筑，但你随后想用它们铺满整座城市。你固然可以去手动摆放它们，逐个复制并摆放到想要摆放的位置。但城市是很大的，会有成千上万幢建筑，所以这种方法是非常低效的。这就是为什么软件为你提供了程序化的方法；只需要使用某些工具，让你可以实现某种级别的控制，软件就可以代替你在城市里随机摆放它们了。

程序纹理是指软件自动生成的且适配于任何表面的纹理图。这些纹理就像可以随机重复的图案那样，你可以控制它们的某些特性。

Blender 提供了多种程序纹理。在属性编辑器的纹理选项卡中找到纹理类型（Texture Type）列表。将类型从图像/影片（Image or Movie）切换为其他任意一种纹理，即可创建程序纹理（我们稍后就会看到它在哪里了）。其中一种纹理叫作云絮（Clouds），它生成的是一张噪波图，可用来增加表面的颜色变化感。选好纹理类型后，图像面板中的内容会被替换为与其对应的专用选项，用来控制它的属性。

目前可供使用的程序纹理有云絮（Clouds）、混合（Blend）、木材（Wood）、棋盘格（Checker）等。每种纹理都有自己的属性，记得留意哦！

Blender 的 EEVEE 和 Cycles 引擎的异同点

EEVEE 引擎和 Cycles 引擎之间存在一些关键的区别，我们在第 3 章 "你的第一个 Blender 场景" 中介绍了这两种引擎的主要选项。

EEVEE 引擎用于实时渲染，使用了与视频游戏引擎类似的技术。它的渲染速度非常快，但在某些方面存在一些限制，如阴影和反射效果等。

Cycles 引擎的渲染速度要慢得多，而且需要一台性能强大的计算机，但由于它使用了更多的计算，使用了一种称为路径追踪（Path Tracing）的方法，这种方法会测算光的反弹，就像现实生活中的照片那样，因此能够渲染出更准确且真实的结果。

而 EEVEE 引擎并不使用路径追踪方法，所以尽管它能渲染出非常好的结果，但像反射光这样的细节将不得不采取取巧的办法来模拟。

通常来讲，如果你追求的是真实感，并且有足够多的时间来计算渲染，那么建议使用 Cycles 引擎，如果你不追求太多真实感，且想要更快得到结果，那么建议使用 EEVEE 引擎。

就二者的效果来说，如果说 EEVEE 引擎渲染的结果是电子游戏画面的品质，那么 Cycles 引擎渲染的结果则可以和电影媲美。

强调一点，尽管 EEVEE 引擎的真实感逊色于 Cycles 引擎，但我们依然可以在某些场景中使用它，并获得真实的结果（借助一些先进的技术）。EEVEE 引擎已经被用于合成真实的视频了，只是某些效果存在局限。

尽管这两个引擎之间存在差异，但二者却是高度兼容的。也就是说，即使它们使用了不同的选项来控制渲染的工作方式（位于属性编辑器的渲染选项卡），然而在大多数情况下，它们的材质可以互换使用。尽管如此，考虑到材质的某些特性仅可在其中某个引擎中进行计算，还是存在一些限制的。例如，折射在 EEVEE 和 Cycles 引擎中的工作方式是不同的，一些效果需要路径追踪才能工作，所以它们只适用于 Cycles 引擎。

然而，对基本的材质来说，在 EEVEE 和 Cycles 引擎中渲染的效果区别是很小的，这让我们在制作材质时有很大的余地，特别是在 EEVEE 引擎中提供一个快速和高效的工作流时，让我们能够实时看到材质的效果，然后在 Cycles 引擎中渲染它们（虽然有时候可能还是有必要根据 Cycles 引擎来调节某些材质，但是毕竟两种渲染引擎使用完全不同的渲染技术，结果难免会略有不同)。

在 EEVEE 和 Cycles 引擎之间切换

在多数情况下，我们可以在 EEVEE 和 Cycles 引擎之间随意切换而不会对结果有太大的影响，除非我们使用了某个引擎专属的功能特性。要想切换引擎，只需要在属性编辑器的渲染选项卡顶部的选区中选择。

我们将使用原理化 BSDF 着色器来创建 Jim 的材质，该材质可以完美兼容 EEVEE 和 Cycles 引擎。尽管其中有些属性需要一些额外的设置，或者在两个引擎中的效果略有不同。

节点

到目前为止，我们已经学会了在属性编辑器中设置材质的基本选项。虽然本书并不会涉及高级材质，但是你可以打开着色器编辑器面板来查看或编辑材质的节点。在该面板中，着色器、纹理及其他元素都显示为块状，用图解的方式连接起来，生成最终的材质。

从本质上讲，它和通过属性编辑器来设置材质的过程相同，但它的可视化更强。在这里，我们可以做一些更高级的操作。例如，将相同的节点输出值连接到多个节点的输入值上，以便复用某些着色器或纹理。

在图 10.6 中显示的是一张遮罩图和一个混合着色器在属性编辑器和着色器编辑器的节点树中的呈现方式对比（与图 10.5 中的设置相同）。

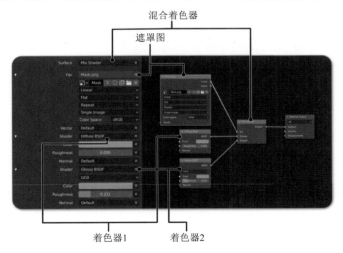

图 10.6　属性编辑器中的基础材质设置（左），着色器编辑器中与之对应的节点树（右）

属性编辑器为我们提供了快速创建材质的主要选项，但那些菜单可能很快就会变得冗长复杂。而节点则提供了一种更直观的方式来处理用来合成材质的复杂元素。

开始为角色着色

在本节中，我们将开始制作 Jim 的所有材质，你将学习如何添加材质，以及如何将纹理图指定给支持使用纹理图的材质属性，也就是我们在第 9 章"绘制纹理"中所制作的纹理图。

首先，我们来制作眼睛的材质，并学习如何在材质属性选项卡中为同一物体添加多个材质。

为同一物体添加多个材质

Jim 的眼睛的材质制作步骤和其他物体的稍有不同。尽管眼睛本身是一个整体，但需要用不同的材质分别表现瞳孔、虹膜、角膜及眼球。目前，我们只需要了解如何创建这些材质，也就是我们在第 3 章"你的第一个 Blender 场景"中讲到的。

在开始前，我们要了解如何使用材质槽（见图 10.7）。在属性编辑器的材质属性选项卡的顶部，有一个可以添加或移除材质的方框，其中的每个槽都用来存放一个材质，每个材质都会被应用到物体上的一部分。选中某个槽后，可以在方框下方的材质列表中为该材质槽指定一个材质。

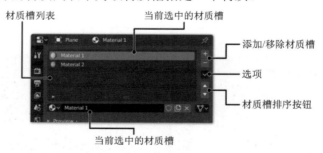

图 10.7　属性编辑器的材质属性选项卡顶部的材质槽

当我们选中一个物体并切换到编辑模式时，材质槽下方会多出三个选项。

- 指定（**Assign**）：该选项用来将选中的材质槽指定给在物体上选中的面。请注意，为那些面指定的不是材质，而是材质槽！你可以随时替换材质槽中的材质，而新材质也会更新到物体的那些面上。

- **选择（Select）**：该选项用来选中所有指定了所选材质槽的面。
- **取消选择（Deselect）**：该选项用来从所有选中的面中减选指定了所选材质槽的面。

好啦，我们已经了解了材质槽的用法，现在就可以为眼球添加材质了。图 10.8 就是我们要使用的材质。

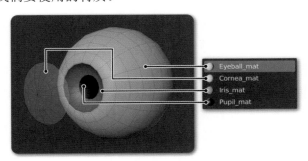

图 10.8　Jim 的眼球，以及为各个部分所指定的材质槽

1. 选中眼球物体。为它新建一个名为 Eyeball_mat 的材质。

2. 在编辑模式下（**Tab** 键），在材质列表中新建一个材质槽，并在其中新建一个材质，把它命名为 Cornea_mat，选中角膜物体（可以将鼠标指针放在该物体上并按 **L** 键）。确保在纹理列表中选中了 Cornea_mat 材质，并且也选中了角膜物体，然后单击指定（Assign）按钮：这会将材质列表中选中的材质指定给该物体。保持角膜为选中状态，你可以按 **H** 键将其暂时隐藏，这样便于对它里面的那些面进行编辑（瞳孔和虹膜部分）。

3. 以图 10.8 为参照，重复上述步骤，分别新建名为 Iris_mat 和 Pupil_mat 的材质，并按照上面的方法将 Iris_mat 材质指定给虹膜部分，将 Pupil_mat 材质指定给角膜部分。Pupil_mat 的颜色应该被指定为黑色，而 Iris_mat 的颜色应当使用与头发一样的蓝色。现在你可以按 **Alt + H** 键再次显示角膜。

4. 为另一只眼球执行同样的步骤，或者直接把那只眼球删掉，然后将当前这只眼球镜像复制过去。我们在第 7 章 "角色建模" 中讲过。

我们在视口中使用实体模式，此时可以调节视图显示（Viewport Display）面板中关于材质的选项（同样位于材质属性选项卡）。但这时会遇到一个问题：由于角膜的遮挡，我们无法看到瞳孔和虹膜，并且视口显示选项中没有任何关于透明度或 Alpha 的属性可供调节。这里有一个解决方案：当你在视口显示选项中选择角膜的颜色时，你会发现在颜色选择器中，不仅有红色、绿色和蓝色，还有一个 Alpha 通道！如果减少颜色中的 Alpha 通道的值，当使用实体模式时，材质将使用 Alpha 值作为透明度。

目前的材质效果还很基础，因为我们刚刚创建了它们。在下一节中，我们会讲解更多关于材质的知识，并学习如何添加纹理。

> **小提示：**
>
> 你可以为一个网格快速添加多个材质，只需要先使用基础材质并加以适当命名。当把它们指定到相应的网格面上以后，你可以再去列表中选中它们，然后进行细致的调节。即使在物体模式下，你也不需要切换到编辑模式去选面，只需要选中列表中的材质直接编辑。

> **小提示：**
>
> 如果你将鼠标指针停放在菜单的某个参数上（包括颜色）并按 **Ctrl＋C** 键，则可以把它复制到剪贴板上。如果将鼠标指针悬停在另一个参数上并按 **Ctrl＋V** 键，则可以将该参数或颜色粘贴过去。这样在处理某些操作的时候就方便多了，如将基础色复制并粘贴给高光色等。

理解材质属性选项卡

在属性编辑器的材质属性选项卡中（见图 10.9），我们可以添加着色器，将它们混合或嵌套使用等，所以菜单会变得非常复杂，但材质看起来会完全符合你所设置的效果。在创建材质时，你会看到原理化 BSDF 着色器的属性。以下是该菜单的一些面板和工具。

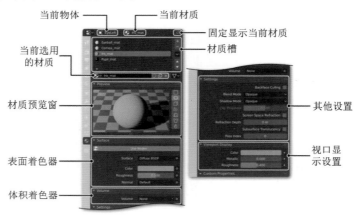

图 10.9　属性编辑器中的材质属性选项卡及其选项一览。图中显示的是 EEVEE 材质的选项，Cycles 材质稍有不同，比 EEVEE 材质多了一个置换（Displacement）选项组

- **当前选择的材质、材质槽列表、当前材质**：菜单前三个部分显示的是所选物体和材质，其中包含一个材质槽列表，我们可以在同一个物体上使

用多个材质；还有一个下拉列表，可以从中选用现有的材质，也可以在这里重新命名材质或新建材质（如图 10.9 所示的菜单是在上一节中为 Iris_mat 制作的材质，并且使用了漫反射 BSDF（Diffuse BSDF）着色器，而不是原理化 BSDF 着色器，为了便于演示，因为它的菜单更简短，更容易看到各组选项）。

- **图钉**：如果单击材质属性选项卡右上角的图钉按钮，那么当前材质将会固定显示在选项卡中，不管你选中的是哪个物体。再次单击图钉即可复原。如果你想对比两个材质，那么该功能是很有用的，因为你可以在 Blender 的界面拆分并创建出多个材质属性选项卡。

- **预览（Preview）**：预览面板显示材质的预览，可以选择不同类型的物体来预览材质的效果，如球体、立方体或布料等。

- **表面（Surface）**：可以说，这是材质选项卡中最重要的选项，我们在这里选定着色器的类型，并为 3D 物体的表面设置相应的属性，我们将在后面的"使用着色器"一节中详细介绍该选项。

- **体积（Volume）**：该选项能够让材质具有体积效果，如用来模拟烟雾或气体等，在添加场景氛围的时候非常有用。体积属性能够让光线通过并做出惊艳的效果。然而，尽管该选项在最近的版本中得到了改进，但在 Cycles 引擎中渲染体积效果仍然非常复杂，而且速度较慢（在 EEVEE 引擎中却非常快）。如果你想要使用这些效果，那么需要在面板中添加一个体积散射（Volume Scatter）着色器或体积吸收（Volume Absorption）着色器，并且通常不设置任何表面属性（因为体积效果呈现的是物体内部，如果物体表面上有纹理之类的细节，可能会遮住内部）。例如，想象一下烟雾的效果。烟有内部的体积，但没有表面的细节。虽然我们可以让材质同时拥有表面属性和体积属性，但只有当表面设置了透明或透射（折射）效果时，光线才能进入物体内部，才能看到内部的体积效果。

- **置换（Displacement，仅限 Cycles 引擎）**：这种技术可以让我们使用一张灰度图（高度图）让网格的表面形变，以做出更多的细节。尽管我们现在可以使用置换，但是它在 Cycles 引擎中尚处于开发阶段。此外，我们也可以对网格应用一个置换修改器来实现同样的效果，但那样会消耗大量的计算性能，因为我们要对网格进行充分的细分才能做出预期的效果。Cycles 引擎的置换是一项实验特性，我们不会把它用到 Jim 的案例中。

- **设置（Settings）**：这里包含一些材质调节选项。在 EEVEE 引擎中，需要调节某些选项才能做出材质的透明效果。而其余选项则不属于本书涵盖的范畴。

- **视图显示（Viewport Display）**：该选项用来设置使用工作台渲染引擎（除 EEVEE 和 Cycles 引擎之外的引擎）时的材质观感。该引擎用来呈现实体模式的效果（并非用来预览真正的材质）。

使用着色器

Cycles 材质是由着色器组成的。那么如何给材质添加着色器呢？当我们新建一个材质时，在表面面板中，你会看到一个原理化 BSDF 着色器，在着色器选区的下方，会看到该着色器的选项。单击着色器的名称会显示一个着色器列表。以下是一些最常用的着色器（建议你也去尝试其余着色器，因为你可能会发现它们对你有用）。

- **漫射 BSDF（Diffuse BSDF）**：这是基础着色器，相当于为表面上色。
- **透明 BSDF（Transparent BSDF）**：用来让面透明。
- **光泽 BSDF（Glossy BSDF）**：用于制造光泽与反射效果，你可以通过粗糙度（Roughness）控制光泽及反射的模糊度。
- **毛发 BSDF（Hair BSDF）**：此着色器专用于毛发粒子着色。
- **折射 BSDF（Refraction BSDF）**：此着色器用于做出物体表面的折射效果。
- **玻璃 BSDF（Glass BSDF）**：此着色器用于添加透明度、折射、反射及光泽等着色效果。
- **各向异性 BSDF（Anisotropic BSDF）**：该着色器非常适用于模拟金属物体。它与光泽着色器的不同之处在于它能够添加各向异性光泽感。
- **自发光（Emission）**：该着色器可能算是最炫的着色器之一，它能够让任何网格发光。你可以控制它的光线强度和颜色。虽然我们可以用带有这种着色器的物体来照亮场景，但我建议还是尽量使用真正的灯光物体，因为自发光材质会让渲染速度变慢，而且会产生噪点。请注意，该着色器仅在 Cycles 引擎中才有自发光效果。在 EEVEE 引擎中，虽然它看起来也能发光，但是并不能照亮其他物体（除非使用一些技巧，如将间接光照明结果烘焙到其他物体的表面）。

这些着色器都是基础的类型，通常我们只需要这些就够了。每种着色器只能控制材质的某种属性。而原理化 BSDF 着色器则不同，它是一种高级着色器，将众多基础着色器集于一身，让你可以快速制作出几乎所有的材质。

此外，Cycles 引擎还有更多的着色器，上述是平时最常用的几种着色器。每种着色器都包含若干选项，可供你调节其属性（如颜色、粗糙度、强度等）。在本书中，我们只用到原理化 BSDF 着色器，不过也可以顺带了解一下其他的着色器类型。

混合与相加着色器

单一的着色器很难做出让人惊艳的效果。因此，在着色器列表中会有两种特殊的着色器（虽然也叫着色器，但它们并不算真正的着色器）——混合着色器和相加着色器。

在列表中选用了混合着色器后，会看到下面多了两个着色器选区，混合值默认为 0.5。

该数值定义了每个着色器对结果的贡献比例。值为 0.5 代表各为 50%的比例。值越趋于 0，第一个着色器的贡献比例就越大；相反，值越趋于 1，第二个着色器的贡献比例就越大。

图 10.10 是使用一个混合着色器将两个着色器混合在一起，从而生成一种更复杂的效果。第一个着色器是漫射 BSDF，第二个着色器是光泽 BSDF，后者用来添加一些反光效果。

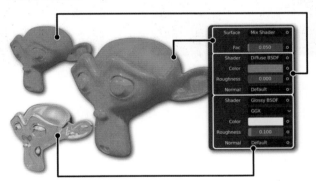

图 10.10 混合着色器将两种着色器混合在一起，生成更复杂的结果。左图使用了两个基础着色器（漫射 BSDF 和光泽 BSDF）；中图是二者的合成结果；从右图中的选区中可以看出，混合着色器使用了一个很小的系数（0.050），意味着只让光泽 BSDF 贡献了一点点影响。因此，我们只能在漫射 BSDF 的基础上看到一点点反射效果

然后，我们可以通过调整混合着色器的系数来控制每个着色器的贡献比例。

相加着色器并没有系数输入框。和混合着色器类似，它也可以合成两个着色器，通常会生成较为明亮的结果。不过，我们仍然可以通过调节材质的明暗

度来调节混合的强度。例如，如果我们在漫射 BSDF 的挤出上添加光泽 BSDF，那么可以通过调节光泽 BSDF 的颜色明暗度来控制反光效果的强弱。

当然，我们也可以在混合着色器的节点树中再添加另外的混合着色器，以此做出更加复杂的着色器效果。不难看出，你想让 Cycles 材质多复杂，它就可以多复杂！

加载纹理

加载纹理很简单，每种着色器的名称右侧都有一个小圆圈按钮，从列表中选择图像纹理，Blender 就会显示图像的加载及控制选项（见图 10.11）。此外，还会出现一个新的参数类型：矢量（Vector）。该参数用来定义纹理的映射坐标。如果你想确保纹理的投射结果正确，可以从矢量列表中选用纹理坐标 | UV（Texture Coordinate | UV）。

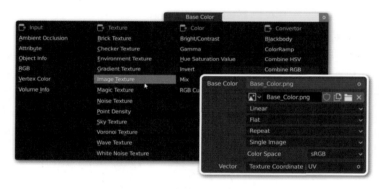

图 10.11　在每个支持使用纹理的属性旁边，都会有一个带圆圈的按钮（本图中，它位于基础色的颜色选择器右边）。单击该按钮，Blender 会显示可用的选项，其中一个是图像纹理。当你添加一个图像纹理时，会在下方出现关于图像的选择与设置选项，如图右下角所示

小提示：

当你单击某个着色器属性旁边的圈圈按钮来加载纹理时，你可能不会在列表中看到你要找的选项。此时须留意列表的顶部和底部。有时，我们需要将鼠标指针悬停在列表的顶部或底部，才能滚动列表，以显示更多的选项。

为 Jim 着色

我们已经了解了如何设置材质，以及如何为材质添加纹理，现在就来使用着色器改善 Jim 的材质观感吧。

在开始前，请在 3D 视口中使用材质预览模式，并选择一个背景。这样做是为了实时显示 EEVEE 引擎的材质效果，并且不需要添加灯光等环境元素。

在 Cycles 引擎中，为 Jim 创建基本材质的步骤如下。

1．选中 Jim 的面部，新建一个材质，命名为 Jim_mat，然后会看到 Blender 自动添加了一个原理化 BSDF 着色器。我们把在第 9 章 "纹理绘制" 制作的纹理图加载到基础色着色器上，并确保将矢量类型设为纹理坐标 | UV。

2．重复上一步，为金属度和粗糙度属性分别加载材质。

3．对于法线贴图，我们需要遵循一些额外的步骤。首先，在原理化 BSDF 着色器的法向（Normal，"法线方向" 之意）属性中，我们不加载图像纹理，而从列表的矢量列表中加载一张法线贴图纹理（Normal Texture）。当你单击法线属性按钮时，在出现的选项中，单击颜色属性旁边的圆圈按钮，加载一张用作法线贴图的图像纹理。最后，我们为图像纹理的颜色空间（Color Space）属性选用 Non-Color（默认为 sRGB），以便让 Blender 知道你想要将图像的颜色信息作为数学数据来读取。

4．为头发新建一个名为 Hair_mat 的材质，并将基础色设置为蓝色，就像角色设计稿上设计的那样。我们可以调节粗糙度来增加或减少头发的光亮感。

5．为手臂、手套和腰带添加一种材质，命名为 Metallic_details_mat，并根据个人喜好调节金属度和粗糙度的值，为这些部分做出光泽感。

6．对于 Jim 耳朵上佩戴的通信耳机，我们可能需要几种材质，这取决于你想要做出什么效果。你可以为不同的部分添加两种塑料材质，一种深色，一种浅色。此外，创建一个带有自发光着色器的材质（而不是原理化 BSDF 着色器），并将其颜色改为蓝色。并且把它指定给通信耳机中心的圆形部分，做出指示灯的效果。

到这里，我们还有一个部分没有做，而这个部分有点复杂，那就是眼球，特别是角膜。我们要为角膜使用一种折射材质，这种材质做起来稍显复杂，因为在 EEVEE 和 Cycles 引擎中做出折射效果的方法并不一样。在处理角膜之前，先来对眼球模型做一下操作。

1．选中角膜部分的网格，按 **P** 键，把它从眼球物体上分离出来，形成单独的物体。如果你在建模的时候已经把二者做成了单独的物体，那就直接跳到下一步。

2．为瞳孔和虹膜的材质指定相应的颜色。对于这两种材质，以及眼球的材质，我们应该使用较小的粗糙度。这会为反射带来些许模糊感，能够让眼睛看起来是湿润的在本节中，我们将分别用到一些 EEVEE 和 Cycles 引擎中的技巧。

在 EEVEE 引擎中为眼球着色

虽然我们能够在 EEVEE 引擎中做出折射效果，但那只是模拟出来的效果，只有被折射的元素位于画面以内才能看到折射效果（类似视频游戏中的技巧，称为"屏幕空间反射"或"屏幕空间折射"），使用这种技术渲染出来的折射效果不如 Cycles 引擎渲染出来的那样真实，不过效果也不差，而且渲染速度非常快。在 EEVEE 引擎中，我们可以按照下面的步骤为眼球做出折射效果。

1．在属性编辑器的渲染属性选项卡中，启用屏幕空间反射（Screen Space Reflections）面板。在该面板中勾选折射（Refraction）。

2．对于角膜材质，将原理化 BSDF 着色器的透射（Transmission）值增加到 1，让材质具有折射属性。

3．在材质属性的设置（Settings）面板中，勾选屏幕空间折射（Screen Space Refraction，如已勾选则跳过此步）。此时，如果我们试着在 Jim 的眼睛周围移动摄像机并观察，应该可以看到折射效果。

4．（本步为可选操作）当我们转动 Jim 的眼睛时，从侧面观察，可能会发现一些入射角度所带来的问题，可以看到眼球边缘或另一侧皮肤"渗入"了角膜。这是实时折射技术的限制，但我们可以通过在材质属性的设置面板中稍微增加折射深度（通常设为 0.001 就足够了）来减少这种折射效果，该选项就在上一步所选择的屏幕空间折射的下方。折射深度能够模拟折射表面的厚度。有时候，通过牺牲一定的折射效果可以缓解此类问题。建议调节一下该数值，并观察它的作用。

调整结束后，我们就可以在 EEVEE 引擎中测试渲染的效果了。我们稍后就会讲到。

在 Cycles 引擎中为眼球着色

Cycles 引擎并不存在折射方面的问题。特别是对复杂的场景来说，尽管计算起来有点慢，但你会发现，应用了折射材质的角膜可能会变得很暗。为什么会这样呢？这是因为角膜在虹膜和瞳孔上产生了阴影，而这些"阴影"是 Cycles 引擎很难处理的，专业术语叫作"焦散"（Caustics）。

焦散是指光线穿过物体或在物体表面上反射形成的现象。我相信，你肯定在现实生活中见过它们。例如，在桌子上放一个盛有水的玻璃杯，光线经过它时会在桌子上形成奇怪而美丽的光斑效果，这就是焦散。还有，当光线在光滑的曲面上反弹或穿过它时，也会发生这种现象，光线在此过程中会被扭曲，最终会汇聚起来，形成光斑。

　　某些渲染引擎是可以渲染焦散效果的，但是 Cycles 引擎使用的算法并不能很好地支持这种效果。在现实生活中，光线会通过角膜，同时会让你看到瞳孔和虹膜。但在 Cycles 引擎中，由于光线发生了折射，因此物体后面的部分显得很暗。不过，我们可以在 Cycles 引擎中使用一些模拟焦散的变通方法和技巧，只需要一些关于 Cycles 引擎和节点的进阶知识。

　　要想在 Cycles 引擎中做出想要的效果，可以按照以下步骤操作。

　　1．新建一个日光（Sun Light）物体，并把它放在能照亮 Jim 面部的地方。要想调节 Cycles 引擎的材质着色效果，我们需要在场景中添加一些光源。否则，场景就是漆黑一片。在 EEVEE 引擎中，并不一定要有光源，因为视口的材质预览模式是基于 EEVEE 引擎的，效果与之类似。但在 Cycles 引擎中，我们只能在视口的渲染模式下才能看到它的效果。

　　2．选择角膜物体，然后进入属性编辑器的物体属性选项卡（该选项卡的图标是一个黄色的方形图标）。

　　3．在可见性（Visibility）面板的射线可见性（Ray Visibility）子面板中禁用阴影选项，这是为了不让角膜物体投射阴影，同时保留其他所有属性，如折射效果和表面的光泽。

　　我们可以在着色器的设置选项中改变 IOR 数值，以调节到你所期望的折射量。这种技术在 Cycles 和 EEVEE 引擎中会带来不一样的效果，建议你都尝试一下，看看分别会有怎样的效果。图 10.12 是 Jim 的阴影效果。

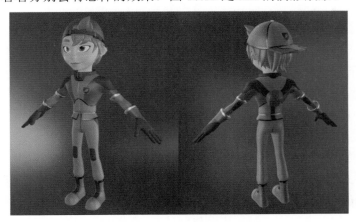

图 10.12　Jim 的材质调整好了。从图中可以看到使用材质预览模式时的
着色效果。在视口的着色选项中，除了更改环境来预览效果，我们
也可以增加 3D 模型后面的世界背景的可见性和模糊度

渲染测试

Jim 的材质已经设置好了，现在我们就来渲染几张图测试一下效果。下面我们会分别介绍 EEVEE 和 Cycles 引擎的渲染方法，二者略有不同，但基本步骤是一样的。

添加灯光和环境

首先，添加一些灯光是很重要的，这样场景就不会是漆黑一片的了。我们还要为场景添加一个背景环境。这些特性同时兼容 EEVEE 和 Cycles 引擎，所以在为最终的渲染设置渲染引擎之前只需要设置一次。具体可按照以下步骤操作。

1．我们新建两个日光物体，一个是用来为角色照明的主灯光，另一个是从侧面照明的轮廓光，强度较低，颜色较暖。

2．新建一个摄像机（如果场景中没有），并放在合适的位置，这样我们能通过它清楚地看到 Jim。别忘了，我们可以**按数字键盘区的"0"键**从摄像机视角查看场景。

3．（此步骤为可选操作）在属性编辑器的输出属性（Output Properties）选项卡中，我们可以更改渲染图的规格尺寸。

4．转到属性编辑器的世界（World）选项卡，在表面面板中，你会发现世界材质与其他材质类似，而且默认有一个背景（Background）着色器。单击颜色属性旁边的圆圈按钮并选择一个纹理，这里我们选天空纹理（Sky Texture），并调节一下选项，直到对效果满意。我们单击并拖动那个球，就会改变光照的方向。为了获得最佳效果，建议在 Cycles 引擎中查看这个设置对场景的影响，因为天空纹理在 EEVEE 引擎中表现相对不佳（尽管它可以增加一些补光效果）。如果你想让世界的光线更强或更弱，可以调整强度（Strength）值。最终的效果如图 10.13 所示。

如果你想让背景更漂亮（这也会丰富材质和光照的反射细节），可以下载 .hdr 格式的 360°全景图，你可以从很多免费或付费的在线资源网站下载。建议去 https://www.hdrihaven.com 看看，这是一个免费的环境贴图网站，图片质量很高（你也可以自愿捐款资助该网站）。选择并下载其中一张环境贴图，并按照以下步骤操作。

1．转到属性编辑器的世界属性选项卡。其中，表面面板中应该默认有一个背景着色器。

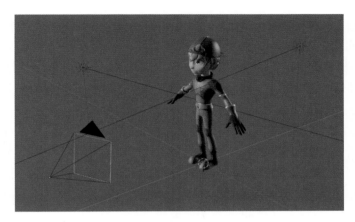

图 10.13　添加灯光和摄像机后的渲染测试场景设置

2．在着色器选项中，你会看到颜色和强度。确保强度值为 1。

3．为颜色属性加载一个环境纹理（Environment Texture，与添加图像纹理的方法相同）。

4．在环境纹理中，加载下载好的那张 360° 全景图。大功告成啦！

在 EEVEE 引擎中渲染

在本节中，我会介绍一些选项，它们可以改善 EEVEE 引擎的渲染效果，请按照以下步骤操作。

1．首先，进入属性编辑器的渲染属性选项卡，其包含了几乎所有的渲染设置选项。

2．在采样（Sampling）面板中，我们可以增加采样值。通常，采样值越高，渲染品质就越好（渲染时间也会越久）。建议试试不同的采样值设置，看看它们对渲染时间的影响。

3．启用环境光遮蔽（Ambient Occlusion，AO）。AO 可以根据物体间的距离来模拟阴影，这看似对结果没有什么明显的影响，但如果注意某些物体相互邻近的地方，就会看到一些改善，如脸和头发之间，以及脖子上，适当调整一下距离（Distance）和系数（Factor）。如果你单击数值框并输入数字，则可以输入大于 1.00 的数值。这个设置可以让你更好地了解 AO 对渲染的作用。

4．启用辉光（Bloom）。这个设置会将模型上的光泽和明亮部分呈现辉光效果，让渲染结果更加真实，特别是金属部分。对于 Jim 通信耳机上的光，我们可以把发光强度调到 30 左右，并观察它对辉光效果的影响。你也可以根据自己的喜好调整辉光的各个选项。建议尝试不同的数值，并观察它们的作用。

5．我们在之前的操作中已经启用了屏幕空间反射和屏幕空间折射。如果你还没有启用，现在就来对比一下启用和禁用它们的效果有什么不一样吧。

6．要想获得更好的效果，可以在阴影（Shadows）面板中增加级联大小（Cascade Size）的分辨率。级联大小主要影响的是日光灯投射的阴影，而矩形尺寸（Cube Size）则影响的是面光（Area Light）灯投射的阴影。

7．（本步骤为可选操作）在胶片（Film）面板中，勾选透明（Transparent），让 Jim 身后的背景区域透明。

8．在上一步中，我们改变了阴影的分辨率。如果你选中每个日光灯物体，则会看到更多选项，可以用来改善结果。强烈建议在灯光物体的属性选项卡中勾选接触阴影（Contact Shadows），如果我们靠近观察 Jim 的面部，并观察启用和禁用该选项的效果对比，就会看到它所带来的显著变化。

按 **F12** 键即可看到 EEVEE 引擎的渲染结果（见图 10.14 所示）。我们可以调节很多数值来改变渲染的最终效果和质量。实时渲染引擎有许多模拟（伪）效果选项，我们可以根据自己的需要启用或禁用它们，也可以决定是想牺牲渲染时间来提高质量，还是宁愿牺牲一些质量来加快渲染速度。

图 10.14　EEVEE 引擎的渲染结果

在 Cycles 引擎中渲染

在 EEVEE 引擎中，为了改善渲染效果，我们需要做很多的设置。虽然

Cycles 引擎的渲染速度比 EEVEE 引擎慢得多，但是它通常无须过多的设置就能生成更好的渲染效果。为了在 Cycles 引擎中渲染 Jim 模型，我们可以调节以下这些设置。

1．如果你目前正在使用 EEVEE 引擎，那就到属性编辑器的渲染属性选项卡中，在顶部的选区中将渲染引擎切换为 Cycles 引擎。接下来，建议将视口着色模式切换到渲染模式，这样你就可以看到 Cycles 引擎实时渲染结果了。

2．如果你已经在偏好设置面板的系统选项卡中设置了 GPU，那就会在渲染引擎名称的下方看到一个设备列表。如果你的显卡功能强大，那么我建议你切换到 GPU 计算而不是 CPU，因为这样往往会大幅提升渲染速度。

3．在采样面板中，我们可以增加采样值，以获得更好的结果（以更多的渲染时间为代价）和更少的噪点。此外，还可以启用自适应采样（Adaptive Sampling），该选项会以你设置的采样值为最大采样值，但如果某些区域不需要那么高的采样值，那么 Blender 可以在这些区域渲染更少的采样，以减少渲染时间。如果 Blender 检测到一些区域在达到你所定义的采样值之前就已消灭了噪点，那么它会计算更少的采样，然后进入下一个区域进行采样计算。根据场景的复杂程度及电脑的硬件配置，自适应采样可以轻易让渲染时间减半。例如，在目前这个渲染测试中，在我的电脑上，在没有启用自适应采样时，将采样值设为 2000（这是个很大的值）需要渲染 52 秒，而启用自适应采样后仅需 24 秒。对于目前这个渲染测试，我建议将采样值设为 300。请注意，我们既可以为 3D 视口的渲染设置采样值，又可以为最终渲染设置采样值。视口的采样值影响的是 3D 视口的渲染模式，而渲染的采样值将影响最终的渲染（也可以按 **F12** 键，或者从渲染菜单中选择）。

4．（本步骤可选）在胶片面板中，我们可以勾选透明。和 EEVEE 引擎一样，该选项会让 Jim 后面的背景变成透明。

5．此时，如果我们按 **F12** 键执行渲染，可能会在光照较暗的地方看到一些噪点，如颈部。渲染图中的暗区没有接收到足够的光照，使得那里的细节更加难以计算。所以，我们需要提高采样值来消灭噪点。我们可以启用降噪（Denoising）功能来改善结果。但要记住，降噪并不是"灵丹妙药"。如果渲染采样值不够，降噪功能就会让渲染图看起来有斑驳的感觉。降噪是为了清除渲染图中非常细微的噪点，即使有时候它能显著改善渲染质量。要启用降噪功能，请切换到属性编辑器的视图层属性（View Layer Properties）选项卡，在最底部找到降噪面板。你可以尝试更改该面板中的设置，但是如果当前设置的采样值足以得到一个几乎没有噪点的结果，那么使用这里的默认参数就够了。降噪只在渲染过程中起作用。渲染结果如图 10.15 所示。

图 10.15　Cycles 引擎的渲染结果

除此之外，我们可能不会看到 Cycles 和 EEVEE 引擎的渲染结果有太大的区别。最终的渲染结果也充分证明，我们依然可以用 EEVEE 引擎获得不错的质量。但要记住，在像这样的简单场景中是很难看出区别的。如果你留意细节，就会发现在这个简单的案例中，阴影在 Cycles 引擎渲染的阴影效果比 EEVEE 引擎要准确得多（如手臂和手套相连的地方）。如果材质中包含反射和折射这样的复杂效果，也会看到很多不同。

总之，EEVEE 引擎非常强大，而且渲染快速，但其也有局限性。相对来讲，Cycles 引擎在复杂材质和场景设置中会渲染得更加准确，但会耗用较长的渲染时间。我的建议是，这两种方法我们都要掌握，并在项目中根据实际需要来选择使用哪种方法。在 Blender 中，我们可以在 Cycles 和 EEVEE 引擎之间方便地切换。所以，如果你遇到一些限制而需要切换引擎时，随时都可以，通常无须做过多的调整（当然也有例外）。

总结

目前，我们已经学习了怎样新建一个基础材质、使用纹理，并在 EEVEE 和 Cycles 引擎中预览。材质定义了 3D 模型表面在最终渲染图中的观感，以及光照和环境对模型的影响。我们可以用纹理图来定义材质的各种属性是如何影响材质效果的，让材质的效果摆脱平淡，变得生动。好啦，我们的模型再也不像原来那样色调单一了，现在看起来色彩更加丰富，也更加活灵活现了。

练习

1. 用纹理图来控制材质属性的优点是什么？
2. EEVEE 引擎和 Cycles 引擎的区别主要有哪些？
3. 你能在 EEVEE 引擎中做出网格自发光效果吗？你也能在 Cycles 引擎中做出网格自发光效果吗？

V

让角色动起来

角色绑定

绑定（Rigging）或许是角色创建过程中最具技术含量、最为复杂的环节。你有了一个角色，但它是静态的，我们需要一副骨架来让网格产生形变，让角色动起来，栩栩如生。在本章中，我们将学习骨架的创建基础，"绑定"它们（通过合理的设定让骨架发挥作用），并最终完成"蒙皮"（Skinning，让骨架驱动网格形变）。掌握了基础之后，我们就可以用 Rigify——一款 Blender 自带的插件，来为我们自动绑定骨架。此外，我们也将学习使用驱动器（Driver）来控制角色的面部表情。一切准备就绪后，我们就可以用关联或追加的方式让其他的场景重复使用该角色了。

理解绑定的流程

我们先来讲一讲绑定的流程，让你更好地理解它的工作方式。

什么是绑定件

Blender 中的绑定件称为骨架（Armature）。骨架就像容器，其中包含了组成绑定件的各段骨骼。一副好的绑定件（Rig）设定可以让动画师更方便地控制角色。以下列出了组成一副绑定件的各种元素。

- **骨骼（Bone）**：绑定件中的一切都是由骨骼组成的，而骨骼也具有多种功能，取决于你如何设定它们。
- **层级（Hierarchy）**：骨骼之间的关系决定了它们的行为方式，有父级，也有子级。子级的骨骼会跟随父级的骨骼一起运动，而反过来则不行。就像人的手臂一样，前臂会随上臂一起运动，而手会被前臂带动，手指会随着手一起运动。同时，手臂是躯干的子级，所以如果你移动角色的躯干，那么手臂也会跟着移动。这是一种自上而下的层级关系，能够让骨骼在移动时保持连接。如果没有这样的层级关系，每根骨骼都相互独立，那么我们只能一根一根地分别移动它们，这样做动画就会麻烦很多。

- **控制骨（Control bone）**：当你为角色摆姿势时，这种骨骼可以方便摆姿势的过程。例如，腿部是由多段骨骼组成的，但使用单根控制骨时，你可以同时移动它们。也就是说，控制骨是指可供随后做动画的骨骼。
- **形变骨（Deform bone）**：这些骨骼控制的是角色模型的形变。它们仅用来让网格产生形变。因此，它们通常是隐藏的，并且会跟随控制骨移动。
- **辅助骨（Helper bone）**：这些骨骼非常重要，因为它们是绑定件生效的关键。你可以把它比作绑定件的引擎，因为它们发挥实质作用，但却是隐藏的。它们存在的唯一作用就是帮助绑定件按你的设想运作。你通常不应去手动改变它们的位置。它们会由控制骨驱动。
- **约束器（Constraint）**：用来定义骨骼的功能。你可以指定某段骨骼跟随另一段骨骼的位置、复制它的转角或显示它的运动，或者你可以实现其他有趣的效果，如让某段骨骼朝向其他骨骼（眼睛就是这么绑定的）。你可以将约束器当成应用在骨骼上面的修改器，定义它们的行为。例如，反向运动学（Inverse Kinematics，IK）就是我们随后要用到的其中一种约束器。
- **自定义骨形（Custom shape）**：该特性可以让你将骨骼的呈现样式更改为自定义的物体。这样做的好处是让动画师更加直观地观察绑定件的设定方式，以及隔断骨骼分别控制着角色的哪个部分。

约束器定义了骨骼自身的行为，以及对其他骨骼所施加的影响的反应。你可以让一块骨骼复制另一块骨骼的位置，复制它的旋转角度，限制它的运动，或者做其他有趣的事情，如"注视"另一根骨骼（眼睛的绑定方式就是这样）。你可以把约束器看作修改器，让骨骼知道，当你以特定方式移动绑定结果时，骨骼会做何反应。

> **小提示：**
>
> 在其他软件中，每种骨骼的呈现样式都不尽相同，或者是伪物体，或者是辅助物体［在 Blender 中称为空物体（Empty）］，它们也都是一副绑定件所用到的物体。这样一来，同时控制整副绑定件就显得没那么方便了。然而，在 Blender 中，一副完整的角色绑定件就是一个独立的物体（大大方便了在场景中摆放、缩放及复制它们），并且在该物体内部，仅包含一段或多段骨骼，你可以指定自定义骨形，让它们看起来更美观、更直观。

绑定过程

下面列出了角色绑定的一般流程。在后面的章节里，我们将详细探讨这些步骤。

1．创建一个骨架（Armature）。

2．进入骨架的编辑模式（Edit Mode），创建主骨骼层级。

3．在姿态模式（Pose Mode）中，添加约束器来设定绑定件，如有需要，可随后再次跳转到编辑模式添加辅助骨。

4．当绑定件能够正常运作时，可添加自定义骨形。

5．最后，为骨架添加"蒙皮"网格，让它能够驱动网格形变，并通过权重绘制来定义各段骨骼对模型各顶点的影响。现在你就可以为角色做动画啦！

上述步骤是一个最基本的流程，我们也可以通过 Rigify 插件来自动完成这一流程，这是 Blender 附带的插件，能够帮助我们自动完成角色骨骼的绑定。

使用 Rigify 插件时（或其他一些提供自动绑定功能的插件），流程会有所不同。

1．新建一个 Rigify 骨架［也叫作元骨架（Metarig）］。

2．调整元骨架的比例，让它匹配你的角色模型。

3．使用 Rigify 插件，自动完成最终的绑定。这一步将根据调整后的 Rigify 骨骼的比例创建出所有的骨骼、层级、约束器和自定义骨形，此后，我们就可以删除或隐藏元骨架了。

4．进行蒙皮和权重绘制操作，让绑定件能够带动网格发生形变。

这也太神奇了吧！但如果 Rigify 插件为我们做了所有的事情，那么为什么我们还要学习自己动手绑定呢？因为至少了解一些基本知识还是很重要的，根据角色的实际情况，你可能需要调整 Rigify 插件所生成的绑定件的某些部分。

对 Jim 来说，借助 Rigify 插件提供的各种功能，在几分钟内就能完成一个基本的绑定，而纯粹徒手去创建绑定可能需要几小时或几天的时间。不过，这个绑定件并不会做出面部表情和眼睛的控制，我们仍然需要自己手动去绑定它们。

这种"手动+自动"的方法能够让你掌握这两种方法的基础——既可以用 Rigify 插件快速生成绑定，又可以了解最重要的基础绑定概念，这样你就能在自己的项目中根据需要自由使用了。

此外，自动绑定主要适用于标准型角色（如两足或四足动物），但有时你的角色（或物体）需要绑定的形状和结构是自动绑定无法实现的，这时就只能手动绑定。

使用骨架

在本节中，我们将学习如何创建和编辑骨架，了解骨架或骨骼的各种属性，并为它们添加约束器。

操纵骨骼

在物体模式下，你可以按 **Shift + A** 键，并在菜单中依次单击骨架（Armature）→ 单段骨骼（Single Bone），创建一个骨架。如果你想要从这个骨架的默认骨骼上创建出整副骨架，那么就需要进入编辑模式（**Tab** 键），使用下面介绍的一些方法去编辑。图 11.1 是单段骨骼上的各种元素。

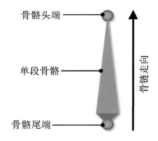

图 11.1　单段骨骼的组成元素

当多段骨骼连成一线时，就形成了骨链。骨骼的方向定义方式为：从头端指向尾端，这很重要，因为这样也定义了骨链走向。连在另一段骨骼尾端的一根骨骼将跟随上面那根骨骼运动（它也会成为上一根骨骼的子物体）。我们会在后面详细探讨。

以下列出了在编辑模式下编辑骨骼的快捷键和操作方式。

- 单击选中骨骼，随后可以像操作其他元素那样使用 **G**、**R**、**S** 键对骨骼进行移动、旋转和缩放操作。骨骼包括骨骼自身和头尾两个球形，那是骨骼的头端与尾端（在其他软件中也被称为关节）。你可以操作整根骨骼，也可以仅操作头端或尾端，从而摆出想要的骨骼形状。
- 我们可以在 3D 视口侧边栏（按 **N** 键显示或隐藏）中看到很多骨骼属性，位于条目（Item）选项卡的变换（Transform）面板中。
- 要想创建一条骨链，可以选中一根骨骼的尾端，按 **E** 键挤出，或者在骨骼的期望末端处按 **Ctrl + 鼠标右键**，就像挤出顶点的操作一样。当你从某根骨骼尾端挤出一根新骨骼后，新的骨骼将会成为原骨骼的子物体。如果你从骨骼头端挤出，那么 Blender 会创建一个新的骨骼，但不会创建父子级关系。

- 在属性编辑器的工具属性（Tool Properties）栏（或 3D 视口的侧边栏）中，在选项面板中勾选 X 轴镜像（X-Axis Mirror），这样可以启用该轴向上的骨架镜像编辑功能。使用方法如下：选中某根骨骼的尾端（该尾端应位于 X=0 的轴线上，也就是镜像平面），并按 **Shift + E** 键向侧面挤出（这样可以创建出第一组镜像挤出骨骼）。此后，你可以继续在骨链上执行挤出和变换操作，这些操作会被镜像应用到对侧轴的骨骼上。

- 我们可以在选中骨骼后按 **Shift + D** 键创建它们的副本，并把它们移动到其他位置（就像复制物体或网格那样）。需要注意的是，在物体模式下复制会创建出另一个骨架物体，而在编辑模式下复制一组骨骼则只会在同一个骨架中创建骨骼的副本。

- 我们可以在属性编辑器的骨骼属性（Bone Properties）选项卡中为骨骼改名，也可以按 **F2** 键在弹出的文本框中改名。需要注意的是，骨架的名称有三个：一个是物体的名称（相当于容器），另一个是骨架的名称（我们可以在另一个物体容器中加载该骨架），还有一个是骨架中的骨骼名称。

此外，你会在属性编辑器中发现选项卡和你在编辑模式下时有些不一样（见图 11.2 的对比）。当我们在属性编辑器中为选中的骨骼改名时，要确保在骨骼（Bone）选项卡中操作。否则，你所改的可能是骨架或物体容器（也就是包含该骨骼所在的骨架物体）的名称。

图 11.2　属性编辑器的选项卡列表会根据所选物体的类型而有所不同。左图为选中了一个网格物体时的列表内容；右图为选中了一个骨架物体时的列表内容

- 在编辑模式下，你可以定义骨骼的层级。选择想要设为子级的骨骼（目的是跟随父级），然后选择想要作为父级的骨骼，按 **Ctrl + P** 键，你会

看到两个选项：相连（Connected）可让父级骨骼的尾端与子级骨骼的头端相连。而保持偏移量（Keep Offset）则可保持父级骨骼与子级骨骼的相对位置不变，并且不会让它们头尾相连。

要想移除父子关系，选中想要"释放"的骨骼，按 **Alt + P** 键，你会看到两个选项：清空父级（Clear Parent）可完全移除所选骨骼与其父级骨骼的关系。而断开骨骼连接（Disconnect Bone）则会断开头端与尾端的连接，但父子关系依然存在。

请谨慎使用此操作，因为选中骨骼后按 **P** 键（就像选中物体中的网格面那样），会将骨骼分离到一个新的骨架物体中。

- 你选择一段或多段骨骼，按 **Ctrl + R** 键绕自身轴旋转选中的骨骼，控制其朝向。按 **Shift + N** 键可弹出一个列表，里面有若干自动朝向选项。活动骨骼（Active Bone）是其中的一个实用选项，能够让所有选中的骨骼都与活动骨骼的朝向对齐。此功能适用于处理如手指、手臂、腿部这样的骨链。

- 选中两根骨骼的末端（头或尾）并按 **F** 键，可以在中间填充创建出一段新骨骼，这与创建一条连接两个顶点的网格边类似。注意，只有新骨骼的头端才会连接到其父级骨骼上。新骨骼的尾端则保持未连接状态，你需要将它和下一段骨骼创建父子关系，形成骨链。

  选择一段或多段骨骼，按**鼠标右键**打开上下文菜单，可以用细分（Subdivide）功能将选中的骨骼细分成更多小段。在调整上一次操作菜单（在 3D 视口左下角，或者按 **F9** 键）中设置细分数。

  同样，在这个上下文菜单中，你还可以看到很多其他选项。不妨都试试看吧!

- 选择一段或多段骨骼，当你按 **W** 键时，可打开专用项（Specials）菜单。其中一个选项是细分，能够将一段骨骼分割成若干段较短的骨骼，并且可以在工具侧边栏（**T** 键）的操作项（Operator）面板中调节段数。

- 此外，我们还可以把一条骨链合并成单段骨骼，快捷键是 **Ctrl+X**（就像在操作 3D 网格时的融并操作一样）。

- 如果你想翻转某段骨链的方向，可以按 **Alt + F** 键切换骨骼的方向，该操作会让骨骼头尾倒置，更改骨骼层级的顺序。

- 如果你想移除骨架中的某些骨骼，可以选中骨骼后按 **X** 键或 **Del** 键移除。

- 同样，你可以按 **H** 键和 **Alt + H** 键来隐藏或显示被隐藏的骨骼。按 **Shift + H** 键则可以隐藏所有未被选中的骨骼。

小提示：

　　所有这些选项（至少绝大多数）都可以在 3D 视口标题栏的骨架（Amarture）菜单中找到。我在这里介绍的是它们的快捷键，可以快速上手。

物体模式、编辑模式与姿态模式

这些骨架的编辑模式不同于其他物体的模式。我们来了解一下在不同模式下可以执行的操作。

- **物体模式（Object Mode）**：整套绑定件包含在骨架物体当中，因此，你可以在物体模式下移动、旋转或缩放它，更改角色的大小。由于绑定件位于骨架里面，因此，缩放物体并不会影响骨架内的元素（那些骨骼）。
- **编辑模式（Edit Mode）**：在编辑模式下，你可以编辑里面的各段骨骼。你可以在这种模式下创建出角色的骨架，并定义好骨骼之间的层级关系。骨骼在编辑模式下的位置将作为骨骼在物体及姿态模式下的静待姿态。
- **姿态模式（Pose Mode）**：当在编辑模式下完成了骨骼的位置与层级定义后，你可以在姿态模式下添加骨骼约束器，并且最终驱动它们，为角色摆出姿态，从而为它做出动画。

在物体模式下，你无法编辑各段骨骼或控制元素，仅可以对整套绑定件物体执行变换操作。在编辑模式下，你可以修改骨骼的位置、大小及朝向，以适应角色的需要，并且可以定义骨骼的层级关系。最后，在姿态模式下，你可以为骨架添加约束器，让它按照你预想的效果摆出姿态。

当绑定件设定完成后，你需要经常在编辑模式和姿态模式之间切换，目的是创建骨骼，并在添加和修改约束器后进行相应的调节。

小提示：

　　在这些模式间切换也可以使用快捷键来加速操作。在编辑模式下，按 **Ctrl+Tab** 键会显示饼菜单，我们可以从中切换到物体模式或姿态模式。按 **Tab** 键则可以在当前模式和上一次使用的模式间切换。在物体模式和姿态模式下，按 **Tab** 键会直接切换到编辑模式，而在物体模式或姿态模式下按 **Ctrl+Tab** 键则会在二者间切换，不会弹出饼菜单。

骨骼层级

充分理解骨骼层级的作用方式是非常重要的。在编辑模式下，我们可以定义骨骼的父子关系来更改它们的层级。当我们通过挤出的方式来创建骨骼时，层级结构会自动生成。图 11.3 是一种层级结构的示例，从中可以看出它们是如何通过骨骼的形态来表示的。以下是一些需要记住的要点。

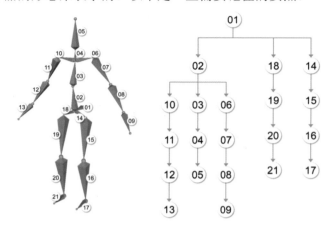

图 11.3　一个简单的图表，显示了层次结构的工作方式。骨架中的骨骼都已被编号，
我们可以从图中看到骨架层级结构的走向

- 虽然单段骨骼可以不从属于其他任何骨骼，但它们通常会属于某个层级。
- 在层级中，通常会有一根骨骼"统领"整个层级，而其他骨骼都是它的子级。这根骨骼叫作根骨（Root）。
- 一套复杂的绑定可以在层级中有若干分叉。对一个角色来说，根骨可以是髋骨；从髋骨开始，分出脊骨和两条大腿骨；从脊骨开始，再次分出两条手臂，再到手，再到每根手指。
- 这些分叉都是单一的走向，即从父级到子级，而不是反过来。一个父级下面可以有很多子级，但是一个子级只能有一个父级。当然，某个子级同时可能是其他骨骼的父级。
- 我们可以把这种骨骼层级结构想象成一个树状图来理解，其中有主干，然后是分支，甚至还有分支的分支等。

添加约束器

约束器用来驱动绑定件。你可以让它们控制其他骨骼对当前骨骼的作用。例如，如果你移动某根骨骼，则可以让骨架的其他地方做出反应。在本章里，你将用到大量约束器，但现在我们还是先来讲一讲它们的工作机制，以及如何把它们添加给骨骼。

首先，你需要知道，绝大多数约束器都有一个"目标"（Target）参数，也就是说，当把某个约束器添加给某根骨骼时，它会以另一根骨骼为目标，并与自身骨骼之间建立某种约束。

　　例如，如果你为眼睛使用一个标准跟随（Track To）约束器，那么你可以将该约束器添加给眼睛，并选择某根骨骼作为你想要眼睛跟随的目标。

小提示：

　　你可以为场景中的任何物体添加约束器，但物体约束器与骨骼约束器有所不同。如果你在物体模式下添加某个约束器，那么它将影响整个骨架物体。如果你在姿态模式下添加约束器，那么属性编辑器中会多出一个选项卡——骨骼约束器（Bone Constraints）选项卡。物体约束器（Object Constraints）选项卡的图标像一个传送带，而骨骼约束器选项卡的图标则是一根骨骼加一条锁链。

　　在姿态模式下，添加约束器的方式主要有两种。

- 选中你想要添加约束器的骨骼，在属性编辑器中转到骨骼约束器选项卡，单击添加骨骼约束器（Add Bone Constraint）按钮，并选择想要添加的约束器类型。你会看到约束器随即被添加到堆栈面板中，这与修改器的添加方式类似。在约束器面板中，你会看到目标选择栏。输入骨架名称后会出现一个新栏，用来指定想要用作约束目标的骨骼的名称。
- 此外，还有一种更快捷的约束器添加方法——先选中目标骨骼，然后按 **Shift** 键将想要添加约束器的骨骼也选中。然后按 **Shift + Ctrl + C** 键打开一个约束器菜单（或在 3D 视口标题栏上进入骨架菜单找到约束器（Constraints）目录）。此时，当你选用某个约束器后，它就会自动将被首先选中的那个物体作为修改器的目标，这样，就无须再进入约束器面板去手动指定了。

小提示：

　　当你需要在物体名称文本框中输入内容时，在你输入名称的时候，会看到下面列出了所有名称中包含已打出字母的物体，这大大提高了输入物体名称的准确性！

　　此外，你可以选择某个物体或骨骼，将鼠标指针放在物体的名称栏上，按 **Ctrl + C** 键复制该名称的文本，然后选中带有约束器的物体，将鼠标指针停留在相应的文本框上，按 **Ctrl + V** 键，即可将之前复制的文本粘贴进去。

　　还有一种方法可以查看要在约束器中选用的骨骼的名称。在骨架属性（Armature Properties）选项卡中，转到视图显示（Viewport Display）面板，勾选名称（Names），即可在 3D 视口中显示每根骨骼的名称。如果我们有很多根骨骼，那么屏幕上那一大堆的名称可能会让你感到眼花缭乱，但在某些情况下，该选项可以帮到你。

吸管工具

在图像编辑软件中，吸管是一种常用的工具，用于单击并拾取像素的颜色。而 Blender 的吸管工具的功能又有进一步的拓展，它可以在各种菜单中快速拾取物体。例如，当我们添加一个需要设置辅助物体的修改器或约束器时，我们无须先知道该物体的名称再在修改器或约束器面板中输入，或者从列表中选择，而可以先单击文本框右侧的吸管按钮，此时鼠标指针会变成吸管图标，然后在 3D 视口中的物体上单击一下。Blender 会为你拾取该物体的名称，并自动把它填入文本框。

尽管吸管工具可用于骨骼约束器，但是它的作用方式有些复杂。你可以使用它拾取骨架的名称（物体），但它无法直接拾取特定的骨骼，依然需要从列表中选取或手动输入骨骼名称。

正向运动学与反向运动学

在继续后面的内容之前，我们有必要了解一下反向运动学（Inverse Kinematics，IK）的概念，这也是最常用的骨骼约束器之一。

一般来讲，在创建像腿部这样的骨骼结构时，你会发现，当你试图摆出姿势时，需要旋转各段骨骼，而它们也会跟随其父级一起旋转。对腿部而言，你需要先旋转大腿，然后是踝关节，最后是脚部。

这种调节方式称为正向运动学（Forward Kinematics，FK）。不过，对于腿部或某些需要与其他物体表面接触的部位（如脚部），在这种情况下，IK 会是非常便捷的方法。IK 的作用方式与 FK 相反，并且要想为腿部摆姿势，你只需要移动脚掌，膝关节会相应地做出反馈运动。

这非常实用。例如，当你移动角色躯干的时候，腿部也会自动折曲移动，并且让脚掌始终贴在地面上。

高级绑定中往往会混合使用这两种方法，所以你可以根据需要在它们之间切换使用。例如，如果你的角色站在地面上，那么用 IK 来驱动腿部可能会更舒服，但如果角色正在跳起，脚部在半空中，那么也许用 FK 来控制会更合适。

Rigify 插件会自动为 Jim 的绑定生成这些特性。例如，对于腿部，我们有三套骨架来控制它：FK、IK，以及用来带动模型网格发生形变的骨架，你可以根据需要使用 FK 或 IK 来控制它。

为骨骼使用 IK 约束器

在本节中，我们将完成一个简单的练习来了解一些流程，包括创建骨链、添加两根控制骨，以及添加一个 IK 约束器来控制骨架。流程的步骤如图 11.4 所示。

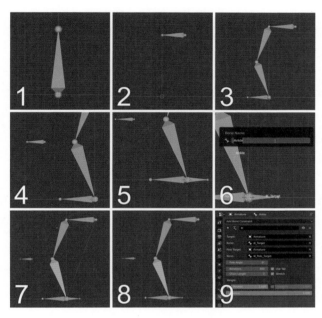

图 11.4　创建一个带有 IK 约束器的简单绑定的步骤示意

1．按 **Shift+A** 键新建一个骨架物体。切换到编辑模式来修改刚创建的这根骨骼。

2．向上移动骨骼，并旋转到水平位置，将它作为髋骨。

3．选中骨骼的尾端，按 **E** 键挤出的方式来创建腿骨，再次挤出它来创建踝关节，最后一次挤出来创建脚部。

4．选中膝关节，向前挤出。按 **Alt+P** 键，选择清空父级。然后将骨骼向前移动一点，使它与腿骨分开。这根骨骼稍后将用来控制膝盖的方向（使用它作为 IK 约束器的极向目标骨）。

5．选中踝关节并挤出。按 **Alt+P** 键，选择清空父级。这根骨骼将作为 IK 约束器的目标骨，它将自动控制腿的弯曲运动。本质上，使用 IK 约束器的目的是使腿部弯曲以适应父级腿骨（在本案例中是髋骨）和 IK 目标物体的双重约束。

6．所有必要的骨骼都已就位，现在来为它们取合适的名称，便于我们区分它们。选中骨骼并按 **F2** 键即可轻松改名。

7. 现在就来添加 IK 约束器：切换到姿态模式。先选中 IK 目标骨，按住 **Shift** 键并选择踝关节，按 **Shift+Ctrl+C** 键，在弹出菜单中选择反向运动学（Inverse Kinematics），即可为活动骨骼（踝关节）添加 IK 约束器，同时自动将另一根选中的骨骼作为 IK 目标骨。当然，我们也可以在属性编辑器的骨骼约束选项卡中添加约束器，并手动指定目标骨和极向目标骨。添加了约束器的骨骼会变成黄色，表示该骨骼包含某种约束。

8. 设置 IK 约束器的选项。添加了 IK 约束器后，我们会看到踝关节的尾端和髋骨的头端之间有一条黄色的虚线。该虚线表示将受此约束器影响的骨链，默认从该骨骼的尾端连至整个层级的起始骨（本案例中为髋骨）。我们需要限制骨链的长度，让它只影响腿骨。因此，我们把 IK 约束器的链长（Chain Length）值设为 2，让它沿层级向上影响两极（链长值默认为 0，表示影响整个层级）。

9. 添加极向目标骨。在约束器面板中会看到极向目标（Pole Target）选项，从菜单中选择骨骼，然后会出现一个骨骼列表，从中选择我们之前创建的骨骼（也就是从膝关节处挤出的那根骨骼）。

骨骼朝向与约束器

由于骨骼有朝向属性，有时当你将一个极点应用到 IK 链（或其他约束）时，它们会旋转。此时，我们可以用 IK 约束器的极向角度（Pole Angle）值来修正。通常，如果骨骼已正确对齐，那么如 90°、-90° 和 180° 的整数角度值就足以纠正朝向了。

此外，我们还可以按 **Ctrl+R** 键旋转腿骨，使它们正确对齐。启用骨骼轴向显示功能会有所帮助。因为这样能够让我们正确对齐骨骼轴向，即骨链中每段骨骼的 X 轴（在本案例中是腿部和踝关节）应该与极向目标骨对齐。

骨骼的朝向取决于很多因素，包括你新建它们时的角度，以及挤出它们时骨骼的转角等。这个技巧可以修复添加约束器时可能出现的朝向问题。

现在你就可以试着自己来绑定骨骼，并观察 IK 约束器的效果了。你可以移动 IK 链的任何一端：髋骨或 IK 目标骨。此时，我们会看到，为了适应它们的位置，腿骨会自动弯曲。

如果我们移动极向目标骨（也就是膝关节前面的那根骨骼），那么腿骨会更改自身的朝向来"注视"它。

小提示：

　　IK 链的形状很重要。例如，在一条腿上，膝关节应该稍微弯曲，在髋骨、膝关节和踝关节之间形成一个三角形。这个小角度很重要，因为它定义了在添加 IK 约束器时关节的弯曲方式。

　　例如，如果你的腿部和踝关节的骨骼完全笔直，那么它们之间没有夹角，这会让 IK 约束器很难判断它应该弯曲的方向。

绑定角色

　　现在你知道如何操纵骨骼了，我们这就来为 Jim 创建角色绑定件吧！我们先来学习如何用 Rigify 插件生成一套高度可用的绑定件。

启用 Rigify 插件

　　Rigify 是 Blender 自带的一款插件，但默认并没有启用。要想启用它，请依次单击菜单中的编辑 → 偏好设置，然后单击插件（Add-Ons）选项卡，其中列出了 Blender 附带的所有插件（包括你已经安装的插件），你可以在界面右上角的搜索框中手动搜索 Rigify 插件。看到它后，勾选插件名称来启用它（如果某个插件已被启用，则可用同样的方式禁用它）。

　　插件能够为 Blender 带来新的工具和功能，所以当你启用插件时，可能会看到界面上多出某些按钮、菜单或选项。很多这样的工具插件默认都没有启用，因为并不是每个人都经常用得到它们。建议根据需要启用或禁用它们，从而保持界面的简洁。

开始绑定前的几点提示

　　在开始前，我来分享一些小提示，能够帮你更轻松地绑定及编辑角色的骨架。

- 在属性编辑器的骨架选项卡中，找到视图显示面板，勾选在前面（In Front），这可以让骨骼始终置顶显示，即使它们位于物体网格内部，在显示网格的同时编辑它，从而让骨骼很好地契合网格物体。
- 为绑定件适当重命名是很有必要的，这样便于在约束器中调用。例如，查找一个名叫"D_hand"的骨骼要比查找一个名叫"bone.064"的骨骼容易得多。

- 为什么要加 D 呢？其实也不一定，但可以使用前缀来帮助自己识别骨骼的类型。"D_"前缀表示用来拉动网格形变的主结构中的骨骼，"C_"前缀表示一根控制骨，"H_"前缀表示一根辅助骨。此外，某些骨骼既可用于形变，又可用于控制，如脊柱上的骨骼。建议对这些骨骼使用双前缀"C_D_"。当你在列表中搜索骨骼时，使用这种命名会有所帮助，因为在你输入前缀时显示的备选列表中，所有骨骼都将按照类型排列出来。
- 当我们在姿态模式下测试绑定时，可以方便地重置骨架的默认姿态（也就是在编辑模式中看到的状态）。在 3D 视口顶部的姿态菜单中，找到清空变换（Clear Transform）选项，这是重置姿态的一种方法，否则只能用 **Alt+G** 键重置移动、**Alt+R** 键重置旋转及 **Alt+S** 键重置缩放。

使用 Rigify 插件生成 Jim 的绑定件

我们在前面讲过，首先要启用 Rigify 插件，否则就看不到本节中使用的选项。

图 11.5 呈现了大致的过程：先创建一个基本的骨架，调整它的形状（在图中它被夸大了，目的是让你看出变化，总之我们要调整它，让它匹配你的模型），然后用 Rigify 插件生成绑定件。下面我们将逐步了解详细的实现步骤。

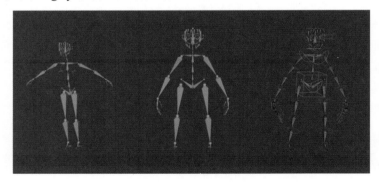

图 11.5　使用 Rigify 插件生成一个绑定件。左图：创建基础骨架；中图：调整骨架到期望的比例；右图：生成最终的绑定件，包含所有必要的骨骼和控制器，可直接用来制作动画

Rigify 插件简介

Rigify 插件为两足和四足动物提供了一些预设骨架，我们可以很容易地根据角色的比例调整这些骨架。调整完成后，即可自动生成一个包含所有必要的控制器和骨骼的可用绑定件。然后再经过适当的改名和归组，尺寸也适合角色的基础骨架。

虽然我们可能还需要对最终生成的绑定件进行一些调整，但是在设置骨骼方面，Rigify 插件可以为我们节省大量的工作。所有的约束器都已经添加且设置好了，而且绑定件也为手臂和腿部创建了如 IK /FK 开关等高级功能，也支持伸展身体的不同部位（尤其适合卡通角色），甚至包含写出了绑定件用户界面的脚本（稍后会讲到）。

小提示：

Rigify 插件借助 Python 脚本来实现它的功能。为了实现绑定件应有的功能特性，我们需要启用这些脚本。通常，当我们打开一个包含 Rigify 插件绑定件的文件时，会询问是否想要在文件中执行 Python 脚本。请确保接受该选项，以避免绑定件出现问题。

如果愿意，我们也可以让 Blender 自动执行这些脚本。在偏好设置面板的保存&加载（Save & Load）选项卡中勾选自动运行 Python 脚本（Auto Run Python Scripts）即可。

但要注意，只有当你信任正在使用的 .blend 文件的源代码时，才可以小心地启用该选项。因为来自未知来源的文件可能包含恶意的 Python 脚本，所以在自动运行包含在未知来源的文件中的脚本时要多加留意。

Rigify 插件实现了绑定过程的自动化，消除了重复工作。它还可以让你做一些其他的事情，如复制原始骨架的手臂和移除手指，然后生成相应的控制器等。

尽管我强烈建议你掌握基本的甚至中级的绑定技能，以便在必要时做出调整，但是像 Rigify 这样的插件无疑可以节省大量的时间。特别是当你不得不重复相同的绑定操作时，这些绑定件非常相似，只是比例不同（如两足或四足动物）。

创建并调整骨架

现在就开始吧！目前，我们不必记住准确的尺寸，只需要专注了解调整 Jim 尺寸的过程。

创建骨架

在调整尺寸之前，我们先创建一个骨架，作为目标尺寸的参考。

1. 先来创建一个 Human （Meta-Rig）骨架：按 **Shift+A** 键，在骨架子菜单中，你会看到单段骨骼及其他一些由 Rigify 插件提供的选项。确保骨架是在世界中心创建的：按 **Shift+S** 键并选择游标 → 世界原点（Cursor to World Origin），以便在创建骨架之前，将 3D 游标的坐标归零，即(0,0,0)。

2．在 3D 视口中按 **N** 键打开侧边栏（如果它目前是隐藏状态）。在条目（Item）选项卡的规格（Dimensions）面板中，可以看到绑定件的实际尺寸。默认的 *Z* 轴向尺寸为 1.90m（角色的身高）。我们将这个值缩小至 1.70 左右，这就是我们所设定的 Jim 的身高。

此时的骨架可能会比 Jim 的 3D 模型大一些或小一些。不过身高并不会影响什么，因为我们会在下一节中进行修正。

调整 3D 模型尺寸

有了骨架作为参考，我们需要缩放 Jim 的 3D 模型网格，以适应骨架的高度。目前我们主要调整它的身高，剩下的我们稍后再解决。

1．确保 3D 游标位于世界场景的正中心，并选择 Jim 的所有网格物体（注意不要选择骨架）。

2．将轴心点类型设为 3D 游标，并根据骨架的高度向上或向下缩放选定的物体（使用 3D 游标作为轴心点来缩放所有的模型，同时确保角色的脚掌始终贴在地面上）。此时，在骨架选项卡的视图显示面板中勾选在前面会有所帮助，可以看到骨骼在模型的上层显示在屏幕上，方便我们调整它。请记住，骨骼的比例比 Jim 的比例更真实，所以如果骨骼的手臂没有匹配到 Jim 的手臂上也不要担心，这里我们只调整高度就好，让 Jim 模型的头部和头骨的上端匹配就好。

3．当模型的比例与骨架的高度相匹配时，按 **Ctrl+A** 键并单击缩放（Scale），为所有选中的物体应用缩放结果。

> 小提示：
>
> 　　如果你使用了实例（Instance）物体，那么当你应用如缩放等变换操作时，Blender 可能会显示报错信息，且不会执行该操作。当一个网格被多个物体［在 Blender 中叫作"用户"（User）］使用时，如实例物体，不能应用修改器或变换的结果，因为这些更改也会影响其他用户。
>
> 　　在这种情况下，可以首先选择这些物体，然后依次进入菜单：物体（Object）→ 关系（Relations）→ 使其独立化（Make Single User）→ 物体&数据（Object & Data），这样可以让所选物体的网格只有该物体这一个用户。

4．有时候，当我们应用了缩放操作后，会导致一些"副作用"。例如，厚度等修改器的结果会在应用缩放后有所变化。这时候，我们要分析模型，找到那个导致结果的修改器，并调节它的参数来修正效果（例如，在厚度修改器中，我们可能需要调节厚度的数值）。

到这里，我们就成功地把基础骨架和 3D 模型准确地对齐了。

为 3D 模型调整骨架

前面我们讲过，Human 只是 Rigify 插件自带的一个预设骨架，我们用它来生成最终的绑定件。那么在生成最终的带有必要骨骼和控制器的绑定件之前，我们还需要让骨架的形态与比例和角色相匹配。具体步骤如图 11.6 所示。

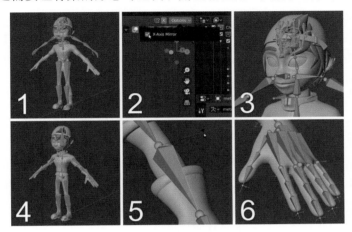

图 11.6　为 3D 模型调整基础骨架的步骤

1．选中骨架，切换到编辑模式。

2．按 N 键打开 3D 视口的侧边栏（如果它目前并未显示）。在 3D 视口的顶栏中，单击选项按钮，并勾选 X 轴镜像（X-Mirror）。可以让我们只调节一侧的骨架，让另一侧自动镜像复制调节的结果，从而让绑定件始终保持对称，且更加简便高效。

3．其中有若干骨骼是作为面部骨骼的，选中并删除它们。同样删除胸部的两根骨骼，因为在本案例中我们用不到它们。也就是说，如果我们在基础骨架中删除它们，它们将不会在生成最终绑定件时创建出来。我们将在后面章节里亲手创建面部绑定件。

4．选择每根骨骼的关节，并放置在 Jim 模型对应的位置上。

5．所有的关节都放置到位后，我们可以通过旋转操作来改变它们的朝向。选中骨骼后按 **Ctrl+R** 键即可旋转它们。

6．手指上有很多骨骼，所以把它们的位置摆好是很重要的。我们对每根手指都执行如下步骤。

（1）旋转手指上的一根骨骼，使其适合手指的朝向。这里我们有必要绕着它换多个视角来观察，以确保骨骼被摆放到了正确的位置上，且朝向正确。

（2）选择所有手指的骨骼，并最后选择刚刚调整过的那根骨骼，让它成为活动物体。

（3）按 **Shift+N** 键，从弹出菜单中选择活动骨骼。该选项会自动将所有选中的骨骼与活动骨骼对齐。

做这些操作时一定要小心仔细，否则在用 Rigify 插件生成最终绑定件时可能会报错。

在膝盖和肘部等关节处，建议做出一点角度，就像之前在本章中所做的那样，为了方便生成 IK 链。原因是一样的：这样才能让绑定件知道我们想往哪个方向弯曲这些关节。

有些骨骼是其他骨骼的子级，但它们位于骨骼的其他部分，所以即使它们的头端和尾端在同一位置，其实也并未相连，是可以独立移动的。当我们移动这些骨骼时，一定要始终保持这些关节重叠在一起，以免导致错误。例如，脊骨的上段和第一段颈骨有一个重叠的关节，尽管它们实际上是断开的，但一定要放在一起。如果报错信息提示我们有骨骼没有连在一起，那就纠正这个问题。例如，可以使用 3D 游标来对齐这些骨骼。

放置骨骼时，尽量不要考虑骨骼在现实中的位置，因为这并不是一个拟真的骨架。将关节放置在角色身体靠里的地方，这样便于以后做出合理的网格形变效果。

如果对结果不太满意，也不要担心，我们可以稍后再来调整。

生成绑定件

元骨架已经准备就绪了，现在我们可以生成最终的 Rigify 插件绑定件。首先，如果我们之前在物体模式中调整过它的大小，那么一定不要忘了应用缩放结果。否则，即使生成的绑定件比例正确，尺寸也会有变化。我们可以在物体模式下选中骨架后按 **Ctrl+A** 键，从中选择缩放来应用缩放。

如果你是按照前几节的步骤操作的，那么在应用缩放时应该不会出现什么状况。

在物体模式下选中元骨架，在属性编辑器的物体属性选项卡（在本案例中是骨架属性选项卡）中有三个面板：Rigify 骨骼组（Rigify Bone Groups）、Rigify 层名称（Rigify Layer Names）和 Rigify 按钮（Rigify Buttons）。前两个面板中的选项可以控制最终的绑定件的某些方面的特性，如部件的颜色，以及将在界面中创建的骨骼层的名称等。

建议你去体验一下这些选项，这里我想重点讲解"Rigify 按钮"这个面板，其中有一个叫作"生成绑定件"（Generate Rig）的按钮。按下该按钮，所有控件就都会出现在 3D 视图中（有时候，你需要耐心等待几秒钟）。

在生成绑定件按钮的右下方是高级选项（Advanced Options）按钮，我们会在讲解如何调整绑定件时用到其中的功能。

小提示：

　　此时，我建议对场景中的物体进行管理与归组，让过程更加便捷有效。现在，我们有了元骨架，也就是 Rigify 插件生成的绑定件，以及其他所有组成 Jim 的物体。

　　你可以把绑定件归类到多个集合（Collection）中，就像我们在前面章节中对参考图所做的那样，便于在必要时隐藏或显示它们。

　　为此，先选中两个绑定件，在 3D 视口中按 **M** 键，选择新建集合（New Collection），并输入名称。现在我们可以在大纲视图中看到这两个绑定件都被归类到同一个集合中。单击其名称右侧的眼睛图标即可隐藏或显示它们。

整理绑定件

现在，角色的装备件已经生效了，但我们可以设法进一步提升它的可用性。这里介绍两种方法，一种是使用骨骼组，另一种是使用骨架层。当使用 Rigify 插件时，我们创建的绑定件已经被整理得很好了，我们可以从中借鉴一下如何使用骨骼组和骨架层。骨骼组（Bone Groups）面板和骨架层（Armature Layers）面板都位于属性编辑器的骨架属性选项卡。

骨骼组

骨骼组可以帮助我们全面地整理骨骼，也可以更改骨骼组的颜色，还可以快速选中一组骨骼，等等。对于不同类型的骨骼，如形变骨、控制骨及辅助骨等，可以分别设置不同的颜色。图 11.7 就是骨骼组面板，位于属性编辑器的骨架属性选项卡。

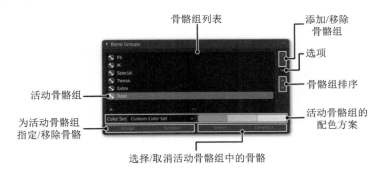

图 11.7　骨骼组面板

在骨骼组面板中，我们可以向列表中添加新组，或者从中移除现有的组。当单击指定（Assign）按钮时，当前选中的骨骼将被归到当前激活的骨骼组中，你也可以调节面板中的色块，创建自己的配色方案。

Rigify 插件包含一套预设的骨骼组，可以去看一看。我们也可以向现有的骨骼组中添加新骨骼（如眼睛和面部控制，我们随后会添加它们），或者新建自己的骨骼组。

小提示：

只有在姿态模式下，才能看到骨骼组的颜色，以及添加骨骼或从中移除骨骼。

骨架层

骨架层能够让我们显示或隐藏一组或多组骨骼，因为这样才能便于我们编辑绑定件。在骨架属性选项卡中，骨架（Skeleton）面板有四组小方块。每个小方块都代表一个层（见图 11.8）。上面的两组方块，代表骨架层本身。而另外两组方块，代表受保护层（Protected Layers），其作用是"锁住"上面两组方块中对应的层，防止该绑定件的其他调用物体在关联角色时操纵它们（关于"关联"的概念，我会在本章末尾讲到）。

图 11.8　骨架层面板

在编辑模式与姿态模式下，你可以选中一根或多根骨骼，并按 **M** 键，将其放到指定的骨骼层中。按 **M** 键后，会弹出一个窗口，其包含很多小方块，每个小方块都代表一个层。此菜单与属性编辑器中的菜单相同。选择其中的一个方块，或者按 **Shift + 鼠标左键** 键选中多个方块（同一根骨骼可以放在多个层中），将骨骼添加到适当的层中。

然后，我们就可以在属性编辑器的骨架属性选项卡中显示或隐藏这些层了，只需要单击代表层的小方块。按住 **Shift** 键并单击则可以显示或隐藏多个图层。

和骨骼组一样，Rigify 插件也使用了层功能，我们可以显示或隐藏这些层，看看会发生什么。

现在你可以按需要显示或隐藏骨骼层。例如，当你制作蒙皮时，你可以只显示控制骨所在的层，将其余的层隐藏。当制作蒙皮时，我们可以将形变骨与辅助骨所在的层隐藏起来，只对可见层里的控制骨执行操作。换句话说，显示或隐藏层便于进行骨架绑定，只让自己希望看到的元素显示出来。

之前在设置 Rigify 插件时，我们曾经删除了面板的控制器和骨骼，因为我们稍后要创建自己的控制器，并将那部分绑定件放在单独的骨架层中，以便让我们先专注编辑角色的姿态，然后编辑面部绑定件来处理角色的表情。这样一来，面部表情就不会在暂时不需要看到它的时候一直显示了，因为在我们编辑身体姿态时，它可能会造成妨碍，甚至可能会让你不小心动到什么部件。

我们还可以把那些不需要显示或操纵的辅助骨放在单独的层中，让界面更简洁。

理解 Rigify 插件的绑定件

现在，我们的绑定件都已就绪，而且我们也学习了如何使用骨骼组和骨架层。现在我们来简要了解一下 Rigify 插件绑定件的主要功能，并学习如何使用将在第 12 章 "制作角色动画" 中用到的功能。

其实，在创建绑定件时，Rigify 插件为我们做了很多事。

- 为网格创建了形变骨。
- 为绑定件创建了高级控制机制，如 IK/FK 开关、压缩和拉伸功能等。
- 创建了控制骨及其自定义骨形（让骨骼呈现另一种样式，可以直观地表示出骨骼的作用），便于我们轻松地为角色制作姿态和动画。
- 所有骨骼都被归类到不同的骨骼组和骨架层中。
- 创建了一个脚本，用来生成一个绑定件特性、可见层及特殊骨骼属性的控制界面。

我们可以从 3D 视口的侧边栏访问 Rigify 插件的界面（如果侧边栏是隐藏的，则可以按 N 键显示它）。在条目选项卡中，我们会看到一个名为 Rigify 层（Rigify Layers）的面板（在物体模式下选中绑定件后就会看到）。我们可以单击其中列出的层来显示或隐藏它们，以查看各层所包含的内容。这些按钮相当于属性编辑器的骨架层控制面板中的那些 "小方块"，所以单击它们有相同的效果。而这个面板让操作更方便，因为我们可以直接在 3D 视口中控制，而且按钮的名称是按层的内容命名的，非常直观。

> **小提示：**
>
> 　　创建了绑定件后，你可能会看到骨骼之间有很多虚线相连。这些虚线代表物体和骨骼之间存在层级关系。不过，在复杂的绑定件中，太多的虚线会影响视线，不便于我们编辑。
>
> 　　这时候，当你完成了关系设置，不再需要看到这些线条时，可以在 3D 视口的叠加层菜单中禁用关系线（Relationship Lines）。如果想再看到它们，可随时启用。

　　进入姿态模式，我们还会看到更多面板！根据选择的骨骼不同，你会看到 Rigify 层面板的顶部多出了一个绑定件主属性（Rig Main Properties）面板。你选择的每根控制骨都在面板中显示不同的选项。建议将鼠标指针悬停在每个选项上，并阅读工具提示的内容，了解它们的作用。你也可以尝试调整选项，亲自体验它们的效果。

　　可以看出，这个绑定件是非常高级的，也提供了大量的选项，能够为角色做出复杂的姿态和动画。我们将在第 12 章 "制作角色动画" 中学习如何使用这些选项。

调整 Rigify 插件的绑定件

　　我们可以通过两种方法对生成的绑定件进行调整：一是调整基础元骨架，二是重新生成绑定件，或者直接调整最终的绑定件。

　　我们有时候需要调整绑定件的某些部分，因为它们可能没有很好地对齐或不能正常工作。经常出现问题的地方包括手指，因为对不同的模型来说，手指的朝向等因素会有所不同。在生成绑定件后，它们可能不会朝着正确的方向弯曲。

　　Rigify 插件的手指控制器显示为长线条，末端是个方块。在姿态模式下，我们只需要缩放这里的控制器，就能很容易地控制手指的弯曲。如果手指没有按正确方向弯曲，那么可能需要调整它们。

　　接下来，我们分别了解一下这两种调整方法。这些方法适用于绑定件的任何部分，这里我们以手指为例来讲。

调整元骨架与重新生成 Rigify 骨架

　　我们在属性编辑器中单击生成绑定件（Generate Rig）按钮后，元骨架依然存在于场景中。你可以对骨架进行调整，随后将改动更新到最终生成的绑定件中。

　　在生成绑定件（Generate Rig）按钮的下方会看到高级选项（Advanced

Options）按钮。单击它以后，会看到新的选项。在这里，我不打算一一讲解它们，但第一个选项是最重要的，它决定了当你单击生成绑定件按钮时，是将改动更新覆盖到现有的骨架中，还是新建一个骨架。默认模式为覆盖（Overwrite），也就是说，如果我们在调整了元骨架后单击生成绑定件按钮，那么就会把调整的结果更新到绑定件中。

如果你需要改变某些关节的位置，或者旋转某些骨骼（这里以手指为例）来调整它们的朝向，那么就会用到这个选项。虽然它很有用，但有时候，绑定件的生成过程仍然需要根据原始的元骨架来推算很多东西，这可能会导致朝向不准确。这时候，如果无法通过重新生成绑定件来解决，那么就需要直接调整最终的绑定件。

直接调整 Rigify 插件绑定件

生成绑定件后，我们仍然可以调整它的骨骼，但要非常小心，特别是在你还不太熟练调整绑定件的时候。哪怕最小的改动也可能带来很大的影响，因为 Rigify 插件绑定件中应用了大量约束器，很多骨骼会以多种方式影响其他骨骼。

> 小提示：
>
> 在调整最终的绑定件时，确保骨骼的比例和位置是正确的，并且不再需要从元骨架中重新生成最终绑定件。如果重新生成，那么对最终绑定件所做的所有调整都将丢失。

以手指骨骼为例，我们来看看如何调整它们的朝向。

1. 显示所有骨架层（按住 **Shift** 键并单击可启用/禁用多个层）。这一步很重要，因为几乎绑定件的每个部分的骨架都会同时存在于多个层中，所以在做调整时要注意不要遗漏任何一个。

2. 选择所有的手指骨骼，并按 **Ctrl+R** 键调整它们的朝向。要想查看朝向的变化，可以在属性编辑器的骨架属性选项卡中启用轴的可见性。

此外，我们可以在编辑模式和姿态模式之间来回切换，观察所做的调整对绑定件的控制效果的影响，甚至可以试着使用控制器，观察手指的弯曲方向是否合适。

> 小提示：
>
> 建议将视口着色模式切换为线框模式来调整。由于很多骨骼的位置都是相同的，而且有的骨骼可能完全位于其他骨骼的内部，因此我们在线框模式下可以容易看到并选中它们。

当然，除了调整骨骼的朝向，这种技巧还能做很多事情。要确保你没有漏掉任何骨骼，因为骨骼之间的约束可能会让这些调整失效，或者让问题变得更加复杂。

蒙皮

蒙皮（Skinning）是指让 Blender 知道骨骼应当如何控制网格形变的过程。你需要用到权重：每根骨骼都会对各个顶点产生一个影响度（权重），以便能够定义顶点跟随骨骼运动的程度。下面我们就来了解一下权重的作用原理。

理解顶点权重

在本节中，我们将通过一个简单的案例来了解权重是如何作用于网格的。在图 11.9 的左图中，可以看到有一个简单的模型，一个圆柱体，内部有两根骨骼。在中图中，我们可以看到顶部的骨骼权重分布：红色表示骨骼会对那里的顶点产生 100% 的影响量，而深蓝色则代表骨骼对那里的顶点完全没有影响。所有中间的颜色（橙色、黄色、绿色等）代表从 0 到 100 个百分比间的不同程度的影响量。在右图中，我们可以看到当旋转那根骨骼时对模型的作用效果：红色区域会完全跟随骨骼运动，而中间色区域（绿色或黄色区域）会按比例分摊各根骨骼的影响量。骨骼影响量为零的地方（蓝色区域）则完全不会跟着骨骼一起运动。

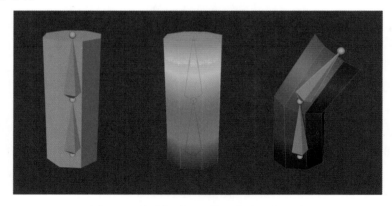

图 11.9　骨骼权重对网格形变效果的影响

接下来，我们将学习如何设置网格的顶点权重，让形变骨对网格的作用效果符合预期。

顶点组

我们可以将多个顶点归到同一个组中，并定义该组对每个顶点的影响量。这就是骨骼顶点权重的作用方式：每根骨骼都会生成一个与该骨骼同名的顶点组，更改指定顶点组的影响量会决定该骨骼对组内顶点的形变影响程度。

如果愿意，同一个顶点可以归属于多个顶点组，也就是说，它可以同时被多根骨骼影响。

顶点组菜单位于属性编辑器的网格属性（Mesh）选项卡的顶点组（Vertex Groups）面板中（见图 11.10）。该面板的布局和其他地方的菜单很相似，如骨骼组面板等。

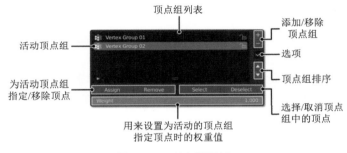

图 11.10 顶点组面板

不过，这个菜单包含一个数值滑块，范围从 0 到 1（0 表示毫无影响，1 表示完全影响）。这个滑块定义了选中的顶点组对于组内顶点的影响量。

通常，我们可以按照如下步骤将顶点归入顶点组。

1. 选中一个或多个想要归组的顶点。

2. 在顶点组列表中，选择我们的目标顶点组。

3. 设置权重（Weight）滑块的数值，以定义你想让该顶点组对所选顶点的影响量。

4. 单击指定按钮，即可将该组的权重指定给选中的顶点。

顶点组和权重在很多方面都很有用。在本案例中，它们被用来确定骨骼对网格的形变影响程度。但我们也会发现，在某些修改器中，会有需要指定顶点组的选项，目的是让修改器只影响特定顶点组的顶点。

> 小提示：
>
> 指定顶点组的操作只能在编辑模式下进行。不过，我们可以切换到权重绘制（Weight Paint）模式，选择想要绘制权重的顶点组，然后在模型的表面"画出"权重，这样就实现了对该顶点组的权重的编辑。

为蒙皮设置模型

在开始定义骨骼的顶点权重之前，我们需要进行一些设置。在本节中，我们将学习形变骨的知识，以及如何决定哪些物体需要权重，哪些物体不需要。

形变骨

绑定件由很多骨骼组成，我们需要让 Blender 知道哪个骨骼控制网格的哪个部分。在默认情况下，我们创建的所有骨骼都能用来让网格形变。我们应该了解它的原理，因为稍后会需要这些信息。但就目前而言，Rigify 插件已经帮我们完成了这项工作。我们应该只用形变骨来让网格形变，而不是其他骨骼。

在属性编辑器的骨骼选项卡中，可以看到形变（Deform）面板，在这里，我们可以设置骨骼形变的封套等特性。如果不想把它作为形变骨，那就禁用该面板。对多根骨骼逐一禁用该选项的话会很慢，但我们可以使用下面这些技巧。

- 在编辑模式或姿态模式下，选择所有你不想用来驱动网格形变的骨骼，按 **Alt+W** 键，然后单击形变选项，即可禁用所选骨骼的形变选项。选中你想要驱动网格形变的骨骼，按 **Shift+W** 键，然后单击形变选项，即可启用所选骨骼的形变。

使用 Shift+W 键和 Alt+W 键设置骨骼

既然 **Alt+W** 键和 **Shift+W** 键都能调出骨骼设置（Bone Settings）菜单，那么二者有什么区别呢？其实，在 Blender 中，**Alt** 键通常用来移除效果。而 **Shift+W** 键是用来切换效果的，所以如果目前的形变是启用状态，那么该操作会禁用它。而按 **Alt+W** 键的话，只会禁用选项，因此，如果你想要确保禁用该选项，那就按 **Alt+W** 键调出骨骼设置菜单。

- 此外，我们也可以从 3D 视口顶部菜单中找到骨骼设置子菜单，从中可以启用或禁用形变。在编辑模式下，该菜单位于骨架菜单；在姿态模式下，该选项位于姿态菜单。
- 另一种方法是选中所有你想要禁用或启用形变的骨骼。确保最后选中一个活动骨骼（如果按 **A** 键来选择所有骨骼，那么可能就不会存在活动骨骼了）。这样一来，我们在属性编辑器中所做的更改将只影响活动骨骼。但是如果此时在按住 **Alt** 键的同时禁用或启用形变，那么可以更改所有选中骨骼的同一选项。

骨骼组和骨架层可以帮助我们完成这个过程。如果我们很好地整理了骨骼，并将所有的形变骨放在一个单独的层或组中，那么就会更容易地选中所有的形变骨或非形变骨，并同时为它们更改同一选项。

虽然我们并不需要在使用 Rigify 插件后调整骨骼的形变状态，但我们在稍后创建面部绑定件时要用到它。

仅编辑形变骨

现在，Rigify 插件绑定件上全是控制器，而这些控制器并不是用来驱动角色网格形变的。你需要调节的应该是那些能驱动网格形变的骨骼，也就是我们在上一节说的那种。

在一个 Rigify 插件绑定件中，所有的形变骨都放在了一个层里。进入属性编辑器的骨架层面板，我们只启用倒数第三个层，如图 11.11 所示。

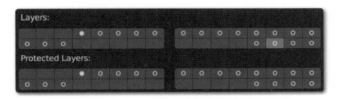

图 11.11　骨架层面板

你现在看到的骨骼都是用来驱动网格形变的骨骼。腿部和手臂上的每根骨骼都一分为二。这会让蒙皮的过程有点难度，但会让我们稍后做出卡通化的弯曲效果。

弄清楚哪些物体不需要权重

没错，不会形变的物体也就不需要权重啦！我们可以直接为这些物体绑定层级关系，如头发、帽子、牙齿、眼球和舌头，这些物体只需要绑定到各自的骨骼上，而不需要用骨架修改器或权重来控制，因为它们不需要形变。虽然舌头可以形变，但为了保持本案例的简单性，我们就不让它形变了。而眼球也会一直使用它们的晶格修改器，因为我们需要让眼球在移动时保持扁扁的形状，它们也将作为各自对应的骨骼的子级，我们将在绑定面部的时候创建这些骨骼。

要想将一个物体绑定到一根骨骼上，首先确保切换到骨架的姿态模式。先选中那个物体，按住 **Shift** 键并选中想要作为它父级的那根骨骼，按 **Ctrl+P** 键来绑定层级关系。这里我们不用自动权重（Automatic Weights）选项，而用骨骼选项。

> 小提示：
>
> 　　由于将物体作为骨骼的子级需要在多种交互模式中选择物体（在姿态模式下的骨骼和在物体模式下的物体）。因此，请先在 Blender 顶部的编辑菜单中禁用锁定物体模式（Lock Object Modes）选项。启用该选项时，我们是不能选中在其他交互模式下的物体的。例如，网格物体不能有姿态模式，所以在选择网格物体之前，需要在骨架中切换到物体模式。而禁用该选项之后则不会有这样的问题。

首先，把不需要权重的物体放到离它们较近的形变骨上。请按照以下步骤操作。

1．确保骨架处于姿态模式，否则无法选中特定的骨骼。这会导致在绑定了层级关系后，物体将跟随骨架物体，而不是骨架上的某根特定的骨骼。

2．先选择一个或多个想要作为某根骨骼子级的物体。

3．按住 **Shift** 键并选择你想要作为父级的那根骨骼，让它作为活动物体。

4．按 **Ctrl+P** 键，在弹出的菜单中选择骨骼选项，即可将骨骼作为先前选中的那些物体的父级。

例如，你可以在通信耳机和手臂的布料细节上使用这种方法。只有眼球、帽子、头发、角膜、牙齿和舌头不需要形变，但我们现在还不能绑定（因为目前绑定件上还没有用来移动这些物体的骨骼，我们稍后会创建它们）。我们现在可以先把它们隐藏，这样它们就不会妨碍我们的操作了。

模型

要想让蒙皮的过程更简单，请按照如下步骤操作。

- 对需要形变的物体，我们单击镜像修改器、厚度修改器和缩裹修改器上的应用按钮，把它们应用给物体，这样，当我们为网格添加权重时，这些修改器就不会干扰我们了。虽然我在这里推荐这样做，但请记住，并不总是需要应用修改器，有时甚至建议保留它们（例如，你可能需要在蒙皮过程完成后继续调整修改器的属性）。

- 应用镜像修改器时，某些地方（如手臂的细节）需要被分离出来，因为我们不需要镜像复制这些地方，特别是在不需要让这些物体形变的时候。为此，在编辑模式下，选择其中一侧的面，按 **P** 键将它分离成单独的物体。而手套和靴子等其他物品则可以保留，以便能够镜像复制我们将要添加的权重。这取决于它们相对于另一侧骨骼的位置。如果愿意，以后可以把它们分离出去。

- 按 **Ctrl+A** 键来应用每个网格的变换结果，即位置、旋转和缩放（控制眼球的晶格物体除外，以防你在进行形变时缩放它们，因为它们依赖缩放来形变）。将所有物体链接到骨架，此操作可以避免出现一些问题。例如，如果我们缩放了物体，那么稍后在创建骨架和物体之间的层级关系时可能会遇到问题。

- 应用变换时要注意，可能会出现一些问题。如果一个物体变暗或看起来奇怪，请切换到编辑模式，选择所有网格面，按 **Shift+N** 键重置法线方向。此外，如果物体使用了某些修改器（如厚度修改器），那么你可能需要手动修改一下参数，因为它们的厚度直接取决于它们的比例，所以当你应用缩放操作时，厚度可能会受到影响。如果之前已经应用了这些修改器，那就不应该发生这种情况，但如果你希望保留这些修改器，那么可能会发生这种情况。

- 为每个物体改名（如果你还没有这样做），这样你就可以通过物体的名称来识别它们。这在今后的过程中会很有用。

添加骨架修改器

添加骨架修改器的目的是让网格知道它要如何被骨架中的骨骼控制。和约束器一样，骨架修改器也有两种添加方式。

- 选中想要用骨架驱动形变的网格，转到属性编辑器中的修改器选项卡并添加一个骨架修改器。然后，在骨架栏中，输入你想要用来控制网格形变的骨架物体。此后的蒙皮操作基本都要手动操作。

- 另一种添加骨架修改器的方法是先选中网格，然后按住 **Shift** 键的同时选择一根骨骼或骨架，然后按 **Ctrl + P** 键建立层级关系。此时，Blender 会显示若干选项，其中有几项位于骨架形变组中。这些选项包括附带空顶点组（With Empty Groups，为各段骨骼创建了对应的顶点组，但需要手动添加权重）、附带封套权重（With Envelope Weights，根据骨骼的封套设置为网格添加权重）、附带自动权重（With Automatic Weights，它会检测与骨骼最接近的顶点，并根据距离自动指定权重）。通常建议使用附带自动权重，除非你已经设置过骨骼的封套，这里就不深入探讨了。

小提示：

　　如果你之前为模型添加过表面细分修改器，那么当你添加一个骨架修改器时，按照修改器从上到下的执行顺序，Blender 会先执行表面细分修改器，再执行骨架修改器，这会让操作执行性能降低，而且会更难以控制顶点的权重。因此，建议将骨架修改器上移到表面细分修改器之上（表面细分修改器应当被列在修改器堆栈的最底部）。对每个物体都应这样设置。

　　在操作时，为了确保不漏掉物体，我们每改完一个物体，就按 **H** 键隐藏它，然后选择下一个物体重复这个过程。处理完所有的物体后，按 **Alt+H** 键显示之前的那些物体。

　　完成上述操作后，当我们移动绑定件时，应该可以驱动 Jim 的网格形变，但 Blender 可能在某些地方处理得不是太理想。这时候就需要我们手动添加权重来修正它。

权重绘制

　　可以说，权重绘制是为模型指定骨骼权重的最快捷的方式。要想进入权重绘制（Weight Paint）模式，只需要在 3D 视口标题栏上的交互模式菜单中选择权重绘制选项。现在你会看到模型上出现了蓝色、黄色、绿色和红色等颜色。这些颜色代表当前选中的骨骼的权重分配。你也可以按 **Ctrl + Tab** 键切换到该模式。

　　权重绘制模式与纹理绘制模式很相似，在 3D 视口左侧的工具栏中，可以看到绘制权重时用到的工具及选项（如图 11.12 所示）。

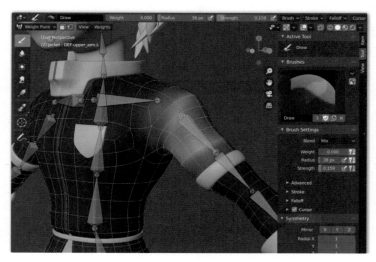

图 11.12　权重绘制模式的工具界面

当你使用自动权重为网格添加骨架修改器的同时，会在网格上创建多个顶点组，其中，每个顶点组分别对应与之同名的骨骼。每个顶点组存储的权重能够影响骨架中的每根骨骼。

以下是权重绘制模式的几点操作指导。

- 在 3D 视口的左侧，可以看到权重绘制工具，如笔刷、模糊、平均、涂抹及渐变等。
- 单击**鼠标左键**并在网格顶点上拖动鼠标即可绘制权重。
- 我们也可以设置笔刷的尺寸（Size）、力度（Strength）及权重（Weight）。这与在纹理绘制模式下的选项基本相同。也可以在 3D 视口中按 **F** 键和 **Shift + F** 键分别控制笔刷的尺寸和力度。
- 在顶栏中，你可以访问当前工具的所有设置。
- 选择与骨骼同名的顶点组，可以调节它的影响量。顶点组列表位于属性编辑器的物体数据选项卡（对网格物体来说，也称为网格选项卡）。

小提示：

从列表中选择顶点组并不是最快的方法。其实，我们可以选择骨架物体，确保切换到姿态模式，然后选择网格，在权重绘制模式下按 **Ctrl + 鼠标左键**键选择骨骼，这时你会看到骨骼对顶点的权重影响，而与之对应的顶点组也会被自动选中。

另一种选择方法是，在权重绘制模式下，在网格上按 **Shift + 鼠标右键**键，会弹出一个菜单，其中列出了影响该区域的顶点组。

- 在绘制权重过程中，按 **G**、**R** 或 **S** 键可移动、旋转或缩放该骨骼，以便能够在绘制权重时随时移动角色，从而测试权重是否合适（有时候，你可能会想要将某些骨骼重置回初始位置，只需要按 **A** 键全选它们，或者手动选择其中的某些骨骼，然后按 **Alt + G**、**Alt + R**、**Alt + S** 键，重置它们的位置、旋转及缩放值）。此外，按 **Shift + 鼠标左键**键可以选中多根骨骼，甚至在权重绘制模式下也能这样操作。因此，我们可能需要经常按 **Alt+A** 键来取消选中它们。

  注意，如果你的绑定件是使用 Rigify 插件生成的，那么这种方法不适用于形变骨，因为形变骨的运动受到其他控制器的控制。在本案例中，我们需要先让这些绑定件可见。

  我们甚至可以稍后通过创建动画（详见第 12 章 "制作角色动画"）的方式来移动添加了权重的骨骼，这样一来，当我们在时间轴上拖动光标或按 **Alt** 键并滚动鼠标滚轮时，就会看到它的变化了。

- 在 3D 视口顶部的工具设置栏的最右侧，有一个选项菜单，包含一些有用的选项，其中一个是 X 向镜像（X-Mirror）。如果你的网格在 X 轴上是对称的，那么你很幸运！该选项可以将你在角色一侧绘制的权重映射到另一侧对应的骨骼上。当然，该选项只有在我们将骨骼用左右后缀正确命名的情况下才能正常工作（默认在 Rigify 插件中完成）。在选项菜单的左侧有一个蝴蝶状的小图标，中间有一条虚线。该图标旁边还有三个按钮，每个按钮代表一个轴向。这些按钮会在各自对应的轴向上执行与 X 向镜像相同的功能。
- 模糊（Blur）笔刷很好用。首先绘制基础权重，在你想要让权重更柔和的地方（如肘部和膝盖等关节处），需要用模糊笔刷来绘制和平滑权重的边界。请记住，该笔刷会模糊笔刷范围内的顶点权重，所以你可能需要把范围放大些才能用出效果。

> 小提示：
>
> 在绘制权重时，建议在 3D 视口的视图叠加层菜单中使用控制权重绘制的可视化效果的选项，也可以在视口着色模式中调整透视（X-Ray）选项（线框模式下可用）。尝试在实体模式和线框模式之间切换，找到最适合你进行权重绘制的综合设置方案。
>
> 我通常在实体模式下使用权重绘制，并启用显示线框（Show Wire）选项，将透视值设为 1。建议你亲自尝试这些选项，找到适合自己的方案。

> 小提示：
>
> 只有亲自体验一下这些选项，才能真正理解它们的作用。当我们为角色制作蒙皮来让骨骼驱动网格形变的时候，建议你尝试所有的选项，并改变绑定件的姿态，看看这些选项的作用。

权重值

权重绘制的过程虽然简单，但也需要技巧。对于复杂的模型或想要绘制特定权重的区域，通过输入数值的方式来为每个顶点设置权重更好。

在属性编辑器的网格选项卡（图标为一个倒三角形，三个顶点上各有一个小圆圈）中，找到顶点组面板，其中有输入数值的选项。操作方法如下。

1. 在编辑模式下，选中想要精确指定权重值的顶点。

2. 转到顶点组面板，找到与想要添加权重的骨骼同名的顶点组，单击鼠标左键选中它。如果你单击列表底部的小按钮（每个列表底部都有一个这样的按钮），你就可以通过输入名称的方式快速查找顶点组，也就是说，只需要在里面输入顶点组的名称，并按 **Enter** 键，显示与你输入的名称完全匹配的顶点组（这又是一个采取适当命名的好处）。

3．在顶点组面板下方，有几个选项，它们与骨骼顶点组（Bone Groups）面板中的那些选项很相似。设定好权重值后单击指定按钮，即可将该权重值指定给选中的骨骼/顶点组的控制顶点。

此外，还有另一种调节顶点权重的方法：在编辑模式下，选择一个或多个顶点，如果它们已经被指定过权重值，那么 3D 视口的侧边栏（按 **N** 键可显示或隐藏该侧边栏）的条目选项卡中会显示一个顶点权重（Vertex Weights）面板。我们可以在那里调节各个顶点的权重值，包括在顶点之间复制粘贴权重值等（这意味着，在选择多个顶点时，我们需要最后选中想要复制权重值的顶点）。

检验形变效果

在为所有需要形变的网格添加好权重后，我们可以为 Jim 摆好姿态，检查绑定件和模型的动画效果，并进行必要的调整。在为角色添加权重时，请记住以下要点。

- 例如，手臂上的布料细节可能会被骨骼扭曲，但我们可以把它们作为手臂骨骼的子级。在设计过程中，要注意细节元素的位置，因为在这些位置上，只有一根骨骼会影响它们，所以采用直接绑定层级关系的办法就足够了。
- 我们可能需要尝试移动 Rigify 插件绑定件，看看它们的运动效果，以及它们驱动网格形变的效果。
- 不必太关注头部的模型，因为我们稍后将在本章处理它。
- 尝试用最大幅度来移动绑定件，看看形变效果是否符合预期。如果不符合，那就回到权重绘制模式进行必要的调整。

创建面部绑定件

现在就只剩下面部绑定件了，Jim 的表情变化全靠这里。为此，你需要用到形态键（Shape Keys）。形态键能够存储同一物体的不同形态。例如，想象 Jim 的一个笑脸表情，然后通过调节一个范围为 0～100 的数值滑块将常态时的顶点位置逐渐移动到笑脸表情中的位置。当你掌握了如何使用形态键控制模型后，你可以新建几根骨骼，并学习如何使用它们来控制形态键。然后你就可以仅用几根骨骼来控制 Jim 的表情变化了。

但由于我们并没有用 Rigify 插件来生成面部绑定件，因此需要手动来为眼睛和下巴做绑定。

绑定眼睛

在本节中，我们将绑定角色的眼睛。这里我们将用到标准跟随约束器来控制眼睛的注视方向。图 11.13 是眼球的绑定件。只需要做出一侧眼球的绑定件，随后我们镜像复制到另一侧。

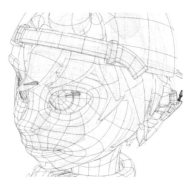

图 11.13　眼球的绑定件

我们需要创建用来移动眼球模型的骨骼，有一点复杂，因为你有一只眼球正在被晶格修改器形变。在正常的模型中，眼睛是一个完美的球体，所以骨骼应该在眼睛的中心，此时，你必须让骨骼与原本的物体对齐，而不是形变后的物体。方法如下。

1. 选中眼睛物体，按 **Shift+S** 键将 3D 游标放到它的中心。如果你发现 3D 游标并不在眼睛的中心也没关系，因为在晶格修改器让眼睛形变之前，眼睛会从中心开始旋转。

2. 进入骨架的编辑模式，在 3D 游标的位置上创建一根骨骼。新建的骨骼看起来是竖直向上的。我们可以用 3D 游标作为轴心点来旋转它，让它指向前方。我们可以把它命名为 D_eye.L（D 代表形变，最后的 L 代表它是左侧的绑定件），把它作为头部形变骨的子级骨，位于我们在蒙皮阶段编辑过的骨架层。这根头部形变骨的名称是 DEF-spine.006（是 Rigify 插件默认生成的）。这样一来，控制眼睛的骨骼就会跟着头部一起运动了。

3. 选中我们刚刚创建的骨骼的尾端，并向上挤出。选中挤出的这段骨骼，按 **Alt+P** 键并从弹出菜单中选择清空父级选项，使该骨骼成为单独的骨架物体。我们可以把它前移，便于我们将它作为眼睛的注视目标。我们可以把它命名为 C_eye_target.L（C 代表控制，它是一根控制骨，因为我们要用它来控制眼睛的注视方向）。

4. 复制 C_eye_target.L 这根骨骼，在 X 轴上移动到 0 位置，也可以把它放大一点。这里我们要用这根骨骼同时控制两个眼球，如果需要，也可以分别控制每个眼球。我们可以把这根骨骼称为 C_look_target。

　　5．为了添加标准跟随约束器并让眼睛的骨骼注视目标骨，切换到姿态模式，先选中目标骨，再按 **Shift** 键选中眼球控制骨，现在我们选中了两根骨骼，按 **Ctrl+Shift+C** 键，并在弹出的菜单中选择标准跟随选项。现在，当我们移动眼球的目标骨时，眼球的控制骨应该会始终朝向它了。

　　6．确保眼球控制骨的方向是正确的。在属性编辑器的骨架选项卡的视图显示面板中，勾选轴向（Axis），从而可以在 3D 视口中看到骨骼的朝向。在编辑模式和姿态模式之间切换，并注意眼球控制骨。如果骨骼在模式之间切换时改变了朝向，那么就是约束器让它转动了，我们要让它保持在原来的位置。为此，在编辑模式下，按 **Ctrl+R** 键来转动骨骼，并让它的朝向与在姿态模式下的朝向一致。我们通常只需要把它旋转 90°或 180°就可以了。一定要让朝向准确，因此，建议手动输入旋转角度值。

　　完成以后，确保眼球控制骨的形项已启用（用来让眼睑略微形变），而目标骨的形变则要禁用。

镜像眼睛的绑定件

　　现在我们绑定好了一只眼睛，那么我们就来复制出另一只眼睛的绑定件吧。

　　在镜像之前，值得一提的是，姿态也是可以镜像复制的，只要我们对骨骼的名称进行了适当的命名。在蒙皮过程中，给骨骼适当命名也有助于镜像权重。到目前为止，Rigify 插件已经为我们完成了所有这些工作，但我们依然有必要了解镜像复制功能是如何工作的，这样你就可以自己为绑定件添加其他部分了。每根骨骼都有一个包含后缀的名称，从而让 Blender 知道它是在左边还是右边。下面是一些例子。

- D_eye.R："．R"后缀会让 Blender 知道这根骨骼位于身体右侧。
- D_eye.L："．L"后缀会让 Blender 知道这根骨骼位于身体左侧。
- C_look_target：如果名称中不包含任何后缀，那么 Blender 知道这根骨骼位于中央。

　　利用这种命名约定，我们可以能让 Blender 将姿态从某一侧的骨骼传递给另一侧与之对应的骨骼。当我们为蒙皮绘制权重时，也可以将权重镜像到另一侧。

自动重命名骨骼

Blender 有自动为骨骼名称添加后缀的工具。如果你有很多骨骼，那么可以只命名其中一侧的骨骼，然后使用此工具来自动命名另一侧的骨骼，或者批量添加后缀。在编辑模式或姿态模式下按 **A** 键选择所有骨骼，并从 3D 视口顶部的骨架菜单（编辑模式下）或姿态菜单（姿态模式下）中，在名称子菜单中选择左/右自动命名（AutoName Left/Right）选项，也可以在上下文菜单（**鼠标右键**）中找到它。该选项会检测 X 轴正向和负向的骨骼，并相应地给它们命名，这就是为什么我们要让角色以 X 轴为中心对称。

然后转到位于中心的骨骼，检查它们的名称。有时候，如果骨骼不是正好位于 $X=0$ 的位置，那么它们的名称中也会被加上后缀。对于这些骨骼，检查它们的名称，并删掉后缀。

> **小提示：**
>
> 　此外，我们可以按 **F2** 键给活动物体快速改名。另一个有趣的工具是批量重命名（Batch Rename），可以用来快速替换名称中的一部分，并添加前缀和后缀。按 **Ctrl+F2** 键即可打开该工具，并出现一个菜单，其中包含所有可用于所选物体的选项。

镜像复制骨骼

现在骨骼都有了适当的名称，如果你编辑的是左侧的眼睛，那么所有的骨骼（除了位于中央的 C_look_target 骨骼）名称中都有".L"后缀。镜像复制骨骼的步骤如下。

1．在编辑模式下，选择眼球控制骨和目标骨。

2．按 **Shift+D** 键复制它们，并单击**鼠标右键**撤销移动。

3．按 **Shift+C** 键，将 3D 游标放到场景中央，并按**"."**（句号）键，将轴心点类型切换为 3D 游标。

4．按 **Ctrl+M** 键镜像复制所选骨骼，并按 **X** 键，将 X 轴指定为镜像轴，按 **Enter** 键确定。

5．虽然我们镜像复制出了这些骨骼，但它们的名称都是像 D_eye.L.001 这样的。别担心，Blender 在复制物体时都会这样自动重命名，也就是自动添加一个数字编号，从而不会重名。选中镜像复制出来的骨骼，从上一节提到的名称子菜单中选择翻转名称（Flip Names）选项，从而将代表左侧的名称转换为代表右侧的名称，如将 D_eye.L.001 改名为 D_eye.R.001。可以看到，该选项只会更改名称中代表方向的部分，而不会更改其他部分。

6. 然后，打开调整上一次操作菜单，并取消勾选数字编号（Strip Numbers），这会将 D_eye.R.001 变成 D_eye.R。

镜像复制骨骼可能带来的问题

尽管镜像复制骨骼能为我们节省很多时间，包括为每根骨骼添加约束器等重复性的工作，但有时候这样可能会带来一些问题。

镜像复制后，某些骨骼的旋转角度可能会很奇怪，需要我们手动去修正。尽管这有点让人不爽，但总的来说还是会比手动新建它们更轻松！

如果有必要，可以开启轴向的可见性（前面讲过），进入编辑模式并按 **Ctrl+R** 键来旋转骨骼。有时候，我们需要在约束器面板中调节一下参数来修正这样的问题。

绑定下颌

我们需要控制 Jim 下颌的开合，所以需要新建一根从头部到下巴的骨骼来控制它的旋转。图 11.14 显示了这根骨骼的位置。

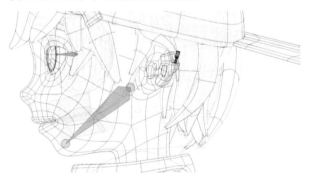

图 11.14 Jim 头部内的下颌骨位置

创建该骨骼后，我们把它作为头部形变骨的子级，就像我们在绑定眼睛控制骨时所做的那样，并把它改名为 DEF-spine.006，确保为下颌骨启用了形变。

为眼睛和下颌蒙皮

我们已经为眼睛和下颌添加了骨骼，现在来做蒙皮，让它们驱动 3D 网格的运动。

这些新骨骼和之前的骨骼不一样。之前骨骼的顶点组是在我们创建骨架修改器时自动添加的，但现在我们不能这样做了。那么要如何添加新骨骼来影响形变呢？其实很简单，为它们手动创建出与之同名的顶点组即可。

它们会定义同名的骨骼对顶点的影响。Blender 知道哪个顶点组应该受到哪根骨骼的影响，因为顶点组的名称和骨骼的名称是相同的。

然后，我们就可以绘制这些顶点组的权重了，并且会影响与之同名的骨骼对顶点的影响量。

> 小提示：
>
> 　说到顶点组和骨骼的工作机制，其实它们很"聪明"。当我们创建与特定骨骼同名的顶点组时，顶点组和骨骼会以某种方式连接起来。如果我们稍后更改了骨骼的名称，那么该顶点组的名称也会自动更新，确保不会让该骨骼的权重丢失，从而影响结果。

我们前面说过，眼睛是不会形变的，它们只会跟随它们的控制骨转动。然而，我们可以让眼睑形变，让眼球运动时的效果更好（也就是说，当眼球转动时，眼睑也会跟着小幅度动起来）。

为此，我们选择头部网格，进入编辑模式，选择眼睛周围的顶点，并为与眼球控制骨对应的顶点组绘制一点权重。我们可以使用到目前为止学到的任何技巧来添加权重，如权重绘制功能或通过顶点组面板调节等。

下颌的蒙皮有点复杂。Jim 头部下颌的网格已经受到了其他骨骼的影响，所以我们要增加下颌骨的权重，同时减少其他骨骼对这些顶点的权重，不然它们会导致下颌形变。

> 小提示：
>
> 　在蒙皮过程中，我们一定要不断进行测试，以确保我们分配的权重能够正常工作。在绘制权重时，我们应该不时停下来，移动绑定件，并观察有没有出现不想要的形变效果。
>
> 　因为之前使用过自动权重功能，所以难免会影响那些不需要被影响的部分，即使是很小的影响。有时候，除非我们移动很夸张的幅度来测试，否则很难发现问题。
>
> 　例如，在下颌处，如果我们将头部向上或向一侧旋转 180°（头部平时很少会转动这么大的角度），那么就可以看到下颌是否充分跟着一起转动，或者受到其他骨骼的影响而形变。

下颌复杂也因为它涉及嘴巴，因为模型中的嘴巴是闭合的，所以在嘴巴闭合的时候很难绘制权重。在这种情况下，不妨试试如下方法（见图 11.15）。

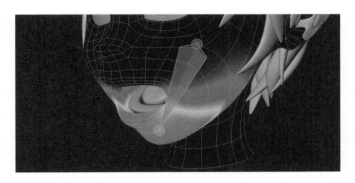

图 11.15 嘴巴张开时更容易为下颌的控制骨绘制权重

1. 进入编辑模式，选择不需要的部分（如嘴巴的上部），按 **H** 键隐藏它们，这样它们就不会妨碍我们的操作了。

2. 选择你想要让下颌控制骨影响的区域，并在顶点组菜单上单击指定按钮添加权重。

3. 退出编辑模式，在姿态模式下选中下颌控制骨，用它来张开嘴巴。尽管下巴可能会像预期那样移动，但嘴巴和脸颊周围区域的形变效果可能不会很理想，因为目前骨骼只能驱动完全指定了权重的顶点。

4. 在权重绘制模式下，使用模糊笔刷，并调大笔刷尺寸，在形变不理想的地方进行绘制，在最受影响的区域和未受影响的区域之间形成权重渐变，以减轻这些区域的形变。我们还可以看到嘴巴张开时骨骼的效果。使用权重绘制工具进行必要的调整。

5. 选中下颌控制骨，按 **Alt+R** 键来重置旋转，让嘴巴再次闭合。

由此可见，有时在移动或旋转一些添加了权重的骨骼后，将模型的某些区域移开会更容易一些。在本案例中，我们让嘴巴临时张开，从而便于编辑嘴唇和嘴巴内部，否则我们很难编辑这些地方。

此外要注意，所有的上牙都应该是头部控制骨的骨骼，而所有的下牙都应该跟着下颌控制骨一起运动。

胸章的形变

有趣的是，在网格发生形变时，胸章可能会和夹克的模型发生交叉，因为即使我们做了正确的蒙皮效果，但是胸章和夹克毕竟不是完全重合的，因此会在某些地方发生形变。

对于胸章的问题，我们有一个非常简单的解决方案：在夹克的表面放置一个平面物体。通过网格形变修改器和表面形变修改器，让一个物体跟着另一个物体形变。这些修改器会把一个网格的几何形状关联到另一个网格上，类似在绑定骨骼时使用自动权重功能的效果。当网格形变的顶点在一定范围内移动时，它们就会驱动带有该修改器的物体发生形变。

如果想要用一个闭合外形的网格来驱动物体形变，请使用网格形变修改器。而表面形变修改器则适用于用一个曲面来驱动物体形变，而该物体不一定要有闭合的外形。在本案例中，我们应该使用后者。具体方法如下。

1．选中胸章。如果你对它启用了一个骨架修改器，那就禁用它，以免它干扰表面形变修改器的效果。

2．为胸章添加表面形变修改器，并在修改器堆栈中把它上移到表面细分修改器的上层，以提升它的性能，因为它所作用的点减少了。

3．在表面形变修改器面板中，在选择形变物体那一栏中选择夹克的模型。然后单击绑定（Bind）按钮，将胸章上的顶点关联到夹克的表面几何形状上。

现在，如果我们移动绑定件，那么就会看到胸章跟随夹克的表面一起运动。

小提示：

使用表面形变修改器或网格形变修改器将一个网格的顶点绑定到另一个网格之后，请记住，网格的任何形变都会破坏绑定。如果确有必要调整相应的网格，那就需要在该修改器的面板中重新绑定。

创建形态键

为 Jim 制作表情的第一步就是创建形态键。对于面部的不同区域，我们要单独创建形态键。你可以创建的形态键有：微笑、皱眉、眨眼、张嘴及上下移动眉毛。我们必须为面部的各个部分单独创建这些形态键，以便分别控制它们。

对于每种动作（那些同时影响两侧网格的动作除外），都需要创建两个形态键，分别控制面部的两侧。例如，你想要让左右眼皮同时眨。对 Jim 这个案例来说，操作其实并不难，因为你不需要去制作复杂的面部表情。为了方便教学，我们只需要几种基本的表情，如微笑、眨眼等，这样可以尽可能简化形态键。不过，如果你想创建非常逼真的面部骨架，那就需要创建很多形态键。图 11.16 就是形态键面板，位于属性编辑器的网格选项卡（物体数据选项卡）。

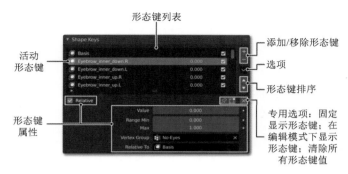

图 11.16　形态键面板，位于属性编辑器的网格选项卡。
我们可以在这里添加、移除或调节列表中的形态键

为原始模型创建形态键

形态键的使用流程如下：先单击面板中的"＋"按钮，创建一个名为"Basis"的键，它是其余所有形态键的基础形态，也就是模型的原始形态。然后再次单击"＋"按钮，添加一个新的形态键。双击它的名字可以重命名。例如，我们想要创建微笑表情的形态键，那么可以把它命名为 mouth_smile.L（代表左边嘴角的微笑表情）。现在，选中这个形态键，进入编辑模式，可以手动调整左侧嘴角附近的顶点（这时使用衰减编辑工具会非常方便）做出那一侧的微笑表情。当你退出编辑模式时，你会看到模型又回到了初始形态，刚刚做好的微笑表情也不见了。这是因为微笑形态键的当前影响量是 0%。在形态键的名称后面有一个数值（见图 11.16）你可以在上面左右拖曳来增加或降低形态键的影响值。你也可以拖动列表下方的值（Value）滑块达到同样的效果。

在列表底部，你可以控制当前形态键的值（范围通常从 0 到 1）。如果你将数值区间（Range）的最大值（Max）设为 2，那么该形态键所控制的顶点移动范围将是顶点移动幅度的 2 倍。

小提示：

　　在编辑模式下，在列表中选择一个形态键可显示该键的形变效果。我们甚至可以按键盘上的上下键来浏览形态键列表，看看它们是如何快速驱动网格形变的。

根据单独的模型创建形态键

我们可以根据所需要的形态键的数量创建出同样数量的原始模型的副本，用形态键的名称来命名这些物体，并根据你的需要改变每个形态键中的顶点的位置。

所有模型都准备编辑完成后，先选择所有这些副本，最后选择原始模型
（把它作为活动物体），单击形态键面板中的上/下箭头，重新排列形态键的顺
序，并单击它们上方的形态键高级选项（Shape Key Specials）按钮，从中选择
合并为形态（Join as Shapes）选项。此时，每个所选模型的当前形态都将成为
原始物体的形态键，就好像我们直接在上面建模了一样，所生成的形态键的名
称就是所选模型的名称。

这种技术的优点在于，它可以让你同时看到所有形态键的状态，并对它们
进行比照，这会很有用处。在图 11.17 中，可以看到为 Jim 创建的一组形态键，
以及它们使用的名称（图中只做出了角色右脸的形态键）。

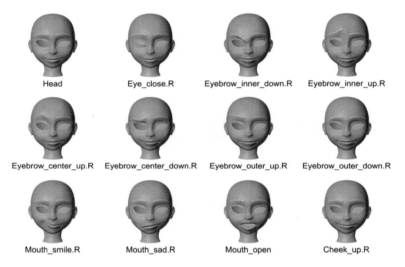

图 11.17　用来制作 Jim 表情的面部形态键（本图中文字是物体名称，无须翻译）

> **小提示：**
>
> 在创建形态键时，必须确保原始网格的几何元素不会有任何改变，否则
> 就会出现问题，因为形态键需要几何元素完全相同。由于形态键存储的是顶
> 点位置的变化，所以如果你改变了顶点的数量，那么一切都会乱套。

不管你用什么方法，目的都是为面部的各个部分设置不同的形态键，并将
它们相互混合，从而做出丰富多变的表情。例如，快乐的表情可以通过微笑来
表达，嘴唇微微张开，眼睛半闭，脸颊上抬，眉毛扬起。这些形态键综合起来
就能做出快乐的表情。图 11.18 显示了利用一些基本的形态键在 Jim 的面部做
出的不同表情。当然，左脸和右脸都有形态键表情，我们稍后就会讲到。

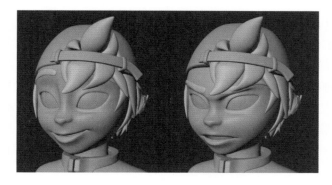

图 11.18　Jim 的形态键。面部的各个独立的部分的形变效果混合起来，
就能创建出丰富的面部表情

镜像复制形态键

之前我们看到了，你需要对左右两侧的形态键分别做处理。例如，你需要一个眨右眼及一个眨左眼的形态键。不过，如果你的角色面部结构是对称的，那么分别创建两侧的形态键会是个麻烦活，而且两侧的最终效果也会有差异。镜像创建形态键的方法如下。

1. 将想要镜像复制的形态键的值（Value，影响量）设为 1.0。

2. 单击"+"和"–"按钮下方的箭头，里面有添加或移除形态键的选项。我们选择混合后的新形态（New Shape From Mix），这将根据网格顶点在现有的形态键影响下的位置创建新的形态键。我们把它改名为代表右侧的名称。

3. 再次单击该按钮，选择镜像形态（Mirror Shape）选项，将顶点位置传递到网格的另一侧。

现在，我们可以将原来的形态键的值恢复为 0，就可以看到新的形态键了，它会在面部的另一侧呈现相同的效果。确保将新创建的形态键改名，以避免自动命名，毕竟那样不直观。此外，我们还可以使用列表右侧的上/下箭头，用更方便的方式重新排列形态键。

创建面部控制

创建面部骨架的方法有很多。例如，你可以使用控制骨在 3D 视口中直接操纵表情，这样就无须在形态键面板中逐一调节影响量了。在本节中，你将创建几段骨骼作为控制骨，用来操纵 3D 视口中的表情。通过这种方法，你无须在形态面板中逐一调节形态键。

根据想要控制的面部表情，我们需要对应的控制类型。这里，我们在面部的前方创建几根骨骼，每根骨骼均用来控制若干个形态键（面部表情）。

以嘴部控制骨为例，你将它设计成利用自身的缩放控制嘴巴的张合。眉毛控制骨的位置将决定眉毛的扬起程度。骨架的设置方式应尽量直观（我们稍后会为骨骼添加自定义骨形，让它们更加直观），这样可以轻易分辨出每根骨骼的控制目标是哪里。想象一下，当你向上移动某根骨骼时，它的控制目标骨也会随着向上运动，不是这样的话，那就谈不上直观。在图 11.19 中，你可以看到用来控制 Jim 面部表情的骨骼。模型越复杂，且形态键越多（如让他开口讲话），相应地就需要更多的控制骨。

图 11.19　这些骨骼将用来控制 Jim 的面部表情

将这些控制形态键的骨骼绑定为头部形变骨的子级，确保将它们归到 Control 骨骼组中。另外，你可以把它们放到一个新层中，让它们与其余的骨骼区分开，这样可以在处理角色的时候快速隐藏与显示这些面部控制骨。你也可以使用另一种前缀去命名，如 CF_cheek.L（Control Facial 的缩写，意为"面部控制"）。

将这些骨骼作为头部形变骨（名为 DEF-spine.006）的子级，并用它们将要形变的部位的名称来命名，如 C_eyebrow_outer.L、C_cheek.L、C_mouth。

我们可以用这些方法来创建一侧的骨骼，然后镜像复制到另一侧。

确保禁用所有这些骨骼的形变，因为它们不应该对顶点权重有任何影响。目前这还不是很重要，因为权重绘制工作已经完成了，所以任何新建的骨骼都不会改变已有的权重（当使用自动权重时，虽然它们是在添加骨架修改器时创建的，但此后它们就不会更新了）。不过，稍后我们可能需要对权重进行一些调整，所以最好不要留下可能会产生错误的遗留问题。

使用驱动器控制面部形态键

现在我们需要让 Blender 知道哪些骨骼及其对应的属性将如何控制形态键

的值。为此，我们将用到驱动器（Driver）。驱动器的使用方法有一定的技术含量，也属于相对高级的技能，所以我们先来讲一讲驱动器的基础知识，但我建议你去探索一下如何利用驱动器来控制更复杂的骨架。

　　在界面上切出一个新的编辑区，让其中一个区域继续显示 3D 视口，而将另一个区域的编辑器类型切换为驱动器编辑器。在驱动器编辑器中，我们可以自定义两种属性之间的关联和效果。在本案例中，我们要让 Blender 根据一根骨骼沿某个指定轴向上的移动距离来更改形态键的值。

创建驱动器

　　此时，驱动器的界面是完全空白的，因为目前场景中尚未添加过任何驱动器。创建方法也很简单：只需要在属性或数值上单击**鼠标右键**，并在菜单中选择添加驱动器（Add Driver）选项（虽然我们也可以直接在驱动器编辑器中创建它，但那要相对烦琐一些），此时会弹出一个菜单，其中，我们添加的那个属性已经设置好了，我们可以添加另一个物体的某个属性来驱动它。

　　图 11.20 就是驱动器的设置菜单，这里我们仅以其中一个形态键及面部控制骨为例（图中的设置可供参考）。

图 11.20　驱动器的设置菜单，包含用一根骨骼来更改形态键的值的若干选项

设置控制器

　　在本节中，我们将学习如何设置控制器，让左侧嘴角呈现微笑时的上扬形态。然后对其余的形态和控制骨使用相同的方法。设置控制器有两种方法，一种是右击属性或数值，并从弹出菜单中选择编辑驱动器（Edit Drivers）选项；

另一种是在驱动器编辑器中进行设置（在驱动器编辑器中时，在左侧的列表中单击该属性的名称，然后按 **N** 键调出侧边栏，并单击驱动器选项卡，即可看到同样的菜单，如图 11.21 所示）。

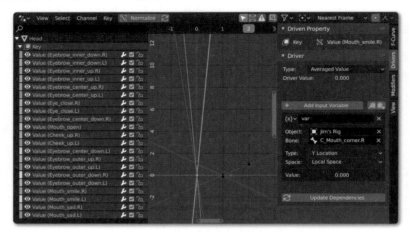

图 11.21　显示了驱动设置选项界面的驱动器编辑器

具体的操作步骤如下。

1．首先，我们需要创建一个驱动器，因此，我们选取一个想要控制的属性，为它添加一个驱动器。这里我们就选择能使左侧嘴角上扬的形态键（在本案例中是 Mouth_smile.L），并右击值滑块来添加一个驱动器。该滑块的值决定了形态键与原始网格状态的混合程度。

2．将驱动程序的类型（Type）设为平均化值（Averaged Value）。

3．在类型的下方是变量选项。对一个简单的驱动器来说，我们只需要一个变量。当然，可以为更高级的驱动程序创建更多的变量。驱动器会自动为我们创建一个空变量，我们需要在物体（Object）栏中选择 Jim 的绑定件。

4．当我们选择了绑定件后，会看到下面出现了一个新栏，让我们从中选择骨骼。现在知道了吧，当初为骨骼适当命名的好处已经体现出来了，因为我们要在一个长长的列表中选择它们。在本案例中，控制形态键的骨骼名为 C_mouth_corner.L。

5．选好骨骼后，我们来定义用来控制形态键的值的变换属性。在本案例中，我们希望形态键的值能够随着骨骼向上移动而增加。对骨骼来说，我们要查看它的轴向都指向了哪里，从而选择正确的一个。当然，也可以尝试不同的轴向，直到找到符合预期的那个，只是这样的"试错法"不太高效。在本案例中，骨骼是竖直向上的，Y 轴是我们需要的轴向。由于我们希望通过骨骼的位移来控制属性，所以应该从下方的类型列表中选择 Y 位置（Y Location）选项（而不是旋转或缩放）。

6. 在空间（Space）栏中，选择局部空间（Local Space）选项。世界空间（World Space）的原点位于场景的正中央，但我们希望位于在原始骨骼上具有零值效果的位置。当骨骼在它的静止位置（也就是和编辑模式中相同的位置）时，值为 0，而它的值会随着你的移动而增加或减少。

7. 单击更新依赖关系（Update Dependencies）按钮可更新驱动器的效果。现在你应该就会看到它出现在驱动器编辑器中。如果我们试着移动那根骨骼，但它并没有驱动形态键的值，或者驱动的速度过慢或过快，那么也不要担心。接下来，我们将学习驱动器配置的最后一部分内容。

在此之前，我们先来介绍一下驱动器编辑器的界面（见图 11.21）。

- 左侧是已指定了驱动器的属性列表。在默认情况下，我们应该只能看到当前选中的物体上的驱动器。当然，我们也可以看到场景中的所有驱动器，方法是单击标题栏上的带有鼠标指针形图标的按钮，即可切换查看范围。

- 在包含驱动器的属性列表中，我们可以选择想要设置和调整的属性。逐级展开，直到看到该属性。单击属性名称左侧的眼睛图标，可以在编辑器中显示或隐藏该属性的曲线。当我们有很多驱动器时，这样会很有用，避免意外的改动。

- 在编辑器的中间，可以看到一条斜线（仅在创建至少一个驱动器时才会显示）。它表示驱动器将对被驱动属性产生的影响，以及影响量的大小。X 轴（水平轴）是驱动属性值，Y 轴（垂直轴）是被驱动属性值。

- 默认的曲线是一条斜线，当驱动属性值为 0 时，它会将被驱动属性值设为 0；而当驱动属性值为 1 时，被驱动属性值也被设为 1。这条曲线（或直线）上有两个控制点，我们可以移动它们来改变驱动属性值和被驱动属性值之间的关系。例如，如果让直线更垂直些，那么影响的效果会更显著，如果让直线更水平些，那么效果就没那么显著。

- 如果你想要得到相反的效果，可以反转斜线的倾斜方向。

- 将直线倒置为向下而不是向上。

- 如果想要在编辑器中看到更大范围的值，那么可以使用通用的导览操作方式，即用**鼠标中键**来平移视图，按 **Ctrl+鼠标中键**并拖动鼠标，可以放大或缩小视图（也可以单独使用鼠标滚轮）。

既然你已经了解了这些基础知识，那么不妨试着调整一下曲线控制点的位置。当我们移动控制骨时，形态键会按我们期望的方式做出反应。

> **小提示：**
>
> 　在设置了若干驱动器后，你可能会发现，我们每次都需要为其他物体、骨骼、形态键等创建新的驱动器。其实，我们可以右击指定驱动器的属性，并从弹出的菜单中选择复制驱动器（Copy Driver）选项，然后在想要新建驱动器的属性上**右击**，从弹出的菜单中选择粘贴驱动器（Paste Driver）选项。现在，我们只需要转到新的驱动器并调整它的参数。

对其余的驱动器重复这个过程，按照我们期望的效果调节它们。对于眼睛和嘴巴，我们要用缩放属性来调节，而不是位置属性，因为位置属性是用来控制嘴部张合的。

此外，曲线非常重要。根据想要的效果不同，我们可能需要反转它或向前移动它等。曲线的位置决定了驱动器属性中的特定值对被驱动属性的影响有多大。所以，如果你想让它向后、向下、向上，或者更快或更慢，那就需要调节曲线的控制点。

整理面部绑定件

面部绑定件已经做好了，可以做它该做的事情了，但为了用起来更方便，我们应该整理一下，以便在必要时可以隐藏或显示它。我们可以把面部绑定件放入一个特定的骨架层，从而实现一键显示或隐藏，或者可以使用 Rigify 插件界面的功能为面部骨骼和眼睛目标骨添加按钮。

将骨骼放入适当的骨架层

首先，将面部绑定件放入适当的骨架层。这步操作非常简单：在编辑模式或姿态模式下选中它们，然后按 **M** 键，并单击目标层的小方块（按 **M** 键时出现的每个小方块都代表一个骨架层）。

对 Rigify 插件生成的骨架来说，前三个层（最上面一行的前三个小方块）是给面部绑定件用的，但因为我们当初生成骨架时已经把面部骨骼都删掉了，所以这些层目前是空的。

建议将面部控制骨分别放在两个层中，一层放下颌和面部形变控制骨，另一层放眼睛控制骨。

选中所有用于控制下颌和面部形变的骨骼，按 **M** 键并单击第一行的第一个小方块；选择眼睛的三个目标骨（包括两个眼球各自的注视目标骨和一个总目标骨），按 **M** 键并单击第一行的第二个小方块。

最后，我们可以把眼睛控制骨及面部绑定件的其他形变骨都放在同一层。选中这两个眼睛控制骨，按 **M** 键，然后单击第二行的倒数第三个小方块。

现在我们就整理好所有的骨骼啦！

修改 Rigify 脚本添加自定义按钮

虽然面部骨骼已经在各自的骨架层中了，但如果能在 3D 视口侧边栏中的绑定件层（Rig Layers）面板中管理这些层就更好了，对吧？没问题，图 11.22 就是生成的菜单。

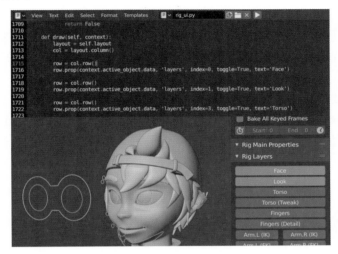

图 11.22　通过修改 Rigify 脚本，我们可以在界面上生成控制绑定件的按钮

为此，我们需要编辑一下绑定件的脚本。别担心自己不会编程，我保证，这个过程很简单。

1. 在界面上切出一个新的区域，并将区域的类型设为文本编辑器（Text Editor）。

2. 在文本编辑器的标题栏中有个数据块菜单，我们可以在这里新建一个脚本，或者加载一个现有的脚本，这里我们从中选择已有的 Rigify 脚本（名称是 rig_ui.py）。该脚本包含让 Blender 生成控制绑定件的按钮和滑块的指令。当我们打开文件或生成绑定件时，将会运行该脚本。

3. 向上滚动脚本，直到看到一组类似以下内容的脚本行（见图 11.22）

```
row = col.row()
row.prop(context.active_object.data,   'layers',   index=3,
toggle=True, text='Torso')
```

这两行脚本定义了绑定件层的按钮、按钮上的文字，以及单击按钮时所显示或隐藏的骨架层。

4. 我们选中这两行脚本，并复制两次。对于第一次复制的脚本，将第二

行中的脚本改为

```
    row.prop(context.active_object.data,    'layers',    index=0,
toggle=True, text='Face')
```

这段脚本可以生成一个名为"面"的按钮，可用来显示或隐藏第一个骨架层中的所有骨骼。index 值（索引号）是 0，不是 1，因为层的索引号是从 0 开始的，所以 0 才是第一层。

5．对于第二次复制的脚本也执行同样的操作，但这次我们要将其中的 Face 改为 Look，并将 index 值改为 1。这样我们就又新建了一个按钮，用来显示或隐藏第二个骨架层，也就是眼睛控制骨所在的层。

6．但我们还是没有在界面上看到这些按钮，这是因为我们要先运行脚本来执行这些新行，并生成按钮。要运行脚本，请单击文本编辑器顶部的播放按钮（是个小三角形），或者在鼠标指针停留在文本编辑器区域时按 **Alt+P** 键。

现在我们就可以看到这两个新按钮了，单击它们可以看到它们的效果。现在是不是感觉方便了许多？

创建自定义骨形

我们已经完成了骨架的创建，但它看上去还不是很直观。要想让模型更加好用，你可以为骨骼添加自定义骨形（见图 11.23）。你可以将任何模型或曲线用作自定义骨形物体。

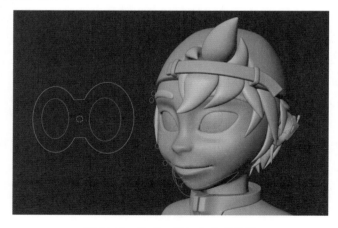

图 11.23　为 Jim 添加自定义骨形

在姿态模式下选中一根骨骼，在属性编辑器的骨骼选项卡中找到视图显示面板，其中有一个专门用来设置自定义骨形的输入框，只需要选择你想用来代替该骨骼外形的物体。该功能只是为了让骨骼看着更直观些，并不会影响骨骼的功能。设置完成后，会出现另一个选项，用来启用线框效果，也就是只显示自定义骨形的边线。

创建自定义骨形的一般步骤如下。

1．先创建一个平面或圆圈（举例来说），并对其命名（前面加上"S_"前缀有助于分辨出它们是自定义骨形物体）。

2．选中骨骼并为它指定一个自定义骨形。

3．回到物体上，进入编辑模式并调节它的形状、大小、旋转方向，直到你满意。我们还可以用自定义骨形的缩放滑块来更改它的显示尺寸。

4．对每根控制骨都重复上述过程。

我们不需要为每根骨骼分别创建骨形物体，因为可以让很多骨骼都使用相同的骨形。对于 Jim 的面部控制骨，我创建了一个圆形，用来控制除下颌和注视目标骨之外的骨骼。下颌控制骨的形状有些像下巴的轮廓，看起来更直观些，并可以将下颌骨与其他面部控制骨区分开。注视目标骨就像一个卡通眼镜，包含每个眼球的控制骨，让我们一眼就能看出，注视目标骨包含各自的目标骨。

绑定件的收尾工作

你还可以对绑定件执行很多其他的操作，但出于学习的目的，目前的绑定件效果已经非常好了。如果想要让它更易用，你可以锁定不想影响的骨骼的变换属性。这样做有两个作用：一是防止对变换属性执行误操作（如缩放一根本不该被缩放的骨骼，或者旋转一根本来只允许移动的骨骼），二是有助于你分辨各根骨骼的功能。

我们以面部控制骨为例，它们本该只在某个单一轴向上移动或缩放（既不移动，又不旋转）。在 3D 视口侧边栏的条目选项卡中，变换面板中的各轴向的数值后面有一个小锁头图标。单击它后，我们就无法让骨骼在该轴向上有任何的变换了（锁定后的轴向将不再显示在 3D 视口操纵件上，便于我们看清自己当前能够执行的操作）。

在图 11.24 中，Jim 在向我们招手哦！

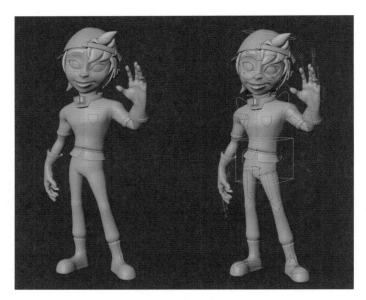

图 11.24　Jim 的绑定件的最终效果。现在我们可以让他摆出姿态，尽管让它来耍酷

在不同的场景重复使用角色

在本章的最后一节内容中，我将介绍关联（Link）和追加（Append），以及一些在其他场景或文件中重复使用角色的有趣方法。

库关联

库关联是你将一个场景的物体关联到另一个场景中的过程。为什么要这样做呢？假设你正在制作一部影片，有多名动画师在同时处理不同的镜头。同一个角色需要出现在不同的场景中，也可能会和其他角色互动。你需要让模型能够便于加载到其他场景中。

关联和追加是能够让你将物体从一个.blend 文件带入另一个文件中的两种方法。

关联

将一个场景中的物体关联到其他场景中的方法很简单。进入文件菜单，选择关联选项。然后你可以从弹出的菜单中找到硬盘上的另一个.blend 文件并访问其内容。有各种内容可供选择，如物体、网格、灯光、材质、节点树、群组、场景等。当你选择了一个或多个元素后，单击关联按钮。这样，这些元素就被带入当前的场景中了。

关联可以将物体或其他包含在.blend 文件中的内容带入当前的.blend 文件，然而它只创建了与源素材的关联。你不能在当前文件中对那些内容进行编辑，只能回到源素材所在的文件进行编辑。当你保存了编辑结果并再次加载时，改动会被更新到每个与源素材文件关联的场景。

假设你有一个角色，你正在制作某些包含该角色的镜头。你制作了一些动画，突然决定要更改角色的头发颜色，如果每个文件都更改一次，那么工作量真的是太大了，而且容易出错（这只是改个颜色而已，如果是更复杂的改动，麻烦可想而知）。

但如果你使用关联机制，那么这个过程将会易如反掌。只需要更改源素材文件中的角色的头发颜色，当你保存文件后，所有与之关联的文件中的角色都会自动更新改动结果。

追加

追加与关联类似，不同的是，它并不会保留与源素材的关联，而会在当前场景中创建一个新的副本。你可以随意编辑这个副本，按自己的需要去修改它。

关联和追加各有优点和局限。根据不同的项目和特定案例的需要，从中选择最适合的方法。

我们也可以在文件菜单的关联…（Link…）选项下方找到追加…（Append…）选项。

使用集合

无论是使用关联还是追加，我都建议你导入集合，而不是逐个去导入物体。使用集合的好处如下。

- 当我们关联或追加某个集合时，该集合中的所有物体都会被关联或追加。但如果你导入的是物体，那么只能逐一选择它们，对于那些包含大量物体的复杂模型，这样会非常麻烦。但如果使用集合，只要导入集合就好啦！
- 如果我们关联或追加的是物体，如向当前的角色添加某个新物件（帽子、手表、鞋子等），那么你不得不去遍历源角色所在的场景，找到那些物体，然后才能导入它们。但如果导入集合，我们只需要将那些物体添加到角色所在的集合并保存文件。此后，该集合中的所有内容都会随

　　着源集合而同步更新。

　　将角色导入集合的步骤如下。

　　1．选中所有相关的物体，包括骨架及角色的各个部件（记得要确保先让角色和骨架层可见）。

　　2．按 **M** 键（为选中的物体新建一个集合）。

　　3．从弹出的菜单中选择新建集合（New Collection）选项，并在文本框中为该集合命名。如果你此前已经创建过集合，那么可以利用该菜单将选中的物体添加到现有的集合中。

　　我们还可以在大纲视图（Outliner）中创建集合，单击大纲视图顶部左上角的新建集合图标（带有一个方块和一个小加号的按钮）即可新建一个集合。在大纲视图中，我们还可以管理集合，如双击它们可以改名，甚至可以将一个集合内的物体直接拖放到其他集合中。

　　就是这么简单！下次当你想关联或追加一个集合，也就是从某个.blend 文件导入物体时，请进入.blend 文件中的 Collections 文件夹，即可看到包含所有角色物体的集合。

　　如果想向集合中添加物体，或者从中移出物体，请打开属性编辑器的物体属性选项卡。在该选项卡的集合面板中，我们可以为当前的活动物体定义所属的集合。我们可以单击 **X** 按钮，将该物体从指定的集合中移出，或者可以将该物体添加到现有的集合中。

　　此外，要想从某个集合中移除一个物体，请先选中它，按 **Ctrl+Alt+G** 键。然后从菜单中选择指定的集合。

　　小提示：

　　　　.blend 文件中的每个物体都归属于至少一个集合。在新建一个.blend 文件时，Blender 默认会自动生成一个名为 Collection 的集合，我们所创建的所有物体都将归属于该集合。

　　　　如果我们将物体从所有集合中移出，那么它将成为一个孤立项（在 Blender 中，此类物体称为"Orphan"），它将不会出现在场景中，相当于删除。

受保护层

　　选中骨架物体，进入属性编辑器的骨架属性选项卡，你可以看到受保护层（Protected Layers）选项。在这里，你可以将其中某些层设为保护状态，以免在角色被关联到其他文件中时被不慎改动。此选项并不会锁定骨骼，依然可以编辑它们，但再次加载文件时，它们会回到原始状态（此选项主要配合骨架代理使用）。

我们可以将辅助骨和形变骨等添加到单独的层中，以免其他动画师（或你自己）意外编辑到它们。此功能相当于绑定件的保护层。

使用代理为关联的角色创建动画

当你将一个角色关联到另一个场景中时，会发生有趣的事情：你不能修改被关联的物体，除了编辑源素材文件。然而骨架系统是个例外，确切地说，你可以将角色关联到场景中，同时可以为角色的绑定件摆姿态及创建动画。

之所以能够对关联到场景中的骨架进行编辑，这要得益于代理。代理（Proxy）是绑定件的副本，能够让你仅编辑这个副本的姿态。不过，某些操作依然被限制执行，如无法进入编辑模式并编辑骨骼的层级等。

要想创建一个骨架代理，先选中已关联到场景中的物体，按 **Ctrl+Alt+P** 键，并从弹出的菜单中选择骨架物体，即可创建出该骨架的副本。然后你就可以编辑这个绑定件副本的姿态了，其余的物体会被带动起来。

此代理仅包含姿态模式信息。如果你更改了源文件中的骨骼或绑定件的特性，那么代理也会随之更新。

总结

显然，骨架绑定是角色创作过程中技术含量最高也最复杂的一个环节。你需要花费一定的时间在上面，如果最终的效果不尽人意则会是很悲催的事！

我们也学到了使用 Rigify 这样的插件来自动快速创建绑定件的方法，它可以按照我们为角色调整好的尺寸自动生成一个很棒的绑定件，在此过程中只需要少量的手动调整，就能实现完善的绑定结果。

此外，我们也学会了手动创建绑定件的基本流程。有时候，你需要用绑定件来做一些非常简单的事，这时候，就很有必要掌握手动绑定骨架的方法了。例如，我们需要制作非人类的角色或怪物，这时候就会用到这些知识。

另外，你也学习了如何为角色指定集合，并把它关联到其他场景中进行有效再利用。现在，Jim 马上就要动起来啦！

练习

1. 为什么说绑定件对角色而言至关重要？

2．什么是骨架？

3．什么是顶点权重？

4．正向运动学（FK）和反向运动学（IK）的区别是什么？

5．约束器的作用是什么？

6．为什么驱动器很有用处？

制作角色动画

　　动画可以让你的角色变得活灵活现。动画是指让角色沿时间线动态变化的过程。要想让动画效果逼真，你需要学习一些运动的思想，如动作和反应，并且你需要理解权重对角色运动的影响原理。动画是一门包罗万象的学科，有大量的资源、书籍和教程供你提高技能。在本章中，你将学习如何使用 Blender 动画系统的基本使用方法，了解相关的工具、关键帧的用法，以及各种动画编辑器是如何帮助你完成动画制作的。

使用角色绑定件

　　在开始制作动画之前，我们先来学习如何使用角色绑定件，本案例中的绑定件是用 Rigify 插件创建的。在本节中，我将讨论一些在制作动画时使用角色绑定件的技巧。

- 当为绑定件制作动画时，尤其是旋转动画，建议将变换操作的坐标系设为局部模式（Local Mode），而不是全局模式（Global Mode），这样可以确保我们是在每根骨骼自身的坐标系上旋转骨骼的。
- 在 3D 视口的侧边栏中，我们找到 Rigify 插件绑定件的选项，这些选项的内容将根据你选择的控制器而有所不同。其中一个选项是 IK/FK（反向运动学/正向运动学），当我们选中腿部和手臂的控制器时就能使用（见图 12.1）。
- 对于行走循环动画，建议对腿部使用 IK 控制器，对手臂使用 FK 控制器，这样可以方便地控制脚掌在地面上的位置。双腿会自动调整弯曲的角度，以适应双脚和髋部之间的位置。而手臂则可以更容易地采用转动骨骼的方式来摆出姿态，因为手臂并不接触任何表面。
- 要想控制 IK/FK 开关，只需要将滑块向任何一端移动（0 代表完全 IK；1 代表完全 FK）。我们也可以用这个滑块的值添加动画，从而在动画过程中在 IK 和 FK 之间切换。其他的按钮也很有用，如可以让 IK 控制器吸附到 FK 控制器上，反之亦然。

- IK 控制器和 FK 控制器位于不同的骨架层，方便我们在需要时分别显示或隐藏他们，所以如果你想要在 IK 控制器和 FK 控制之间切换，应该显示或隐藏对应的骨架层。
- 对于腿部和手臂，还有一个有趣的选项是 IK 拉伸（IK Stretch，见图 12.1），如果腿部的长度不足以覆盖双脚和髋部之间的距离，那么可以拉伸四肢。你可能希望禁用这个选项，以免在使用 IK 控制器时产生不自然的腿部伸展效果。

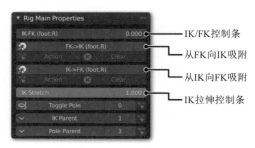

图 12.1　腿部的 Rigify 选项菜单，位于 3D 视口侧边栏

为角色做出姿态

其实，动画就是一组随时间变化的姿态。你可以试着为角色做出一些姿态，从而熟悉它的绑定件和其他选项。

3D 视口的侧边栏中包含许多 Rigify 插件绑定件的选项。你可以都尝试一下，看看它们都有什么作用。

添加关键帧

关键帧是对某个值在某个时刻的特定状态的记录。如果你想让一个物体从 A 点移动到 B 点，那么这两个位置都将被记录为关键帧，Blender 会自动为物体在关键帧间的运动区间计算插值。我们来了解一下在 Blender 中添加关键帧的几种方法。

手动添加关键帧

添加关键帧最基本的方法就是手动添加。在时间线（Timeline）编辑器上选择某个帧作为你想要存储特定位置值的帧，然后选中一个或多个物体并按 I 键（见图 12.2）。此时会弹出一个菜单，让你选择该物体的各种变换属性及通道，供你将指定的通道记录到关键帧里。例如，你可以设置某个关键帧来记录物体的位置、旋转或缩放，但为了简便起见，你可以直接选择 LocRotScale 选项，这样可以同时记录三种变换类型的关键帧，通常这也是你想要的。

图 12.2　手动添加关键帧。按 **I** 键可弹出图中的菜单

自动添加关键帧

在时间线编辑器（位于默认界面的底部，该编辑器用来定义动画的间隔、播放动画、跳转帧的位置等）上，标题栏上有个小按钮（是一个圆点图标），类似老式录音机上面的录音按钮，按下后即可开启自动插帧（Auto Keyframing）功能。我们稍后将在本章介绍更多关于时间线编辑器的知识。

此后，每当你改变某个或某些属性，Blender 都会把它自动记录到关键帧里。尽管这在制作动画时会非常有用，但你还是要慎用这个功能，因为如果你忘了关掉它，就会将不想要记录的关键帧记录下来。

自动插帧功能适用于 Blender 中的大多数参数，包括变换（位置、旋转、缩放）及各种参数值等。虽然它并不适用于所有参数，而且要求我们至少已经为该参数添加过一次关键帧，但换句话说，这样也可以防止我们记录无用的关键帧，因为只有已经存在动画轨道的数值才会自动记录关键帧。

使用插帧集

使用插帧集（Keying Set）应该是添加关键帧最为便捷的方法。我们可以在时间线编辑器顶栏中的插帧（Keying）菜单的活动插帧集（Active Keying Set）面板（见图 12.3）中选用一个插帧集。该面板有两个钥匙形的图标，一个用来新建插帧集，另一个用来移除选定的插帧集。选择了某个插帧集后，当在 3D

视口中按 I 键时就会自动为这三个通道添加关键帧，而无须每次都从菜单中选择，Blender 会自动为该插帧集中的所有属性添加关键帧。

图 12.3　活动插帧集面板，我们可以从中选择想要添加关键帧的插帧集

例如，如果选择了 LocRotScale 插帧集，那么每当我们按 I 键时就会自动为这三个通道添加关键帧，并且无须每次再手动进行确认。另外，还有一个名为 "Whole Character" 的插帧集预设，它可以让你保存 I 键菜单里的所有项目，你甚至无须每次都选中所有骨骼，这真是太方便啦！

创建自己的插帧集

我们也可以创建自己的插帧集，以便在某些情况下加速动画制作过程。例如，我们要为角色的面部表情设置一个插帧集，每当我们按 I 键时，只有控制面部表情的骨骼和属性会被添加新的关键帧，而不会影响身体的其他部分。

我们可以在属性编辑器的场景属性（Scene Properties）选项卡中创建新的插帧集。请注意，我们在该面板中选中的插帧集将会被自动作为当前的活动插帧集。

创建活动插帧集后，我们可以在 Blender 界面上找到要添加到该插帧集中的属性（数值滑块或选项等），并从**鼠标右键**菜单中选择添加到插帧集（Add to Keying Set）选项，从而将这些属性添加到活动插帧集中。

记住，关键帧只会添加给当前选中的插帧集，即活动插帧集。若要更改它，请在时间轴上的插帧菜单中切换。而上面所说的插帧集面板中并没有列出 Blender 内置的插帧集，因为它们不支持自定义。

为菜单属性添加动画

在 Blender 中，我们可以为几乎所有的属性创建动画，如修改器的细分级数、材质的颜色，或者物体约束器的影响量等。方法也很简单，只需要将鼠标指针放到属性值区域上并按 **I** 键，让 Blender 在当前帧为该属性存储一个关键帧，这会让该属性显示为黄色背景，而在其他帧上，则显示为绿色，代表它已经包含了动画数据（见图 12.4）。

图 12.4　数值输入框的动画数据。第一行没有背景色，是没有动画属性时的样子；

第二行背景色为绿色，表示该数值属性含有动画数据；第三行背景色为黄色，

表示该属性含有动画数据，且当前帧就有

很多可以添加动画的属性旁边都有一个小圆点。你可以单击那个点来创建一个关键帧（与按 **I** 键的效果相同），然后这个圆点会变成一个菱形。如果再次单击这个菱形，就会将该关键帧删除。

在某个包含动画的属性上单击**鼠标右键**会弹出一个菜单，里面包含了插入关键帧、清除关键帧等选项，可供使用。

使用动画编辑器

Blender 提供了多种动画编辑器，包括在时间线上移动当前帧号、编辑动画曲线让 Blender 在两个关键帧间做插值运算，以及像编辑视频那样将多个动画混合在一起！图 12.5 所示为各种编辑器的界面。

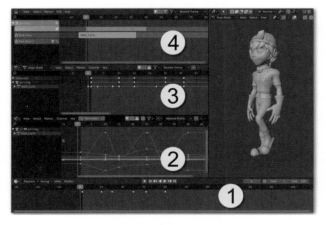

图 12.5　动画编辑器一览：①时间线编辑器，②曲线编辑器（Graph Editor），

③动画摄影表（Dope Sheet），④非线性动画编辑器（NLA Editor）

时间线编辑器

时间线编辑器是最基础的动画编辑器。它主要显示时间，并将所选物体的关键帧用黄色竖线表示。你可以更改当前帧号，按**鼠标左键**在动画上跳转，并且沿着时间线移动绿色的帧指示线。

在时间线编辑器中，你还可以设置动画的起始帧与结束帧：按 **Ctrl+Home** 键可将当前帧设置为起始帧，按 **Ctrl+End** 键可将当前帧设置为结束帧。同样，你可以在时间线编辑器标题栏上的起始（Start）和结束（End）数值框内手动输入帧号。

标题栏上还有动画播放、跳转到动画的起始帧和结束帧的控制按钮。以下是可供在 3D 视口等编辑器中使用的几个快捷键，用来控制时间。

- 按 **Space 键**可播放动画；再次按 **Space 键**可暂停播放；按 **Esc** 键可终止播放并跳转到开始播放动画时的那一帧。
- 要想快速定义想要播放的帧区间，可按 **P** 键，然后单击并拖曳出一个矩形框覆盖相应的区间。该功能并不会影响实际的起始帧与结束帧的位置。按 **Alt+P** 键可清除用 **P** 键画出的矩形区。
- 按键盘上的←或→键可向前、向后逐帧跳转。按键盘上的↑或↓键可向前、向后在关键帧间跳转。按 **Shift + ←** 键或 **Shift + →** 键可以快速跳转到时间线的起始帧或结束帧。

动画摄影表

动画摄影表（Dope Sheet）虽然简单，但很实用。它可以显示物体的关键帧（左侧栏中列出了场景物体），并且在主窗口中显示黄色的菱形图标。此编辑器主要用来编辑关键帧出现的时间点，从而达到调节动画时序的目的。其实，它就是时间线编辑器的增强版，它可以统一控制场景中所有的关键帧。

你可以套用某些基础的操作，如按 **G** 键移动或 **S** 键缩放多个物体等，还可以按 **Shift + 鼠标右键**选中多个关键帧。按 **B** 键可使用框选，用于选中多个关键帧。按 **Shift + D** 键可复制关键帧，按 **Ctrl+C** 键和 **Ctrl+V** 键可复制和粘贴关键帧。

在左侧列的顶部是汇总（Summary）列表，该列表中会汇总显示所有物体的所有关键帧。而编辑器右上角的一些按钮则可以控制是否只显示选中的物体的关键帧等。

动画摄影表也提供了多种模式。该编辑器的标题栏上有一个模式菜单，默认模式就是动画摄影表，还有其他几种模式，包括动作编辑器（Action Editor）、形态键编辑器（Shape Key Editor）、蜡笔（Grease Pencil）等。每种模式都可以让我们控制特定的物体类型或动画类型。例如，形态键编辑器模式可显示存储在所选物体的形态键中的关键帧。

一个物体能够包含多个动画（动作），你可以在动作编辑器（Action Editor）中选用当前想要播放的动作。当然，你也可以将它们重命名，当你拥有了多个不同的动作时，就可以在非线性动画编辑器（我们稍后再介绍它）中混合它们了。如果你正在制作视频游戏，那么想必你会发现一个角色可以有多个动作，如行走、奔跑、静待、拾取物品等。你可以在同一个场景中切换使用不同的动作，可以创建新动作，也可以编辑已有的动作等，这些都会用到动画摄影表。

可以说，动画摄影表是一个能够显示场景中所有动画的通用编辑器。而动作编辑器则更侧重于编辑特定物体的某个特定的动作——尤其适合骨架动画，你可以为角色存储多个动作。动作编辑器的标题栏上有一个菜单，可供选出指定的动作。

曲线编辑器

曲线编辑器（Graph Editor）算是 Blender 里最让你望而生畏的东西了。实际上，它也并非那么复杂难懂，但人们若不是对动画曲线先有基本的了解，通常在第一眼看到它时多少会心生怯意。

在曲线编辑器中，你可以编辑动画曲线，在 Blender 里又叫作函数曲线（F-Curve）。动画曲线的概念其实非常简单。

当你创建了两个关键帧后，Blender 会自动在二者之间计算插值。而曲线定义的就是插值的方式，如果默认的插值方式不是你想要的，则可以进行手动调节。

每个轴向上的变换或属性都由一条函数曲线表示。例如，你想要让某个物体从一个点飞到另一个点。我们来看看图 12.6 中的不同曲线设置下的结果。

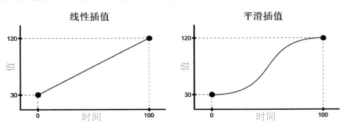

图 12.6　两个相同的关键帧间的不同插值类型

图 12.6 中的左右图中分别有两个关键帧。关键帧的横向位置决定了它出

现的时间，而纵向位置代表它的值。在这里，第一个关键帧位于第 0 帧，值为 30。第二个关键帧位于第 100 帧，值为 120。

其中，左图为线性插值方式，代表 Blender 会在 0 到 120 之间匀速地从 30 增加到 120。

右图为平滑插值方式。Blender 先缓慢地增加数值，然后加速，在最后快要到达第二个关键帧时将值的增加速度放缓。

从图 12.6 中可以看出，两种动画曲线所呈现的是两种不同的运动方式。

在曲线编辑器中，你同样可以用 G、R、S 键来控制关键帧曲线的移动、旋转或缩放。你也可以用 **Shift + D** 键来复制曲线数据。

要想更改关键帧的插值方式，要先选中关键帧，然后按 **V** 键（在动画摄影表中也可以这样操作，但不如在曲线编辑器里直观）。随后会弹出一个菜单，你可以从中选择不同的插值方式，这将同时改变曲线的控制柄类型。在曲线编辑器中，选中一个或多个关键帧后按 **V** 键，可以单独更改关键帧的控制柄类型，这也会影响插值的计算结果。

> 小提示：
> 　　在偏好设置（可按键调出）面板中，你可以设置关键帧的默认插值控制柄类型。

你可以右击选择曲线上的点控制柄并拖动它们，或者选中关键帧并按 **R** 键旋转控制柄，这样可以更改插值的曲率，并且控制曲线值，来加快动画的变化程度，或者让动画变得更平滑。另一种调节控制柄的方式是选中关键帧（而不是控制柄）并旋转或缩放它，这样操作的结果会和直接操作控制柄略有不同（取决于控制柄类型）。

> 小提示：
> 　　将鼠标指针悬停在曲线编辑器或动画摄影表的区域内，按 **Ctrl+Tab** 键可在二者之间快速切换。

非线性动画编辑器

非线性动画编辑器与视频编辑软件类似。我们可以在其中加载"片段"，并把它们混合到一起，可以分层摆放，重复使用片段，也可以改变它们的长度，等等。不过，与视频编辑软件不同的是，非线性动画编辑器控制的物体是动作！

我们可以加载之前在动作编辑器（上文提到过，这是动画摄影表的一种模式）中保存的动作，并混合它们，以此做出更复杂的动画。随后，可以使用该编辑器制作行走循环动画等。也就是说，你只需要将走出的两步动作作为一个循环单元（每只脚各一步），然后就可以在非线性动画编辑器中重复使用该动作了。

想象一下，我们还有另一个动作——Jim 的奔跑动作，按 **Shift + A** 键可将另一个动作片段添加到非线性动画编辑器中，并把它混合到行走循环动画里，这样一来，Jim 的动作就从行走平滑地过渡到奔跑了。

我们还可以采用图层式的调节方式制作动作。例如，有一个 Jim 来回转头的动作，可以把这个动作添加到行走动画的上层，这样 Jim 就可以一边走路一边左右张望了。

通用的控制方式与小技巧

上述所有编辑器都有通用的控制方式。你不仅可以像在其他编辑器里那样移动（**G** 键）或复制（**Shift + D** 键）元素，还可以使用 Blender 里的其他通用特性（如按 **G** 键并拖动鼠标实现移动操作，或者按 **Shift + D** 键实现复制操作等）。导览方面的操作也有相似之处。

- 你可以按住**鼠标中键**并拖动鼠标来平移时间视图（横向）或数值视图（纵向）。
- 按 **Home** 键可自动显示完整的动画时间区间。
- 另一种缩放视图的方式是按 **Ctrl +鼠标中键**并沿左右或上下方向拖动鼠标。在某些编辑器中，这样操作只能让视图横向缩放，但在曲线编辑器中，横向和纵向皆可缩放。
- 按 **P** 键并拖动鼠标画出一个矩形框，可定义一个临时的动画播放区间，按 **Alt+P** 键可还原。
- 按 **Alt +鼠标滚轮**可向前或向后移动当前帧，适用于快速滚动预览动画（以较小的步进）。我们还可以使用方向键在动画中导览。按←和→键可以跳转到上一帧和下一帧，按↑和↓键可以在关键帧之间跳转，按 **Shift +** ←或 **Shift +** →键可直接跳转到时间轴的开始帧和结束帧。

此外，还有一些能够让你的动画编辑事半功倍的选项。

- 在多数动画编辑器的标题栏上都有一个按钮，上面是一个鼠标指针图标。启用该选项后，你只能查看当前选中的物体的关键帧数据，这样可以在视觉上简化曲线视图，以免编辑器被几十条（甚至数百条）曲线或关键帧充斥。此功能便于你将想要显示在当前编辑器的内容显示出来。
- 在曲线编辑器标题栏的视图菜单中，你可以启用仅显示选中的曲线关键帧（Only Selected Curves Keyframes）。该选项可以让编辑器只显示你所选中的关键帧的控制柄，以防不慎移动与之重叠的其他关键帧的控制柄。例如，曲线编辑器的左侧栏中列出了物体及其动画属性，我们可以用列表旁边的按钮来实现锁定、隐藏、显示、钉固等功能。

- 另外，在曲线编辑器中，你可以在标题栏上找到规格化（Normalize）选项。当你同时处理多条数值范围差别很大的曲线时，查看起来会很不方便，因为你需要不断地缩放视图以查看各个曲线上的关键帧。当勾选规格化后，所有的曲线数值都将被映射到 0 到 1 的区间，方便调节。这只会改变视图效果，并不会影响曲线的真实数值。

帧速率

我建议你对想要播放的动画的帧速率（fps）进行设置。Blender 的默认帧速率是 24，适用于很多格式标准，但此数值取决于你的国家对帧速率标准的规定（在美国，电视广播的帧速率通常为 29.97；而在欧洲，帧速率通常为 25）。不过你可能处于创作的目的而想要设置其他帧速率，如使用 10fps 可以让你模拟定格动画的感觉。

不论选用哪种帧速率，都应该在制作动画之前定好。否则，如果你在后期改变了帧速率，那么动画的播放速度就会发生变化，可能会导致你不得不重新调整动画的节奏。

你可以在属性编辑器的渲染选项卡下的规格（Dimensions）面板中更改帧速率。对于本书中的项目，我建议将帧速率设为 25fps，因为第 14 章"布光、合成与渲染"中用到的合成视频素材的帧速率就是 25fps。

制作行走循环动画

在本节中，我们将循序渐进地学习如何创建一个基本的行走动画。我们这就让 Jim 动起来！

小提示：

当你编辑动画时，建议使用性能较好的计算机，这样有助于在播放 3D 视口动画时更加流畅。在属性编辑器的场景选项卡下，Blender 提供了一个有趣的选项——简化（Simplify）。启用它后，你可以设置场景中各个物体的细分修改器上的细分级上限，包括视口预览的细分和最终渲染的细分。在本案例中，最终渲染时可将细分级设为 2~3，然而，对视口预览而言可能会降低性能，在播放动画时降低帧速率，并让动画的播放速度变慢，无法准确预

览动画应有的速度。因此，在制作动画时，你可以在简化面板中将视口预览
细分级设为 1 或 0，将最终渲染细分级维持 2 或 3 不变。你当然也可以逐一
在各个物体的表面细分修改器中设置这些参数。然而，通过简化面板，你可
以同时修改场景中所有物体的表面细分修改器。当场景中包含大量物体时，
这样操作会非常方便，因为逐一设置参数实在是太耗时间了。

创建一个动作

行走动画是一个循环动画，也就是说，你只需要做出动画的第一步（这个
动作将在原地进行，因此不需要向前移动，我们稍后再去处理后者），然后重
复播放这段动画。由于我们打算使用非线性动画编辑器制作循环效果，因此你
要先制作出可供加载的动作。

每个物体可以有多个动作，因此，要确保在创建动作之前先在姿态模式下
选中骨架。如果在物体模式下，那么选中骨架后只能创建骨架容器本身的动
作，而不能对每根骨骼单独做动画。

打开动画摄影表，并切换到动作编辑器模式。在标题栏上，如果你尚未制
作过任何动画，那么那里会有一个新建按钮（见图 12.7），单击它后，会创建
出一个名为"Action"的新动作。我们把它更名为 Walk_Cycle。现在，你为骨
架中的骨骼所设定的每个关键帧都将存储在 Walk_Cycle 中。

图 12.7　动作编辑器的标题栏，可以从这里为角色新建动作

小提示：

如果你创建了多个动作，那么要记得一点，其他未被编辑的数据可能会
在关闭 Blender 时被清空掉。每个物体只能同时加载一个动作，因此，如果
你想确保将其余那些动作的数据块保留下来，请单击名称后面的 F 按钮［F 代
表伪用户（Fake User）］。这样可以防止它们在关闭 Blender 的时候被清空掉。

创建行走循环姿态

为了让 Jim 走起来，你必须定义他走路时的基础姿态。行走的方法有很
多，我们只使用基本的方法就好。其中包含两个触地姿态，分别是每只脚与地
面接触时的姿态。此外，还有两个姿态，发生在一只脚在地面上而另一只脚尚
未落地时。以上四个姿态定义了一个基本的行走动画。

你需要制作一个可以循环的动作，也就是说，动画的结束姿态要与起始姿

态完全相同。图 12.8 是若干个额外的主姿态，能够让运动显得更细腻。注意，在这些动作最后，有一个与第一个姿态一模一样的姿态（姿态 7）。这是为了让动画实现"周而复始"的效果。

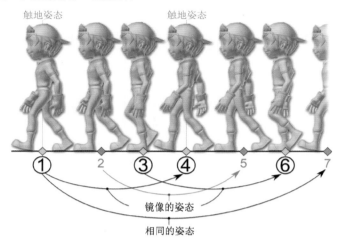

图 12.8　创建行走动画所需的几个基本姿态

图 12.8 显示了几点值得一提的地方，我们来列举一下。

- 姿态 1、3、4、6（黄色键点）是主姿态，姿态 2、5（蓝色键点）是用来细化动作的附加姿态，而姿态 7 则与姿态 1 完全相同。
- 只有姿态 1、2、3 是必须要做出来的姿态！姿态 4、5、6 分别是姿态 1、2、3 的镜像姿态，而姿态 7 完全是姿态 1 的副本。这样就能更轻松地制作出循环动画了。
- 姿态 1、4、7 是触地姿态，也就是前脚接触地面时的姿态。姿态 3、6 是两个触地姿态的中间姿态。这些姿态用来设置 Jim 单脚着地时的动作。

在正式制作动画前，我们先来讲讲时序，也就是对动画速度和进度的定义（见图 12.9）。

图 12.9　另一种时间线表示法，上排是姿态编号，下排是帧序号

图 12.9 中显示了那些动画姿态所在的帧序号。尽管这里的时序是指定的，但你可以随后使用动画编辑器将动画姿态放到不同的帧上（特别是在动画序列表中）。你甚至可以使用不同的时间，让 Jim 的行走速度变快或变慢。一般

来讲，主姿态之间会间隔 10 帧（间隔 10 帧并不是必须遵循的原则，只是为了在动画制作前期更便于管理）。

现在让我们来学习一下怎样创建动画，流程很简单。

1．将你的动画设定为起始于第 0 帧，结束于第 40 帧。

2．在第 0 帧时制作第一个触地姿态。为骨架中所有的骨骼都设置一个关键帧（可在插帧集列表中选用 Whole Character，然后在 3D 视口中选中任意骨骼并按 **I** 键）。

3．选中所有骨骼（**A** 键）并单击标题栏上的复制按钮，或者按 **Ctrl + C** 键。跳转到第 20 帧，单击粘贴按钮粘贴镜像姿态（或按 **Shift + Ctrl + V** 键），然后设置一个关键帧。跳转到第 40 帧，并正常粘贴原姿态（**Ctrl + V** 键），然后再设置一个关键帧。现在，所有的触地姿态均已就位！之所以要先创建这三个关键帧，是因为如果你跳转到第 10 帧，那么你会得到几乎可以直接使用的中间姿态，也就是前两个触地姿态间的插值状态键。

4．将角色的姿态调整得更理想一些，并确保他的脚部姿态正确（一只在地面上，另一只尚未着地）。插入一个关键帧，复制这个姿态，然后镜像粘贴到第 30 帧，再设置一个关键帧。

5．在触地姿态（姿态 1、4）发生几帧后，让前脚完全着地，并抬起后脚的脚跟。这些简单的姿态（也叫作"受控制帧"）能够让行走循环动画显得更自然。

6．调节姿态并复制给动画的其他动作。同样，如果你想让动画过渡得更流畅，可以在曲线编辑器中调节动画曲线。如果某条曲线看上去显得有些生硬且不怎么平滑，那就在调节的时候播放动画，从而实时观察调节的结果是否理想。

重复动画

Jim 现在在原地行走，而且只迈了一步。在你让 Jim 大踏步行走之前，需要先将这个动画重复几次，从而让他多迈出几步，有几种方法可以做到。例如，你可以在动画摄影表中将所有的姿态复制到当前这一个迈步动画的后面。不过，在这里，我们打算使用非线性动画编辑器来做。步骤如下。

1．打开非线性动画编辑器，它的初始界面如图 12.10 所示。上面显示了当前动作的名称（位于执行动作的骨架物体名称的下方），动作的关键帧显示在名称右侧的轨道上，名称右侧还有一个下推动作块（Push Down Action）按钮（上面有一个倒三角形和两个长方形图标，稍后会讲到）。

图 12.10   非线性动画编辑器的初始界面

2．接下来的步骤可以用两种方法实现。

第一种方法是将鼠标指针放在动作编辑器的右侧栏中的动作名称列表上，并单击叉号（确保先单击名称旁的盾形按钮）按钮，这样就可以让 Jim 不执行那个动作了，而把动画控制的工作交给非线性动画编辑器。然后，你可以转到非线性动画编辑器，按 **Shift + A** 键，从列表中选择名为"Walk_Cycle"的动作，即可将其作为动作片段添加到编辑器中。

第二种方法更加简单快速。单击上面提到的下推动作块按钮，即可将该动作转成一个"片段"，并自动执行在第一种方法中介绍过的流程。现在你可以通过移动那些片段来改变动画发生的时间，甚至可以按 **S** 键缩放它，从而调节动作的快慢，也可以创建出该片段的多个副本，从而拼接出一系列迈步动作（见图 12.11）。此外，在动画摄影表的动作编辑器模式中，也可以在标题栏上看到下推（**Push Down**）按钮，作用是一样的。

图 12.11   添加了 Walk_Cycle 动作片段的非线性动画编辑器，随时可以进行编辑

3．当然，你也可以将 Walk_Cycle 动作片段复制出多个副本来让行走动画多迈出几步，但我们还可以采用另一种更好的方法来做。在非线性动画编辑器中按 **N** 键打开属性侧边栏。这里你可以调节两个地方。首先，在动作剪辑（Action Clip）面板中，你可以"切"出动画片段的起始帧与结束帧。并将结束帧设为 39 而非 40，这样就不会出现重复的一帧，从而在重复播放时看上去更自然。然后，还是在这个面板中，你可以更改片段的缩放比（Scale）及重复的次数。将重复值设为 5 或 6，让动画中的行走步数增加一些。然后，你可以调节片段的缩放比，调节动画的快慢，直到让你满意。也可以在重复（Repeat）滑块中将重复次数设置为 5 或 6，这样，行走步数就足够我们这段动画使用了。

由此可见，与使用插入或复制很多关键帧的方法相比，使用非线性动画编辑器控制动作可以轻松地实现同样的结果。这里只介绍入门用法，但你可以在该编辑器中进行多种操作，如将不同的动作叠加起来，或者创建两个动作间的过渡等。

沿路径行走

Jim 现在已经迈出了很多步，但他依然留在原地！下面我们来学习如何使用约束器让它沿着一条路径行走，如图 12.12 所示。

图 12.12　Jim 正在地面上沿着规定的路线行走。现在他真的动起来了

1．按 **Shift＋A** 键，选择曲线（Curve）→ 路径（Path）新建一条路径曲线。

2．在编辑模式下编辑路径曲线上的控制点，定义 Jim 的行走路线。在我们的案例中，它应该是一条直线。你可以只保留该曲线上的两个控制点，并将起点设置到场景原点处，也就是 Jim 所在的位置，并将终点对齐到 Jim 前方的 Y 轴上。

3．在物体模式下，选中 Jim 的骨架并添加一个约束器。转到属性编辑器中的约束器（Constraints）选项卡，并添加一个跟随路径（Follow Path）控制器。

4．在跟随路径约束器的目标菜单中，选取刚刚创建的那条路径。此时，如果你在播放动画时没有看到跟随路径的约束效果，请单击动画路径（Animate Path）按钮。如果你想要跟随的是一条曲线路径，那么建议勾选跟随曲线（Follow Curve），让角色随着路径变换朝向。

5．选中路径曲线，转到属性编辑器的曲线（Curve）选项卡，在路径动画（Path Animation）面板中调节帧数量（Frames），也就是 Jim 从路径开始走到末端要经过多少帧。另外，调节曲线的长度和行走动画循环的速度，直到让 Jim 的脚看上去像相对于地面静止一样，避免产生滑移感（你可以在 3D 视口的属性侧边栏中找到显示面板，增加地面网格的细分级，以显示更多的网格线，这样便于观察 Jim 的行走效果，如图 12.7 所示）。你也可以将 3D 游标放到每步的脚跟处，作为静止参考点，便于观察双脚是否出现滑移，并予以修正。

总结

动画是一个相当复杂的过程，做出逼真的角色需要大量的知识、经验与雕琢。希望本章能够让你了解一个基本的流程，让你有兴趣去深入探索。

现在我们已经做出了一个带有行走动画的完整的角色。回想当初翻开本书时对 Blender 还是一头雾水，面对现在的成果，你是否感到很有成就感呢？在接下来的第 13 章 "Blender 中的摄像机追踪" 中，我们将继续学习让一个 3D 摄像机的运动轨迹和拍摄真实视频的摄像机的运动轨迹相匹配，这样我们就能将 Jim（或任何的 3D 物体）合成到真实的视频当中了。

练习

1. 什么是关键帧？
2. Blender 中有哪些动画编辑器？
3. 动画曲线的作用是什么？
4. 在 Blender 中，什么时候会用到动作？使用动作的优势是什么？
5. 为了让物体沿曲线运动，应当使用哪种约束器？

VI

进入最后阶段

Blender 中的摄像机追踪

当你想要将 3D 物体融入一段真实拍摄的视频中时，需要让 3D 世界中的摄像机与拍摄视频的那台摄像机的运动轨迹完全相同，从而让 3D 物体完美地融入视频里的场景中。摄像机追踪（Camera Tracking）能够让你追踪真实视频中的特征点，让 Blender 获取透视信息，进而在 3D 世界中生成一台模拟真实摄像机的 3D 摄像机。即便是现在，你也需要使用昂贵的专用软件来实现这种需求，而 Blender 可以提供非常高效的摄像机追踪方案，作为你的另一种选择。最大的好处在于，你无须导入/导出场景，或者使用其他任何软件来做，因为你所需要的一切 Blender 里都有！在本章里，我们将学习 Blender 的摄像机追踪基础。

理解摄像机追踪

在正式开始追踪前，务必先了解一下它的工作原理。

1．首先，你加载一个视频，并使用 Blender 的追踪工具对视频中的特征点进行追踪。建议选取那些可见性高、相对静止且对比度高的地方作为特征点。

追踪算法将使用视频中的这些特征点来建立视频中的物体相对于画面的运动方式。尽管这一过程是逐帧进行的，但有时也会很高效；Blender 还提供了一些自动化工具来代你完成大部分的工作，你只需要手动调节那些算法无法自动处理的区域或片段。

2．接下来，当你的视频里有了足够多的追踪点后，需要输入摄像机的设置参数，让 Blender 知道拍摄真实视频所用到的那台摄像机的类型及镜头信息。如果你不知道这些信息（或如果视频不是你亲自拍摄的，无法获取这些信息），那么 Blender 可以对那些参数进行估算，最终得出和真实的拍摄参数相当接近的数值。

3．然后，你需要确定摄像机的位置。在这个阶段，Blender 会通过它们在不同画面中的运动情况来分析视频中的追踪点，它能够重建摄像机的透视视角，并确定 3D 摄像机在各帧上应该出现的位置。然后，你就得到了一台与真实摄像机运动轨迹一模一样的 3D 摄像机。

4．最后，只需要调节并对齐 3D 摄像机的朝向，并将 3D 物体匹配到真实素材中。

拍摄素材前的注意事项

有时候，你的视频素材可能会有一定的追踪难度，这取决于视频的拍摄方式。如果拍摄的时候并没有考虑到后期需要追踪摄像机，那么就免不了在追踪阶段需要花费多一些的精力，因为它可能没有包含足够多的用于追踪的特征点，也可能拍摄得很模糊，或者画面的变化速度很快。值得一提的是，在影片里，也免不了会有很多这样的镜头需要追踪，但那可是有相当专业的人，使用昂贵的软件，并且投入大量的精力（有时候甚至需要使用一些"障眼法"）才能让 3D 摄像机与真实镜头完美匹配。如果你想要自己拍摄素材，为了避免增加后期追踪的难度，你需要了解一些追踪算法的原理，并遵循一些指引。

摄像机追踪使用一种称为视角转换（Perspective Shift）或视差（Parallax）算法来侦测镜头的视角。想象自己在一列火车上，并且朝窗外看：离你近的物体看上去运动得非常快，而离你较远的物体，如云彩，则几乎是静止的。这就是视角转换：距离摄像机较近的物体的视角的转换速度比距离较远的物体更快。

了解了这些，你就能领会到：让拍摄视频的摄像机持续运动，也就是视角动态转换，实际上有助于 Blender 判定靶点的位置。如果拍摄动态的镜头并不是你的目的，也不要担心！你可以在正式拍摄开始前先拍摄一段视角转换的视频参照画面，然后你可以使用那段镜头让 Blender 算出正确的视角，其余的镜头也将体现在那个视角中。这样能够让你在不需要视角转换的实际拍摄中也可以追踪到摄像机的信息。当你最终编辑视频的时候，你可以将开头的那段参照画面剪掉。

在拍摄有利于追踪的镜头方面，以下再说几点建议。

- 由于需要利用视角转换原理，因此最好在前景和背景上添加一些供追踪使用的特征点。这可以为 Blender 提供更好的分析参照。
- 确保影片中包含足够数量的符合要求的特征点（对比度高且包含 90° 拐角的地方最适合追踪，因为如果自动追踪不够理想，那么用手动追踪也很容易）。一个特征点在整段视频中出现的时间越久，摄像机追踪的结果就越稳定。如果你觉得特征点不够多，那就在场景中摆放一些包含符合要求的特征点的物体。一块石头或一张纸都可以。总之只需要添加一些有助于追踪却又不会转移观众焦点的物体。另一种方法是添加物理靶点（通常是一些包含高对比度或拐角形状的小型设计元素，你可以在拍摄影片时把它们放到场景中）。不过，这并不是很好做，因为你需要在后期阶段手动把它们从场景镜头里抹除，因此，建议只在必要的地方摆放小巧且不引人注意的物体。

- 尽量避免推拉镜头，因为如果在拍摄时更改镜头设置会对追踪的准确度造成影响，也会更棘手。推拉镜头可以在后期通过缩放图像来模拟（会损失一点图像质量）。

- 尽量避免过快地移动镜头，这会为画面带来模糊感。如果你的镜头不够清晰，那么追踪的过程就需要进行更多的手动操作，而且会影响追踪结果的精准度，因为你看不清追踪特征点。尽量保持镜头平稳。在摄像阶段多费点心思，会为后期带来很大帮助！

- 拍摄一个品质好的视频会为追踪带来极大的便利。如果视频存在压缩瑕疵或分辨率较低，那么较小的特征点（即使是大些的）在帧与帧之间的变化幅度较大，这会让 Blender 的自动追踪工具更难于执行追踪，而且你不得不进行大量的手动操作。

- 要想追踪摄像机的运动，你只能选取静态的特征点。不要在运动物体上选取特征点，因为它们会严重影响 Blender 的视角分析。在构思如何拍摄场景时要考虑到这一点，确保你有足够数量的静态特征点可供追踪。你追踪的特征点数量越多，结果就越稳定，3D 摄像机的运动也就越接近真实的镜头运动。

追踪的东西可以是地面上的石头、墙上的砖块、街上的井盖和路标等，总之要是在 3D 空间中固定且不移动的东西。

不该追踪的东西包括树叶（虽然它们也许是可以追踪的，但有可能会随风摆动，即使幅度很小）、人（即使他们试图保持静止，但也难免会移动一点），以及两个距离镜头一远一近的物体在画面上相接的地方，如墙后面的牌子（如果摄像机视角变了，那么这两个物体在画面中的连接点可能就会变化或移动）、反射倒影，以及漂浮在水中的微粒等。所有这些东西都不是完全静止的，这会让 Blender 难以计算出准确的视角。

- 如果有可能，建议将拍摄镜头时所使用的摄像机的焦距等参数设置记录下来。这些信息将有助于 Blender 解算 3D 摄像机的运动。

影片剪辑编辑器

摄像机追踪的过程是在影片剪辑编辑器（Movie Clip Editor）中进行的。在任意编辑器标题栏的第一个按钮上将当前编辑器类型切换为影片剪辑编辑器即可看到它。我们来看一看这个编辑器里都有哪些选项和工具吧，如图 13.1 所示。

图 13.1　影片剪辑编辑器是执行摄像机追踪的地方

或许你现在对影片剪辑编辑器毫不了解，不过别担心，我们这就来简单了解一下。

- **工具栏（图中 A 区）**：该区域包含创建新的标记点，以及追踪与解算摄像机运动的选项。按 **T** 键可显示或隐藏该侧边栏。侧边栏中有多个选项卡，分别是追踪（Track）选项卡、解算（Solve）选项卡和标注（Annotation）选项卡。
- **影片剪辑区（图中 B 区）**：位于编辑器中间的大片区域，这里会显示真实镜头的内容，也是用来使用标记点追踪特征点的地方。该区域底部集成了专供追踪使用的时间线横条，便于全屏操作
- **属性栏区（图中 C 区）**：该区域包含当前选中的标记点的设置项。追踪选项卡中包含显示参数及摄像机参数。镜头（Footage）选项卡中包含和镜头相关的选项。此外还有稳像（Stablization）选项卡。按 **N** 键可以显示或隐藏该侧边栏。

在本章中，我们将详细讲解它们。

追踪摄像机运动轨迹

在本节中，我们将学习如何加载视频镜头，追踪画面中运动的点，以及生成模拟真实摄像机运动轨迹的 3D 摄像机运动轨迹。为此，我们只需要看到影片剪辑编辑器，可以按 **Ctrl+Space** 键将编辑器的窗口全屏显示。

加载镜头

当然，如果没有镜头也就无所谓追踪了，那么我们就来加载镜头吧！加载镜头的方式有几种。一般来讲，其加载方式与 UV/图像编辑器中加载图像的方式类似。

- 按 **Alt + O** 键选择镜头文件。
- 从系统文件夹中单击镜头文件，并把它拖曳到影片剪辑器区中。
- 在标题栏的剪辑（Clip）菜单中，选择剪辑（Open Clip）选项。
- 在标题栏上，单击镜头名称旁的文件图标按钮。

加载镜头后，你可以将鼠标指针放在编辑器底部的横条（见图 13.2）上来回拖动，这样可以查看不同时间点的镜头内容。当你追踪时，你只需要在该编辑器内就能完成时间点的跳转，而不需要时间线等编辑器（当然也可以那样做）。

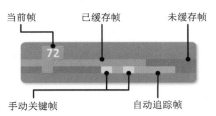

图 13.2　影片剪辑编辑器的时间线横条

单击并拖曳时间条上的带有数字的绿色指针能够改变当前帧的位置并显示帧号。此外，时间条由两条横条组成，一条是蓝色的，另一条是黄色的。蓝条用于显示镜头的缓存情况。当你播放镜头时（**Space** 键），视频帧内容被缓存，这将大大加快再次播放时的流畅度，建议在开始追踪时先完整播放整段视频，这样可以加快处理过程。此外，如果单击工具栏顶部的预读取（Prefetch）按钮（或按 **P** 键），那么 Blender 将自动缓存该视频，而无须把视频从头到尾播放一遍。视频帧被缓存后，已缓存的部分会在蓝条上加亮显示，这样你就能知道哪些部分已经建立了缓存，而哪些地方尚未被缓存。

小提示：

Blender 默认使用 1GB 的内存来缓存视频帧。如果你追踪的视频比较大，或者是高清视频，那么 1GB 可能不足以缓存所有的帧。此时，可在偏好设置面板的系统选项卡底部找到视频序列编辑器（Video Sequencer）面板，并设定一个较大的内存容量。对多数视频来说，将数值设为 8000（8GB）一般就足够用了，当然也要视视频的长度、分辨率、格式而定。另外，机器需要配置不小于设定数值的内存容量才行。

此外，如果你仍然没有足够的内存来处理完整的视频，那么可以分段进行追踪。例如，我们可以通过设置时间轴的开始帧和结束帧，来先追踪前 100 帧，然后再处理下一个 100 帧，以此类推。

黄条用于显示标记点的位置。当追踪器正在工作时（移动并跟随某个特征点），它会显示为一种柔和的黄色。在手动添加了关键帧的地方，会显示一条亮黄色的竖线，表示那里的关键帧是手动添加的，而其余部分是自动追踪的。

视频的分辨率与帧速率

当你加载一个视频时，要留意你在属性编辑器中设置过的分辨率规格和帧速率数值。在输出属性（Output Properties）选项卡（图标为打印机）中，在规格（Dimensions）面板中选用合适的尺寸和帧速率。本书提供的视频下载素材（位于 Resources 文件夹）的分辨率为 1920 像素×1080 像素，帧速率为 25fps。

在影片剪辑编辑器中加载了视频后，右侧栏中会出现一个镜头选项卡，其中包含该视频的一些信息等设置选项。根据你所拍摄视频的格式，你可能想要修改其中的一些设置。

剖析标记点

标记点（Marker，也称为追踪器）是用于追踪特征点的主要工具。我们先来了解一下什么是标记点，及其组件的功能（见图 13.3）。

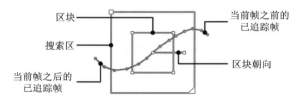

图 13.3　标记点及其组成元素一览

- **区块**：这是标记点的主要部分。区块是某帧画面上的某个区域，Blender
  会自动追踪（或由你手动寻找）下一帧上代表相同位置的区块。通常，
  你需要将镜头中某些易于追踪的特征点作为区块的中心——一个对比
  度高的区域，或者一个形状特别且在画面上独一无二的特征。同样，你
  可以按 **G**、**R**、**S** 键来移动、旋转和缩放它（可以结合 **Shift** 键启用精
  确调节）。另外，在侧边栏中的追踪面板中可以看到所选标记点的区块，
  这样可以更加清楚地观察所选的标记点在下一帧中将要分析的区块。
  此外，也可以使用 Blender 中通用的一些快捷键，如 **H** 键和 **Alt+H** 键
  可用来隐藏或显示标记点，而 **Shift+H** 键则可以隐藏所有未被选中的
  标记点等。
- **搜索区**：该区域定义了 Blender 在下一帧画面上搜索区块的范围（该区
  域默认是隐藏的，你需要在标记显示面板中启用它）。画面运动的速度
  越快，搜索区就需要被设定得越大，因为如果下一帧上对应的区块超出
  了搜索区的范围，那么 Blender 就无法找到它。不过，搜索区的范围越
  大，自动追踪的速度就越慢。单击搜索区的左上角可以移动它的位置，
  单击右下角可以缩放大小。
- **区块朝向**：有时候，为了便于追踪，你可以旋转区块（甚至可以拖曳四
  角来让它形变）。然后你可以追踪区块的旋转或透视变化，有时候这会
  很有用。不过，在本案例中，我们只需要追踪标记点的位置。单击并拖
  曳标记点上的那根短虚线末端的点，即可旋转并缩放区块（你也可以在
  选中标记点后使用快捷键 **R** 和 **S**）。
- **已追踪帧**：执行追踪时，标记点会显示一条红线和一条蓝线，上面有若
  干个点。标记点始终位于当前帧上，蓝线表示追踪点在当前帧之后各帧
  的位置轨迹（如果完成了追踪），红线表示追踪点在当前帧之前各帧的
  位置轨迹。这些轨迹线有助于对比各个标记点的运动情况，判定其中的
  某个标记点是否完全偏离了轨迹。

追踪镜头中的特征点

现在我们已经了解了基础知识，我们这就来看看标记点的设置。

你可以在两个地方修改标记点的追踪设置，分别位于侧边栏和工具侧边
栏。侧边栏中的设置项调节的是当前选中的标记点的追踪设置，而工具侧边栏
中的参数则用于设置新建标记点时所使用的默认参数。

追踪设置包括各种选项和数值项，如可以设置追踪的颜色通道、区块及搜

索区范围，以及是否只追踪标记点的位置变化（我们将会用到该选项），还有旋转变化、缩放变化及特征点的透视变化等。

其中一个选项是匹配（Match）类型。这个选项非常重要！你可以将它设置为关键帧（Keyframe）或上一帧（Previous Frame）。设为关键帧时，Blender会在各帧中搜索与上一个手动设置了关键帧的标记点所在画面区域特征相似的点。

通常，如果我们将该匹配类型设为上一帧，那么 Blender 将搜索与上一个已追踪特征点特征相似的点。由于视频中的特征点不会始终都一模一样（考虑视角的透视变化），因此，如果追踪点的逐帧变化量较小，那么建议用第二种类型。否则，如果某个时间点上的特征点与之前设为关键帧时的特征点差异较大，那么追踪点就会停止工作。

在追踪过程中，与上一个已追踪帧（或手动添加的关键帧）区块内容间的最大容许差异量可以通过关联度（Correlation）滑块来定义，该数值用来决定何时让 Blender 因为失去追踪点而停止执行自动追踪。该选项位于追踪设置（Tracking Settings）面板的附加追踪设置（Extra Tracking Settings）子面板，追踪额外设置子面板中的追踪额外设置。

现在我们就来开始追踪吧！追踪特征点的操作步骤如下。

1．首先创建一个标记点。在工具边侧栏的标记选项卡中，单击添加按钮，然后将鼠标指针移动到镜头画面上想要投放特征点的地方，单击**鼠标左键**即可完成投放。

> 小提示：
> 　　有一种更快的方法是在想要投放标记点的地方按 **Ctrl + 鼠标左键**，这样可以直接在那里投放一个标记点。

2．调节标记点，将区块准确地放到你想要追踪的特征点上（也许是个拐角点，也许是个亮点等），按 **S** 键缩放调节区块的大小，让它充分覆盖特征点。在追踪面板中观察放大后的区块，确保它的位置和颜色通道等信息正确。

3．在左侧栏的追踪选项卡的追踪面板中，第一行有四个追踪按钮，单击第三个按钮执行自动前向追踪，也就是按照视频播放的方向追踪，或者按快捷键 **Ctrl+T**。第二个按钮是自动后向追踪，快捷键是 **Shift+Ctrl+T**。

4．上一步所说的四个按钮中，第一个按钮是逐帧前向追踪，快捷键是 **Alt + ←**；第四个按钮是逐帧后向追踪，快捷键是 **Alt + →**。按 **L** 键可将当前选中的标记点居中显示。

5. 追踪器可能会在没有明显原因的情况下停止追踪，尽管特征点仍然清晰可见。一种可能的原因是由于该特征点位于标记点的搜索区之外。搜索区的范围定义了 Blender 尝试在下一帧镜头中寻找特征点的区域。搜索区越大，Blender 需要分析和对比的像素就越多，追踪过程也就越慢。

不过，如果搜索区设置得太小，或者由于特征点在两相邻帧之间的移动速度太快而落在搜索区之外，那么 Blender 就会找不到它，从而导致该标记点失效。

在影片剪辑编辑器的标题栏的右上角有一个剪辑显示（Clip Display）菜单，其包含一些用来控制在编辑器中显示哪些元素的选项，带有选择在影片剪辑编辑器中显示哪些元素的选项。搜索区 [在该菜单中叫作"搜索"（Search）] 在默认情况下可能是禁用的。勾选它以后，即可看到所选标记点的搜索区。

要想移动搜索区，请单击并拖曳搜索区指示框左上角的小方块；要想缩放搜索区，请单击并拖曳右下角的小三角形。也可以在侧边栏中的追踪选项卡的标记点面板中更精准地调节。

> 小提示：
>
> 　　有时候，特征点并没有出现在画面内（例如，你在追踪某个背景建筑上的窗户，可能会在某些帧内被前景的一块广告牌挡住），此时你可以停止追踪，直接跳过那些帧，并从能够再次看到特征点的帧开始继续追踪。标记点仅会计算那些有追踪关键帧的特征点（手动指定的或自动计算的），因此，如果你直接忽略那些无法追踪的帧，那么它会自动在那些帧上禁用追踪。你也可以手动强制让标记点在特定的帧上禁用或启用，方法是单击追踪面板中的眼睛图标。该面板位于侧边栏的区块预览上方，追踪器名称的右侧。

6. 每次只追踪一个标记点，确保追踪结果正确。不过，如果愿意，你也可以选中多个标记点同时执行追踪。但要记住，你每次只能专注监督一个标记点的追踪情况，因此，要确保追踪面板中的曲线是相对平滑的。我还是建议每次追踪一个标记点，尤其是对于难以追踪且会带来问题的特征点。

7. 当某个标记点在整段视频长度上指定的特征点上完成了正确的追踪时，建议将其锁定，以免受到误操作的影响。在侧边栏中的追踪面板中有两个图标：一个是眼睛图标，另一个是锁头图标。眼睛图标用于启用或禁用标记点，而锁头图标则可以禁止编辑它，直到再次单击它解锁。你也可以按 **Ctrl + L** 键将选中的标记点锁定，按 **Alt + L** 键可将其解锁。

> 小提示：
>
> 　　当你按 **Ctrl + T** 键或 **Shift + Ctrl + T** 键对一个标记点执行自动追踪时，追踪速度会非常快（取决于计算机的性能、区块的复杂度及搜索区的大小等因素），甚至无法用肉眼去追踪进度。有时候这样有好处，因为它会快速完成追踪，并在追踪失败时停止。不过，在某些情况下，即使追踪并没有失败，结果也未必是正确的，因为它会慢慢滑离特征点，从而导致追踪不够精准。
>
> 　　为了提升追踪质量，你可以转到侧边栏的追踪设置（Tracking Settings）面板，并在速度（Speed）类型列表中选用实时（Realtime）或更慢的速度。这样一来，即使 Blender 有能力快速完成追踪，它依然会按照你手动设置的速度执行，每经过指定的帧数就会停顿一下，这样一来，即使遇到了错误，你也会有反应的时间。通常将这里的帧数设为 20～30。
>
> 　　在追踪的时候，你也可以按 **L** 键启用锁定到选中项（Lock to Selection）选项（该选项位于侧边栏的显示面板）。当启用此选项后，摄像机会被居中到标记点上，活动的反而是背景素材，这样便于观察标记点的追踪效果是否平稳，避免内容在 3D 视口内频繁地平移。

　　8. 对其他特征点重复上述步骤，越多越好（让每帧画面中至少包含 8～10 个特征点）。按 **M** 键可以关掉视频（再按一次可恢复显示），然后播放，这样就可以在黑色背景上看到所有标记点了。这有助于你通过比较其他标记点的动作来发现某些标记点的异常。

　　9. 确保没有特别异常的标记点产生。如果有一个或几个标记点的追踪失准，也不要着急，你可以在摄像机解算失败以后随时回去调节。

摄像机设置

　　在你"搞定"摄像机运动之前，你需要让 Blender 知道摄像机的焦距等参数，让 Blender 更加方便地计算出摄像机的视角。在侧边栏中，你可以找到摄像机（Camera）和焦距（Lens）面板，你可以在里面输入拍摄视频时所使用的焦距，以及摄像机传感器等相关参数。

　　如果单击摄像机面板标题栏上带有三个点和三条横杠的按钮，就会看到一些预设，你可以从中搜索一下自己的摄像机是否在这些预设中，从而快速填好常规的参数。我们还可以将摄像机保存为新的预设，便于以后需要追踪使用该摄像机拍摄的视频时可以重复使用这些设置。

　　如果你不知道这些信息，没问题，Blender 有一个名为优化（Refine）的选项，能够在这种情况下估算出这些信息，我们将在下一节"解算摄像机运动"中用到它。

解算摄像机运动

在工具侧边栏中，切换到解算选项卡，你可以使用这里的选项解算出最终用于 3D 场景的摄像机运动轨迹。例如，其中有一个三脚架（Tripod）选项，如果你拍摄视频时使用了三脚架进行定点拍摄，那么镜头的视角就不会包含太多的视角变化信息，因此，启用此选项后，Blender 将只计算摄像机的旋转信息。

关键帧的选择同样很重要。Blender 需要在镜头中选取两帧，作为完整视频的视角信息的计算依据。这两帧之间的画面应当包含足够的视角变化，同时包含足够数量的标记点。如此一来，Blender 就能够对标记点在这两帧之间的视角转换进行比照，并辅以摄像机的参数信息。同样，在解算选项卡中，选择关键帧选项后，Blender 将自动为你选取供解算的帧区间，或者你可以自行设置关键帧 A（Keyframe A）和关键帧 B（Keyframe B）的数值。

优化选项适用于当你不知道摄像机参数的情况，如焦距或畸变值（K1、K2 和 K3 参数）。因此，如果你选择了其中一项，那么 Blender 会为你求出它们的值。

一旦你做出了适当的选择，可以单击解算摄像机运动（Solve Camera Motion）按钮，并观察标题栏。解算误差（Solve error）的数值会显示在标题栏所有按钮的右侧（见图 13.4）。Blender 会根据标记点侦测出 3D 摄像机与真实摄像机视角信息之间的差异。若追踪解算误差值为 0，则表示完美解算，但这是不可能的，因为误差再小也是难免的。通常，解算误差值小于 3 属于可接受的范围，但摄像机有时候可能会有滑移感（当把 3D 物体合成到真实摄像机的时候会看到这种效果），若解算误差值小于 1，则意味着追踪效果很好，若小于 0.4 或 0.3，则意味着追踪效果非常理想。

图 13.4　解算误差值会显示在影片剪辑编辑器标题栏的右侧

虽然一切追踪都难免不那么完美，总会或多或少产生一些解算误差，但我们可以通过在将要合成到镜头中的 3D 物体附近的区域添加更多的追踪点来改善结果。这样一来，尽管其他一些区域或许不会和摄像机的运动轨迹匹配得非常理想，但至少 3D 物体这边会更理想些。

在本案例中，我们需要在地面上添加一些标记，也就是 Jim 将会走过的地面，让这片区域尽可能地匹配真实摄像机的运动，哪怕背景区域匹配得不是那么精准。

在靠近摄像机的地面上并没有太多容易追踪的标记点，但我们可以使用透视形变追踪功能来做一些标记，并改变区块的形状，让它们围住地面上容易识别的特征区域，如图 13.5 所示。为了避免出现问题，应确保搜索区比区块的范围大。

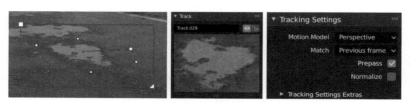

图 13.5　使用透视形变追踪功能来追踪复杂的特征区域。要想改变区块的形状，请移动区块指示框的四个顶点，让它们围住视频中的特征区域，并在追踪设置面板中将运动模式（Motion Model）改为透视（Perspective）。透视视角变化导致形变的区块是很难手动追踪的。左图是编辑器中的标记点；中图是侧边栏中的追踪面板，从中可以看到未形变的区块图案；右图是侧边栏中的追踪设置面板及设置参考，适用于透视追踪

为摄像机应用运动追踪结果

如果你转到 3D 场景，此时可能还不会看到什么，因为我们还差最后一步。请按下面的步骤操作。

1．选中摄像机物体，在属性编辑器的约束器选项卡中添加一个摄像机解算约束器。

2．勾选活动剪辑（Active Clip），或者在其下方的影片剪辑（Movie Clip）列表中选择对应的剪辑。现在你会在场景中看到摄像机及若干小点（十字星状）。其中，每个点均代表影片剪辑编辑器中的一个标记点。如果看不到这些点，请确保在 3D 视口右上角的视图叠加层菜单中勾选运动追踪（Motion Tracking）。勾选后，还会出现一些附加的选项，用来更改标记的显示样式及尺寸等。

3．在时间线上来回拖动，现在你就会看到摄像机的运动效果了（见图 13.6）。

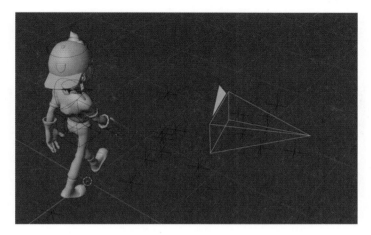

图 13.6　尽管我们生成了摄像机运动信息，但依然需要对齐摄像机，
让 3D 场景覆盖到真实场景的位置

调节摄像机运动

现在你只需要对齐摄像机。影片剪辑编辑器同样提供了一些专用的工具，不过你也可以手动去调节。我们使用影片剪辑编辑器的工具来对齐摄像机运动。

1. 在镜头中场景的地面上选择三个标记点，转到解算选项卡的参照坐标系（Orientation）面板，单击基面（Floor）按钮。Blender 将把摄像机及所有的标记点对齐，依据是将那三个标记点置于地面上，三点构成的面是完全水平的。

2. 为了定义场景的缩放比例，在 3D 场景中选取两个标记点（如果你知道现实场景中这两点间的实际距离最好，或者你至少可以估计一下）。现在，在参照坐标系面板中，在距离（Distance）数值框内，输入现实场景中这两个标记点间的距离。单击设置缩放（Set Scale）按钮，即可让摄像机及所有的标记点缩放至反映 3D 场景中的实际度量标准的比例。

3. 在影片剪辑器的工具侧边栏的解算选项卡中，找到场景设置（Scene Setup）面板，并单击设置为背景图（Set as Background）按钮。当前使用的镜头视频会被立即用作摄像机视角的背景图。按 **Ctrl+ 数字键盘区的"0"键** 即可将当前视角切换到场景的活动摄像机视角。

4. 经过上一步的操作，我们应该可以看到，虽然 3D 物体与背景图镜头的对齐效果基本达到预期，但可能仍然需要调整。我们可以手动移动、旋转或缩放摄像机，直到将 3D 物体置于背景图中的镜头中的预期位置。建议将 3D 游标放在场景的原点处（或你想让 3D 物体出现在地面的位置点，如角色），然后以那个点为基准对摄像机进行旋转、移动及缩放操作，直到对齐到理想位置（见图 13.7）。

图 13.7　经过对齐后的摄像机视角，Jim 正站在真实镜头中的地面上

小提示：
　　你可以单击位于设置为背景图按钮下方的设置追踪场景（Setup Tracking Scene）按钮。该功能会在合成器中创建一套节点预设、将剪辑设置为背景、创建一个地面物体，并让角色在上面投射阴影，等等。我们将在第 14 章"布光、合成与渲染"中亲自动手来设置这些，以便更好地理解这个过程。不过，该选项仅在 Cycles 引擎下可用，并不兼容 EEVEE 引擎。

测试摄像机追踪

　　在 3D 视口中按 **Space** 键观察摄像机追踪的结果是否理想。摄像机的对齐效果可能需要微调一下，或者你发现摄像机的运动明显失准。在这种情况下，你需要返回影片剪辑编辑器，并找到摄像机运动追踪失败的那些帧。或许某个标记点的运动方式出格，或者它从某处急剧跳转到另一处，或者那些帧上的标记点数量不够，你需要添加更多的标记点来增加追踪的稳定性。

　　无论是哪种情况，其过程都和重新编辑或添加新的标记点一样简单（直接删掉那些与行为相对出格的标记点，或者它所追踪的动态特征点对 Blender 的判断产生了影响）。再次执行解算，并重新对齐场景中的摄像机。反复尝试，直到你最终得到满意的结果，坚持到底！

总结

　　摄像机追踪可以是又快又简单的，也可以是又难又悲摧的。每段镜头素材都有独特的挑战点，而本章为你介绍了这一过程的工作方式，至少让你能够为自己的项目执行基本的摄像机追踪。另外，当你拍摄一段视频或发展出适合影片剪辑编辑器的好用的工作流时，请记住一点：你的经验关乎追踪结果的优劣，最终你会领会到影响视频追踪难度的关键。

同样，这也只不过是影片剪辑编辑器用法的冰山一角。我们还可以考虑镜头畸变因素，使用追踪实现镜头稳像，甚至可以追踪视频中的物体，并将它们的运动信息传递到 3D 场景中的物体上（有人甚至用追踪工具来捕捉面部表情）。希望本章能够让你掌握基础的追踪常识，并且提起你学习更多相关知识的兴趣。无论如何，你已经非常接近项目的最终成果了！

练习

1. 拍摄一段视频，并运用本章中介绍的方法和技巧，对摄像机执行运动追踪。

2. 追踪一个使用三脚架拍摄短片的摄像机，理解解算后的运动样式。

布光、合成与渲染

欢迎来到项目的最后阶段！在本章中，我们将把 3D 场景匹配到真实镜头中，学习如何设置场景以便能够使用节点合成，并进行最终渲染。初次接触节点合成的概念时可能不好理解，不过如果你亲手对几个场景进行了节点合成，那么你会乐此不疲，并体会到节点系统的强大之处。之所以说合成是至关重要的环节，是因为在这个过程中，你要把场景从平淡无奇的普通渲染效果加工成效果惊艳的渲染成图。你可以尽情发挥创造力，如重新调节颜色、添加效果、混合多种元素等。

在本章中，我们将学习如何将 3D 角色合成到我们在第 13 章 "Blender 中的摄像机追踪"中用来追踪摄像机运动轨迹的真实视频中。我们也将学习如何在 Cycles 引擎和 EEVEE 引擎中进行合成。通常，使用 Cycles 引擎可以更好地将 3D 模型合成到真实视频中，因为会更真实、更准确。为此，Cycles 引擎还提供了更好的工具。不过，在某些情况下，使用 EEVEE 引擎就足够了，尽管为此需要使用一些技巧，但它仍然可以做出令人信服的效果。

为场景布光

无论是 EEVEE 引擎还是 Cycles 引擎，首先要为场景布光，这样可以让角色在地面上的投影符合真实镜头中的光照结果。在制作一段纯 3D 的动画视频时，我们可以任意决定场景的光照效果，但当我们尝试将 3D 物体合成到真实镜头中时，需要让 3D 场景的光照与真实镜头中的光照相匹配，从而获得真实且自然的合成效果。

分析真实镜头

在布光之前，应当认真分析一下想要让 3D 场景匹配的那个真实镜头，观察其中的光影，判断光源的方向及强度，并观察阴影是模糊的还是清晰的。此外，光的色彩也是很重要的信息。

在本章使用的镜头素材中，是一个多云天气，云层是一个巨大的漫反射体，几乎不会让物体形成明显的阴影。云层会让光线从中穿透，但是其中的水微粒会让光线在云层内部向四面八方弹射，光线的方向也变得随机，云层会成为一个巨大的漫射光源。当你在多云天气外出时，你几乎不会看到物体的投影——只有当两个物体距离很近时，才会在中间呈现些许的柔和阴影（见图 14.1）。选用这个镜头是为了让你的第一次合成更容易成功，因为你可以不必制作清晰的阴影。

图 14.1　如果镜头素材中出现了阴影，那么它们可以让你知道光源的入射角、朝向与强度。然而，在本素材中，天上的云让光线弹向四面八方，也就几乎不会留下阴影了

创建匹配镜头的灯光

观察了现实世界中的光影之后，我们就可以开始创建 3D 场景中的光源了。尽管 EEVEE 引擎和 Cycles 引擎的灯光设置不太一样，但目前我们只进行基本的设置就够了，我们可以稍后再分别调节这两个渲染引擎的设置。我们这就来照亮场景。

- **背景图透明度**：当我们在影片剪辑编辑器中单击设为背景图按钮时（该按钮位于左侧栏中的解算选项卡底部的场景设置面板），Blender 会自动将该影片加载为摄像机的背景。默认的不透明度为 50%。为了更好地看到光照效果，我们要将不透明度设置为 100%。为此，请选中摄像机，在属性编辑器的摄像机属性（物体数据属性）选项卡中找到背景图（Background Image）面板，从中选择将作为摄像机背景的视频或图像，也可以调整一些设置。设置 Alpha 值为 100%，以增加背景的不透明度。
- **地面**：你需要在地面上创建一个平面以接收来自物体的阴影。目前，我们只需要创建一个平面物体并调节它的尺寸，让它位于角色的立足点，并且足够覆盖 Jim 的完成投影。我们可以将视频中的地面作为创建该平面的参考面。

- **3D 视口中的渲染模式**：无论我们使用的是 EEVEE 引擎还是 Cycles 引擎，在开始布光之前，都应该将 3D 视口的着色模式切换为渲染模式，这样我们就可以预览灯光在场景中产生的光影效果了。

- **日光（Sun）**：如果我们在实际的镜头素材中看到了清晰的阴影，那么就需要用一个日光这样的定向光源来模拟原始场景中主光源的入射方向。按 **Shift + A** 键，从菜单中选用日光光源。根据对原始场景中光源方向的判断来调整光的朝向。

接下来，调节阴影的柔和度，让它与镜头中阴影的柔和度一致。这里我们使用的镜头中并没有看到清晰的阴影，所以我们可以增加日光的照射角度，让它从上向下照射，这样会产生更柔和的光影效果。在 Cycles 引擎中，我们应该可以直接看到结果；而在 EEVEE 引擎中可能暂时还看不到，但别担心，我们稍后稍做调整就会看到。

> **小提示：**
>
> 我们可以将主界面拆分一下，一边用来显示实时预览效果，另一边用来显示影片编辑器中的镜头。这样有助于一边参照一边调节。

- **世界环境光**：如果只使用日光，那么角色的某些部分会因为有阴影而显得很暗。而世界环境光能够帮助我们为这些暗部提供一定的光照。世界环境光会默认为我们设置一种中性柔和的光照。

你可以在属性编辑器的世界属性（World Properties）选项卡上找到这些设置。如果你之前没有改变任何东西，那么应该会看到一个灰色的背景着色器，强度值为 1.0。如果你将强度值改为 0，你就会看到场景在没有灯光的情况下是多么暗。

你可以用天空纹理改变背景颜色，并进行操作。你也可以改变它的颜色，添加一个与真实视频的天空颜色相似的一般光。然后增加强度值，使世界环境光填充角色上的阴影，直到照明与真实镜头的照明尽可能匹配。

你可以不断调整阳光和世界设置，使集成匹配视频尽可能准确。

在渲染时显示/隐藏物体

有时候，我们可能不希望在场景中看到某些物体（如多个带有不同面部表情的头部），即使我们在大纲视图中单击眼睛图标可以在 3D 视口中显示或隐藏它们，但当我们试图渲染的时候，它们仍然会出现在渲染后的图像中。

这是因为，我们有两个独立的控制选项分别控制在 3D 视口和渲染图中的显示与隐藏。这种独立的控制机制好处很多，你可能在创作时不需要看到某个物体，但仍然希望它们出现在最终的渲染图中。

在大纲视图的标题栏中有一个漏斗形图标（如果大纲视图的区域过窄，那么可能需要按住**鼠标中键**并横向拖曳标题栏才能看到）。单击它就会看到一个过滤器（Filter）菜单。在该菜单的顶部是限制开关（Restriction Toggles）选区。启用该选区中的选项时，会在大纲视图的物体或集合列表的右侧出现对应的图标。

请务必启用渲染可见性（照相机图标）选项。在物体列表中，它会显示在眼睛图标旁边。也就是说，眼睛图标控制的是物体在 3D 视口中的可见性，而照相机图标控制的是物体在最终渲染图中的可见性。

图 14.2 显示了过滤器菜单和大纲视图中物体列表旁边的图标。

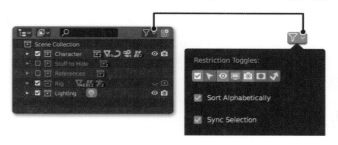

图 14.2　大纲视图及其标题栏中的过滤器菜单。限制开关选区位于过滤器菜单顶部，用来显示或隐藏出现在大纲视图物体列表右侧的开关图标，控制物体在 3D 视口和最终渲染图中的可见性等

然后，我们只要在大纲视图中找到想要隐藏的物体（或包含多个物体的集合），并单击摄像机图标，即可将它们从最终的渲染图中隐藏。

测试 EEVEE 引擎和 Cycles 引擎

到目前为止，我们介绍过的 EEVEE 引擎和 Cycles 引擎的设置都是通用的。要确保一切正常工作，我们可以在属性编辑器的渲染属性选项卡中切换渲染引擎。

我的建议是，当我们在设置各种参数和选项时，主要使用 EEVEE 引擎来快速预览效果，并切换到 Cycles 引擎（通常渲染速度较慢）来测试最终的效果。

要想实时预览设置结果，记得在 3D 视口中将着色模式切换为渲染模式，一边调整，一边预览。

接下来，我们将学习节点的基础知识，然后就可以开始在每个渲染引擎中分别完成最后阶段的场景设置工作了。

> **小提示：**
>
> 　　目前，场景的光照调节主要靠主观猜测，你需要用肉眼判断光的强度、颜色、方向，并不断测试渲染结果，直到这些参数与真实镜头相匹配。但如果首次未能调节出理想的结果也别担心。随后，当我们使用合成器时，你将更清楚地看到 3D 场景的光照是否匹配真实镜头的光照，如果不匹配，你可以随时调节，并再次渲染，直到效果理想。请记住，好的效果并不是一蹴而就的。在某些情况下，你需要反复尝试才能得到理想的效果。

使用节点编辑器

在我们开始在 EEVEE 引擎和 Cycles 引擎中设置场景，并将 3D 模型合成到真实镜头中之前，务必学习一些节点的基础知识。在本节中，我会简要讲解一下如何使用节点编辑器，包括节点的概念及工作方式。然后，我们就可以进行一些基本的合成了。

合成方法

通常，直接渲染的结果往往并不是你想要的，所以你需要在合成器中进行进一步处理。有时候，你需要渲染不同场景层中的不同元素，然后在合成阶段把它们合成到一起。如果你只想将某个 3D 物体放到一张照片或真实镜头中，那么你可能需要将渲染后的 3D 物体融入那些影像中，并调节它们的色调，使之与影像素材相匹配。你可以在图像处理软件里做到，如 Photoshop 或 GIMP，但你同样可以在 Blender 里做到。

合成的方法通常有以下两种。

- 一种是**在渲染前合成**。先渲染一张测试图，在节点编辑器中进行合成编辑，然后基于合成器中的效果启动最终渲染（甚至对于动画亦可如此）。此时，你使用场景渲染结果作为输入数据。
- 另一种是**对各元素进行原始渲染，然后将那些图像序列或视频载入合成器并调节它们**。例如，我们有一段视频，只需要把它加载到合成器中，然后调整颜色，并渲染输出。既无须用到 3D 视口，又不用为了某个微小的调节将场景重新渲染一遍。

理解节点的概念

当你有了一张简单的渲染图（通常指一张原始渲染图，也就是未经任何合成工具处理的图）时，场景作为输入端，而输出端与输入端相同。在你启用了节点编辑器后，输入端与输出端之间就建立了连通关系，但你可以在中间添加其他节点和应用各种效果，在输入端的素材到达输出端之前对它进行改动。具体的修改行为可以是简单的颜色校正，也可以是添加视觉特效这样的复杂效果，还可以将多张渲染图合成为一张图。

用节点创建的结构称为"节点树"，之所以叫节点树。是因为它有一个端点，可以从该端点引出多个分支（为了获得最终结果而连在一起的各个节点组称为"分支"）。我们也可以把节点想象成河流——很多小河流汇集在一起，越来越大，最终形成流入海洋的一条大河流。小河流称为输入端（Input），而流入海洋的大河流就是输出端（Output）。

图 14.3 显示了一个基础的节点树是如何随着节点的添加而演变的。

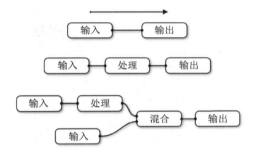

图 14.3 三种节点树结构，它们可以是同一棵节点树在不同的阶段的演变：顶部是最基础的节点树结构，会在启用节点编辑功能时自动添加到编辑器中；中间是在输入节点和输出节点之间添加了功能节点的节点树结构；底部是添加了新的输入节点的节点树结构

节点树的执行顺序为**从左到右**。尽管节点编辑器包含多种节点类型，但大体可以分为以下三大类。

- **输入类节点**：这类节点用来为节点树输入数据，既可以是图像、视频，又可以是 3D 场景渲染图等。
- **处理类节点**：这类节点可以用来对输入类节点所输入的信息进行编辑和处理，也可以用多种节点来混合这些输入的数据，供节点树的其他地方使用。
- **输出类节点**：这类节点用来将前面经过处理的信息整合并生成最终的结果，并将合成的结果保存到电脑硬盘中。

我们随时可以在其他节点间插入更多的节点。以图 14.3 中的节点树为例：

每个输入节点都可以是来自场景的不同渲染层的渲染结果。第一个输入节点在与另一个输入节点混合之前执行了一个处理过程，如校正颜色等。假设我们要让整张渲染图的色调偏红一些，或者对比度高一些，那么你只需要在混合节点之后添加一个新的颜色校正节点。

如果此时你还是没太理解也很正常。有时候你只需要亲手操作一下就理解了。跟随本章后面内容的学习，进一步了解节点，然后亲自创建一棵节点树，你就会看到你所做的改动如何影响整体效果，从而让很多疑问不言自明。

节点的组成

在开始使用节点编辑器之前，我们需要知道节点的工作方式及其构成元素。图 14.4 就是一个节点的构成元素的分解图（为了让大家看得更清楚，我在偏好设置面板中更改了节点编辑器的配色，让文字更显眼）。

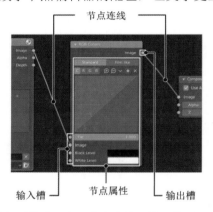

图 14.4　节点的主要构成元素：节点连线、输入槽、节点属性、输出槽

- **节点槽：**节点左右两侧的彩色圆点称为节点槽（Socket），相当于"接口"，它们支持接入数据与接出数据。左侧是输入槽，右侧是输出槽。可以根据节点槽的颜色来区分其用途（可处理的数据类型），灰色的节点槽代表数值型数据（或灰度图）；黄色的节点槽代表彩色 RGB（红绿蓝）图像数据；蓝色的节点槽代表矢量数据。在通常情况下，应当遵循"同色互连"的原则。此外，我们可以使用某些转换类节点将某种类型的数据转换成其他类型的数据。但有时候，无须使用转换节点也能直接自动转换。例如，将 RGB 输出节点（黄色）连接到灰色输入节点上时，前者会被转换成灰度图；将 RGB 输出节点连接到蓝色输入节点上时，前者会被转换成 XYZ 数值，诸如此类。在节点槽旁边始终有关于该节点槽可以接受的数据类型的文字描述（对输入端而言），或者它能够输

出的数据类型（对输出端而言）。

- **节点属性**：每个节点都有各自不同的属性，我们会在节点上看到它们。这些属性定义了将对从输入端接收到的数据执行哪些操作。以 RGB 曲线（RGB Curves）节点为例，该节点的属性可以在颜色从输出端发送到下一个节点之前对其进行调节。

- **节点连线**：一个节点无法独立完成工作。每个节点都需要相互依赖，共同作用。这也是它们彼此相连的原因。节点的连接方式与顺序将影响最终的合成结果。

在前一节中，我提到了三大类节点：输入类节点、处理类节点和输出类节点。我们可以根据某个节点的槽类型来确定它属于哪一类。输入类节点只有输出槽，因为它们只能生成或加载数据；处理类节点同时包含输入槽和输出槽，因为它们需要接收数据，并在处理后输出给下一个节点；输出类节点位于节点树的末梢，所以它们只有输入槽。

使用节点编辑器

在本节中，我们将学习节点编辑器的基本控制，包括如何创建和修改节点，以及建立连接等。图 14.5 显示了包含一个简单的设置范例的节点编辑器。

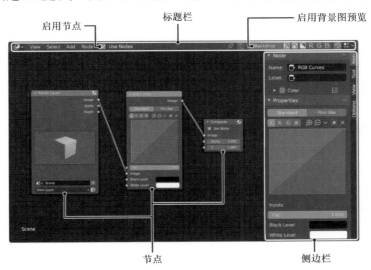

图 14.5　合成器的界面，这是其中一个使用节点系统的编辑器

初探节点编辑器

Blender 包含多种使用节点系统的编辑器。我们可以在编辑器列表中看到

一些使用节点系统的编辑器，包括着色器编辑器（Shader Editor）、合成器（Compositor）和纹理节点编辑器（Texture Node Editor）。尽管它们的使用方式类似，因为它们都使用节点，但各自包含的节点类型本身是不同的。

例如，着色器编辑器中的节点用来创建材质和加载纹理。而在合成器中，我们使用节点来混合渲染层，并为场景的最终渲染添加效果，等等。

进入合成器后，我们默认看不到任何节点。在开始使用节点之前，我们需要先为场景启用它们。勾选合成器窗口标题栏上的使用节点（Use Nodes），Blender 会显示一个非常基础的节点设置：一个渲染层节点与一个合成（Composite）节点相连。但现在还看不到什么特别的效果，也不会生成最终的渲染图。

现在我们就可以在合成器中添加节点了。如果我们现在执行一次渲染，那么合成器就会使用刚刚创建的基础节点树，如果你想要渲染一张不经节点处理的"原始"图，那么就不要勾选使用节点。

节点编辑器的导览操作也很直观，都是一些 Blender 的标准控制方式。按**鼠标中键**可平移视图，使用鼠标滚轮或按 **Ctrl + 鼠标中键**可缩放视图等。此外，还可以使用与其他编辑器通用的一些快捷键。例如，**按数字键盘区的"."（小数点）键**可以在编辑器的正中央显示选中的节点，按 **Home** 键则可以在编辑器中显示完整的节点树，等等。

创建节点

在节点编辑器中创建节点的方法有以下两种。

- **通过添加菜单**：在节点编辑器的标题栏上找到添加菜单，你可以从中选择想要的节点类型，单击它后将其移动到目标位置，再次单击**鼠标左键**即可完成节点的创建。
- **通过 Shift + A 键菜单**：当鼠标指针位于节点编辑器时，按 **Shift + A** 键会在鼠标指针所在的位置弹出与标题栏上的添加菜单相同的内容。然后使用与上述类似的方法，选中某个想要的节点，并把它放到目标位置，再次单击**鼠标左键**即可完成创建。

使用上述任意一种方法时，在单击**鼠标左键**确定节点的投放位置之前，可以随时按 **Esc** 键或**鼠标右键**撤销操作。

小提示：

当投放新建的节点时，如果你把它拖曳到某两个已有节点之间的连线上（只要该节点同时支持输入和输出，且数据类型相匹配），那么该连线就会被高亮显示，此时单击**鼠标左键**，它就会被自动插入到那条连线上，这样可以节省很多时间！

连接与操纵节点

节点的基础操作方式就是在它们之间创建连线，让它们相互作用。同时有必要掌握如何移动它们，以便让节点树的排列更加整洁有序。否则，最终节点树上的节点会相互重叠在一起，这会显著增加节点树的理解与编辑难度。以下是节点的主要控制方式（适用于所有的节点型编辑器）。

- 在节点上单击**鼠标左键**可选中它。将鼠标指针放在节点上，然后按**鼠标左键**可四处拖动节点。
- 在编辑器区域内单击**鼠标右键**可调出上下文菜单。
- 如果用 **B** 键框选了多个节点，或者使用 **Shift + 鼠标左键**逐一追加选取，那么你可以按 **G**、**R** 和 **S** 键分别对它们进行移动、旋转及缩放等操作。
- 在空白的地方单击并拖曳**鼠标左键**可以从该点的位置开始创建一个框选区。
- 要想连接节点，只需要在一个节点的输出接口上单击**鼠标左键**并拖曳到另一个节点的输入接口上（也可以反过来拖曳）。
- 如果一个节点上包含两个或更多的同类型输入接口，那么只需要将连线的末端从一个输入接口拖曳到另一个输入接口上实现切换。
- 要想移除某条连线，可以单击位于输入接口处的连线末端，然后拖曳到旁边的空白区域并松手。
- 移除连线还有另一种更快捷的方法——按 **Ctrl + 鼠标右键**在连线上单击并拖曳出一条切割线。当松开**鼠标右键**时，切割线下方的那条连线即可被移除。
- 选中一个或多个节点并按 **M** 键可禁用它们。当预览渲染结果时，这种方式便于观察该节点对结果图像的影响。禁用后的节点会变成灰色，两侧的连线会变成红色（如果有连线）。再次按 **M** 键则可重新启用它们。
- 按 **Shift + D** 键可创建一个或多个节点副本。按 **Ctrl+C** 键和 **Ctrl+V** 键可以复制或粘贴节点。
- 如果你不需要访问节点的属性，那么可以按 **H** 键将选中的节点收起，这样可以少占空间。再次按 **H** 键可重新显示属性。按 **Ctrl+H** 键可以隐藏未使用的节点槽。这种方法对于包含很多节点槽的节点非常有用，可以让节点树显得更简洁。再按一次 **Ctrl+H** 键则可显示被隐藏的节点槽。
- 要想将一个节点从连线上分离出来，同时保持前后连线不中断，可以在拖曳节点的同时按住 **Alt** 键。

- 选中一个或多个节点，按 **X** 键可删除它们。按 **Ctrl + X** 键可在删除节点的同时保留前后两边的连线不断开。当然，如果操作失误，可以随时按 **Ctrl+Z** 键撤销上一步操作，按 **Shift+Ctrl+Z** 键则可以重做上一步操作。

其实，节点的使用技巧不止这些。建议大家探索一下节点编辑器的菜单，那里列出了更多的选项，以及对应的快捷键。

预览结果

当然，合成器的调节结果是能够可视化的。你可以实时看到更新后的节点合成效果预览。要想启用预览，你需要创建一个预览器（Viewer）节点。该节点位于输出类节点。创建后，将你想要预览的节点的输出接口连接到预览器节点的输入接口上，即可查看预览结果。

另一种更快速的预览方法是在你想要预览的节点上按 **Shift + Ctrl + 鼠标左键**，这会自动创建一个与该节点相连的预览器节点。在其他节点上按 **Shift + Ctrl + 鼠标左键**可以快速将这些节点与预览器节点相连，用这种方法查看节点的预览结果是非常快速的。

> **小提示：**
>
> 　　本章介绍的大多数功能适用于所有的节点。然而，通过选中某个节点并按 **Shift + Ctrl + 鼠标左键**键来预览节点的输出效果的技巧只对合成器中的节点有效。Blender 附带一个名为 "Node Wrangler" 的插件，它包含很多与节点相关的功能。其中一个功能可以让 **Shift + Ctrl + 鼠标左键**键的功能也可用于快速预览着色器编辑器节点的输出结果。

预览器节点显示的是与之相连的节点的输出结果。

当你的节点树中存在一个预览器节点时，你有两种方式查看合成结果的预览。

- **合成器背景图**：在合成器中，勾选背景图（Backdrop），即可在节点树的后面显示预览图，也就是在节点编辑器的工作区的背景上。按 **Alt + 鼠标中键**可平移背景图，按 **V** 键可缩小，按 **Alt + V** 键可放大。
- **图像编辑器**：尽管以背景图的形式预览结果能够让你在同一个窗口内查看所有的内容，但有时候也会造成不便，因为会被节点树遮挡（特别是在节点树很复杂的时候）。这时候，如果你想在第二块屏幕上单独显示预览图，那么还有一种简单的方法，打开图像编辑器，从标题栏上的列表中选择名为 "Viewer Node" 的图像。这样，你就可以在图像编辑器窗口中查看预览器的完整预览结果了。

此后，无论使用哪种预览方法，节点树中的任何改动都将影响该预览图（这两种方法可以同时使用）。

小提示：

> 别忘了，为了观察你在合成器中的操作结果，你需要先渲染一下场景（除非你使用的输入源是已经渲染并保存过的图像，或者要调节视频素材，而不是 3D 场景的渲染结果）。如果你渲染的是场景，那么如果关闭 Blender 并重新打开该场景，你需要再次执行渲染，因为之前的渲染结果是临时的，这一点要注意，特别是在制作大型复杂场景的时候，渲染时间往往会很长。你可以将渲染结果保存为图像文件，并将其用于合成。这样一来，当你调节完成后，你可以再用一个渲染层节点替换掉该图像。

在 Cycles 引擎中渲染和合成场景

在 EEVEE 引擎和 Cycles 引擎中的合成很不一样。一般来说，Cycles 引擎中的合成选项比在 EEVEE 引擎中的更好。例如，创建一个物体，并且只渲染其他物体在它上面的投影，在 Cycles 引擎中，我们可以一键搞定，但在 EEVEE 引擎中，需要更复杂的设置。每种渲染引擎都有各自的局限性。

Blender 有很多合成选项，如视图层，它可以让我们将场景中的物体分层，以便能够在合成和添加效果时更灵活地控制。然而，在本章中，我们只会进行非常基本的合成，将我们的行走中的角色合成到真实镜头中。但其实合成器的功能远不止于此。

在开始之前，请确保已选择 Cycles 引擎作为当前的渲染引擎。我们可以在属性编辑器的渲染属性选项卡中切换渲染引擎。

我们先来了解一下 Cycles 引擎下的设置，因为 EEVEE 引擎下的很多操作和它是通用的。在使用 Cycles 引擎合成后，我们还会介绍使用 EEVEE 引擎时的差异，并最终用两种渲染引擎获得相似的结果。

在这两种渲染引擎中，我们需要渲染出投射到场景地面上的阴影，让 Jim 仿佛在真实镜头中的地面上行走一样。首先，我们要在 Cycles 引擎中创建一个"阴影捕捉器"。

在 Cycles 引擎中创建阴影捕捉器

简单来说，阴影捕捉器就是场景中的某个物体，只不过我们只能在渲染结果中看到其他物体投射在它上面的阴影，而不会看到该物体本身。任何物体都可以作为阴影捕捉器，只要让这个物体透明，并且只接收来自其他物体的阴影。例如，我们可以在地面上创建一个平面作为阴影捕捉器。我们让它的材质透明（以便我们能看到真实镜头中的地面），同时接收来自场景中其他物体的阴影，使它看起来就像阴影投射到真实镜头中的地面上那样。

在 Cycles 引擎中创建一个阴影捕捉器非常容易。要想将地面物体做成一个阴影捕捉器，请遵循以下步骤。

1．选中那个平面物体。

2．在属性编辑器的物体属性选项卡中找到可见性（Visibility）面板，并勾选阴影捕捉（Shadow Catcher）。如果当前 3D 视口的着色模式为渲染模式，那么你就会看到平面变透明了，同时能看到 Jim 脚下的阴影投射到背景视频上。如果你在第 13 章"Blender 中的摄像机追踪"中将真实镜头用作摄像机背景，那么就会很好理解 3D 角色和真实镜头之间的合成原理。

3．我们可以再多做一些调整。例如，可以改变地面物体的材质颜色，让它更像真实镜头中的地面颜色。在 Cycles 引擎中，由于光线会反射多次，所以地面的颜色也会影响 Jim 投射到地面上的阴影的颜色。

4．现在我们已经可以看到合成结果了，我们可以调整日光和世界环境光的参数，让它们尽可能准确地匹配真实镜头的光照效果。

现在我们已经做出了 Jim 的投影。接下来要设置最终渲染，然后就可以进行合成了。

在 Cycles 引擎中渲染

在本节中，我们先进行一些必要的设置，以便在合成之前正确地渲染 Jim。这些选项大多数可以在属性编辑器的渲染属性选项卡中找到。

首先，我们要调整采样值。请记住，采样值越高，渲染的质量就越好，噪点也就越少。在渲染属性选项卡中，找到采样面板，并增加采样值。这里并没有确切的推荐值，根据场景、灯光、复杂性及使用的材质等差异，需要设置的采样值也会不一样。

我建议可以一点点地增加采样值，并观察渲染结果，从而找到一个理想的数值。在本案例中，我在渲染时使用的采样值是 300。在该面板中，我们可以先更改视图（Viewport）采样值，并在 3D 视口的预览模式下预览结果，对结果满意后，再将该数值填入渲染采样值输入框。然后，将这个数值添加到渲染样本中。一般来说，最好对 3D 视口使用一个较低的采样值，以实现更快速地预览。

虽然采样值越高，质量就越好，但渲染时间也越久。

小提示：

　　Blender 提供了多种方法来去除渲染图中的噪点，这里就不细说了，因为这在一定程度上取决于你的电脑硬件性能。不过，你可以使用的最直接的方法是 Blender 自带的降噪功能，进入属性编辑器的视图层属性选项卡，找到降噪（Denoising）面板，勾选该面板名称旁的复选框，就这么简单！对于去除小一些的噪点，使用该选项就足够了。

　　请记住，降噪功能并不是什么神奇的魔术，它需要在采样值足够充分的前提下才能发挥作用。但它可以让你用较少的采样值来渲染，然后去除噪点，从而节省渲染时间。建议尝试使用不同的采样值，并尝试启用和禁用降噪功能，然后观察结果有何变化，从而更好地理解它的作用原理。

　　我们可以启用动态模糊。在渲染属性选项卡中有一个运动模糊（Motion Blur）面板，能够在 3D 场景元素快速移动的部分生成模糊感。模糊效果大小可通过面板中的快门（Shutter）滑块来调整。运动模糊效果只能在渲染时可见（**F12** 键），在 3D 视口中是不可见的。

　　当现实中的摄像机快速移动时，可能会让真实镜头有一些运动模糊效果，所以这种效果也可以改善合成的逼真感。

　　我们需要让世界的背景透明，以便能够在合成的时候在 Jim 后面添加真实镜头和地面阴影。如果现在执行渲染，那么会看到背景显示的是世界环境的颜色。

　　解决方法非常简单：在属性编辑器的渲染属性选项卡的胶片（Film）面板中，勾选透明（Transparent）。如果现在执行渲染，则会看到 Jim 后面都是一些暗色的小方块。这些方块表示那里的像素是透明的。

　　为什么背景没有出现在渲染中？其实，我们可以在同一个场景中为不同的视口设置不同的背景。同样，视图中的背景只作为参考。在渲染时，我们要用其他方式来添加背景。其中一种方式是在世界环境的背景中加载将要渲染的真实镜头。我们将使用合成的方法，将背景视频合成到渲染图的后面。

　　最后，在属性编辑器的输出属性（Output Properties）选项卡中，确保将规格尺寸设置为全高清的真实镜头的分辨率：X 为 1920 像素，Y 为 1080 像素。

　　只有执行一次渲染后才能进行合成，我们按 **F12** 键来渲染。最终结果如图 14.6 所示。

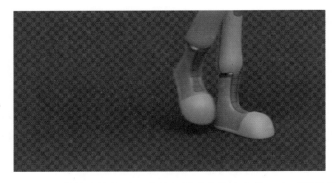

图 14.6　目前的渲染结果。背景都是暗色的小方块，表示那里的
背景是透明的，而且可以看到 Jim 脚下的阴影

在 Cycles 引擎中合成

我们这就开始合成吧！在执行了渲染（按 **F12** 键或通过渲染菜单）后，我们就可以开始合成了。在 Blender 界面的任何一个区域打开合成器，或者在界面最顶部的选项卡中选择名为"Compositing"的工作区。图 14.7 是我们用到的合成节点树方案。

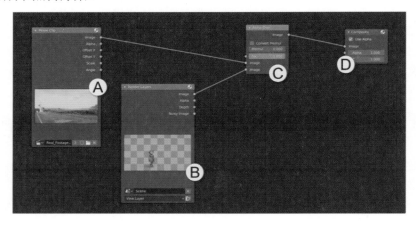

图 14.7　用来将 Jim 合成到真实镜头中的合成节点树

具体操作步骤如下。

1. 在合成器窗口顶部勾选使用节点（Use Nodes）。

2. 这时会看到编辑器中出现了两个节点：渲染层节点（图中 B 区）和合成节点（图中 D 区）。渲染层节点将渲染结果输入到合成器中。合成节点负责输出合成结果，它总是节点树中的最后一个节点。在合成器标题栏右侧，单击背景图（Backdrop）按钮，按 **Ctrl+Shift+鼠标左键**选择渲染层节点，即可在合成器的背景中显示输出结果。此后，在任何包含输出槽的节点上按 **Ctrl+Shift+鼠标左键**都可以将其连接到预览器节点（该节点用来在合成器工作区的背景中显示预览）。

3．将视频剪辑加载到背景预览中：按 **Shift+A** 键，在输入（Input）子菜单中选择影片剪辑节点（图中 A 区）。如果该节点默认没有选中该剪辑，那就从该节点底部的列表中手动选择。请记住，只有那些已加载到影片剪辑编辑器中的影片剪辑才能出现在列表里供该节点加载。在本案例中，由于我们之前已经在影片剪辑编辑器中加载过该视频（用来执行摄像机追踪），因此你应该能够在列表中看到它。

4．接下来，我们要把影片剪辑节点和渲染层节点的内容混合起来。在通常情况下，可以使用混合（Mix）节点来做（位于 **Shift+A** 键菜单中的颜色子菜单中），但由于渲染层节点中的图像带有 Alpha 属性（背景透明度），所以更适合用 Alpha 上叠（Alpha Over）节点来做（图中 C 区）。按 **Shift+A** 键，在颜色子菜单中选择 Alpha 上叠节点。

5．Alpha 上叠节点有两个 RGB 输入槽（可输入颜色或图像），混合它们。该节点共有三个输入槽：一个是系数（Alpha），另外两个用来设置图像或颜色数据——从上往下数，第一个图像（Image）槽用来输入背景图，第二个图像槽用来接入带有 Alpha 的前景图。

6．将影片剪辑节点的图像输出槽连接到 Alpha 上叠节点的第一个图像输入槽，并将渲染层节点的图像输出槽连接到 Alpha 上叠节点的第二个图像槽。

7．要想预览 Alpha 上叠节点的处理效果，按 **Ctrl+Shift+鼠标左键**选择该节点，即可将其连接到一个预览器节点上，并在节点编辑器的背景中显示其内容。此时，我们应该可以看到 Jim 和他的影子出现在真实镜头中。

8．最后，将 Alpha 上叠节点的输出槽连接到合成节点的图像输入槽。此步骤可将经过 Alpha 上叠节点处理后的结果输出为最终的合成结果。

至此，一个非常基本的合成流程就完成了。现在我们再按 **F12** 键执行渲染，Blender 就会知道场景中已经启用了合成节点，所以它会按照节点的顺序来执行合成操作：首先加载视频并渲染场景；然后将它们混合在一起；最后显示合成的结果。最终的合成结果如图 14.8 所示。

在这棵基本的节点树中，我们可以添加其他节点来完善和改进结果。例如，你可以在影片剪辑节点和 Alpha 上叠节点之间添加 RGB 曲线节点，在背景与 Jim 的渲染混合之前先调整其颜色。这里有无穷无尽的可能性！你甚至可以使用数百个节点来做出任何你想要的结果。

图 14.8   Cycles 引擎中的最终合成结果

在 EEVEE 引擎中渲染和合成场景

在 EEVEE 引擎中，合成过程会与 Cycles 引擎中的有所不同，但有些部分是相同的。问题在于，在 EEVEE 引擎中并没有现成的阴影捕捉选项。

转到属性编辑器的渲染属性选项卡，将渲染引擎切换到 EEVEE 引擎，然后执行渲染。可以看到，即使我们在 Cycles 引擎中为地面物体启用了阴影捕捉选项，该平面在 EEVEE 引擎中仍然可见。

在 EEVEE 引擎中创建阴影捕捉器

Cycles 引擎之所以提供阴影捕捉选项，是因为 Cycles 引擎采用的是路径追踪算法，它可以区分不同类型的光线，从而单独分离出投射阴影的光线。然而，这在 EEVEE 引擎中是不可能的。

要想获得与阴影捕捉器相似的效果，另一种方法是创建一种材质，将该材质及其阴影转换成一张黑白图，你可以将其用作地面的 Alpha 贴图。在图 14.9 中，我们可以看到用于地面材质的节点设置。

在图 14.9 中，地面材质的节点树有两棵独立的节点树。这样是可以的，因为对于 Cycles 引擎和 EEVEE 引擎可以有不同的输出。由于这两种渲染引擎的工作方式不同，某些材质可能会产生不同的结果，所以 Blender 允许我们在同一个材质节点中创建两套不同的节点设置，并根据当前使用的渲染引擎使用其中一个。

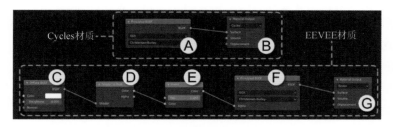

图 14.9 在 EEVEE 引擎中为地面创建一棵阴影捕捉器材质的节点树。在这个材质中，有两棵独立的节点树：一棵用于 Cycles 材质（顶部），另一棵用于 EEVEE 材质（底部）

请按照以下步骤创建节点设置，并将地面作为 EEVEE 引擎的阴影捕捉器。

1．选中地面物体，并打开一个着色器编辑器窗口。

2．如果你在 Cycles 引擎中为地面物体创建过一个材质来调整它的颜色，那么你应该会看到一个原理化 BSDF 节点（图中 A 区）连接到一个材质输出（Material Output）节点（图中 B 区）。如果之前没有创建过这个材质，那就为它新建一个材质，然后就会看到同样的节点出现在节点编辑器中。

3．（本步骤为可选操作）为了更舒适地使用节点编辑器，你可以选中原理化 BSDF 节点，并按 **Ctrl+H** 键隐藏所有未使用的节点槽，从而让节点占用更少的屏幕空间。当你需要再次看到这些节点槽时，只需要选择该节点并再按一次 **Ctrl+H** 键。

4．在材质输出节点中，将下拉菜单中的全部（All）改为 Cycles，即可让这个材质只适用于 Cycles 引擎。

5．现在我们再来创建另一棵节点树，让它只适用于 EEVEE 引擎。再添加一个材质输出节点（图中 G 区），方法是按 **Shift+A** 键并在输出子菜单中选择材质输出（其实我们也可以直接按 **Shift+D** 键复制前面那个用于 Cycles 引擎的材质输出节点）。这次我们选择 EEVEE 引擎作为输出渲染引擎。从现在起，我们创建的一切节点都将连接到这个输出节点上面。

6．创建一个漫射 BSDF（Diffuse BSDF）节点（图中 C 区）：按 **Shift+A** 键并在着色器子菜单中选择它，将其颜色设为白色。它将是一种白色的材质，用来接收 Jim 投射的阴影，并在表面和阴影之间做出一种灰度效果。

7．创建一个"着色器转 RGB"（Shader → RGB）节点（图中 D 区）：按 **Shift+A** 键，并从转换器（Converter）子菜单中选择它。将漫射 BSDF 节点的输出槽连接到该节点上。该节点的作用是将接入它的着色器变成一张 RGB 图像，从而让我们使用该数据，就像它是一张图像或纹理，而不是着色器。

现在，我们有了一个带有阴影的白色材质，而且我们已经把它变成了一张图像。这张图像是白色的，而且有阴影。而我们需要相反的效果来使用这张图像作为新材质的 Alpha。

8．当使用 Alpha 时，白色代表不透明区域，黑色代表透明区域。所以我们需要再创建一个反转（Invert）节点（图中 E 区），用来把经过着色器转 RGB 节点处理后的图像颜色进行反转。要想添加该节点，可以按 **Shift+A** 键并在颜色子菜单中选择它。

9．就快完成了！现在我们有了一张 Alpha 纹理，阴影区域不透明，而其余的表面是透明的。我们要用一个着色器来调用它。

10．创建一个新的原理化 BSDF 节点（图中 F 区）：按 **Shift+A** 键并从着色器子菜单中选择它。现在将反转节点的输出槽连接到原理化 BSDF 节点的 Alpha 输入槽。为原理化 BSDF 着色器设置一个深色基础色，让代表阴影的不透明区域呈现深色。

11．将原理化 BSDF 着色器的输出槽连接到材质输出节点上。现在还看不到任何效果，因为我们还没有将材质设置成允许显示透明效果。所以请转到属性编辑器的材质属性选项卡，在设置面板中找到混合模式（Blend Mode）选项，从中选择 Alpha 混合（Alpha Blend），即可显示材质的透明效果。

现在，如果 3D 视口的着色模式是渲染模式，那么就会看到效果了。

下面来总结一下我们刚刚创建的那几个节点的功能。

- 漫射 BSDF 节点是一个白色的着色器，用来接收场景物体的阴影。
- 着色器转 RGB 节点用来将漫射 BSDF 节点生成的结果变成图像或纹理。
- 反转节点用来将着色器转 RGB 节点生成的图像的颜色反转，从而生成一张全黑的图像，而其中的阴影部分是白色的——这正是透明贴图所需要的（在透明贴图中，阴影区域是不透明的）。
- 原理化 BSDF 节点将接收从反转节点输出的图像，并把它作为 Alpha 数据，使阴影部分不透明，而表面的其余部分则是透明的。
- 材质输出节点接收来自原理化 BSDF 节点生成的数据，并把它转化为最终的材质结果。该结果仅在使用 EEVEE 引擎时显示。

由此可见，在 EEVEE 引擎中创建一个阴影捕捉器比在 Cycles 引擎中只需要勾选一个复选框要复杂得多。其实我们还可以在过程中添加更多的节点来调整结果，如改变阴影的颜色或强度等。这就是节点系统的强大之处。

在 EEVEE 引擎中渲染

使用 EEVEE 引擎时，我们需要进行一些调整才能做出理想的结果。其实，在之前的章节中，我们在对 Jim 进行着色渲染测试时做过一些这样的调整。但如果你还没调整过，那么可以在属性编辑器的渲染属性选项卡中找到以下设置。

- 在采样面板中，可以增加渲染和视图的采样值。采样值越高，结果也越好，特别是阴影的效果。因为它们很柔和，需要更多的计算来实现柔和的效果。在本案例中，将采样值设为 120 就可以了。
- 启用环境光遮蔽（Ambient Occlusions，AO），并根据自己的喜好调整设置。如果感觉效果太强烈，可以调低参数值。
- 启用屏幕空间反射（Screen Space Reflections），让具有反射属性的物体接受来自周围物体的反射，而不仅接收来自灯光和环境光的反射。
- 在阴影（Shadow）面板中，增加分辨率值，特别是级联大小（Cascade Size），从而让阴影效果更准确。另外，确保勾选了柔和阴影（Soft Shadows）。否则，无论光线角度如何设置，都不会得到很好的阴影效果。
- 在胶片面板中，勾选透明，它和 Cycles 引擎中的同名功能一样，都能使场景的背景透明。

完成了所有这些设置后，我们就准备好进入合成阶段了。

在 EEVEE 引擎中合成

这个阶段会很快结束，因为其实我们已经做过了！也就是说，在 EEVEE 引擎下，我们要遵循和之前在 Cycles 引擎下相同的合成过程，但考虑到这两个引擎是非常兼容的，因此 Cycles 引擎的合成过程也适用于 EEVEE 引擎。如果现在按 **F12** 键，那么会看到 EEVEE 引擎可以渲染出和 Cycles 引擎类似的合成结果。

渲染层节点用来渲染场景，再结合其他节点，让场景的渲染结果叠加在真实镜头的剪辑上。渲染层节点会使用当前选择的渲染引擎来渲染场景中的所有元素。现在，无论是在 Cycles 引擎还是 EEVEE 引擎中，我们都渲染出了 Jim 投射在"地面"上的阴影，所以合成过程与 Cycles 引擎一样。在图 14.10 中，我们可以看到，EEVEE 引擎已经为我们渲染出了最终的合成结果。

图 14.10　EEVEE 引擎的最终渲染结果

导出最终的渲染图

　　无论是使用 Cycles 引擎还是 EEVEE 引擎，我们都需要学会如何导出最终合成的图像和动画。对于单帧图像，这一步骤并没那么重要，当渲染完成时，按 **Shift+Alt+S** 键或者选择窗口顶部的图像菜单，选择保存图像即可。

　　然而，对动画来说，当一帧渲染结束时，Blender 会从临时内存中删除它，并开始渲染下一帧，所以我们要事先告诉 Blender 要把所有的渲染帧保存在哪里。

动画的输出设置

　　在属性编辑器的输出属性选项卡的输出面板中，选择我们要导出的图像格式，以及用来保存输出结果的文件夹路径。在格式方面，我推荐使用 PNG，因为它的质量优于 JPG，尽管它不如 TGA 或 TIFF 的质量好，但可以占用更少的硬盘空间。

小提示：

　　如果选择一种视频格式，那么动画将被保存为视频而不是图像序列，可用的视频格式取决于系统中安装的编解码器。但我建议只在快速渲染测试时才这样做。如果你的渲染工程需要耗用几个小时甚至几天的时间，那么最好还是把动画保存为图像序列。这样你得到的不是视频，而是一系列 JPEG、PNG 或 TGA 图像——每张图像都是动画的一帧。

　　这样做有多个好处，即使渲染失败了，我们也不会丢失已渲染完成的那些帧。但如果在渲染前选择输出为视频，那么整个视频文件将报废。此外，视频通常是经过高度压缩的，而使用图像序列可以保留完整的品质，最后我们可以快速将图像序列转换为视频，因为渲染图像要比渲染整个 3D 场景更加方便快捷。我们甚至可以在 Blender 中完成这样的转换。我们可以将图像序列加载到视频序列编辑器，或者作为剪辑数据导入合成器并渲染成视频格式。这样一来，我们就得到了一个未经压缩的图像序列，随时可以把它压缩成视频。

执行最终渲染

万事俱备，只欠东风！我们还剩最后一件事要做——在界面顶部的渲染菜单中单击渲染图像（**F12** 键）或渲染动画（**Ctrl+F12** 键）按钮。

图 14.11 就是我们使用 Cycles 引擎和 EEVEE 引擎分别渲染的最终结果。可以看到，对于这样一个简单的场景，我们并没有添加更高级的效果，但二者都生成了不相伯仲的效果。

图 14.11　将 Jim 合成到真实镜头中的最终效果。左图为 Cycles 引擎，右图为 EEVEE 引擎

总结

合成是一个技术性很强的环节，但也是你发挥无限创意的环节。希望你能通过本章内容掌握节点合成的基础，并理解节点的工作方式，以及为什么说合成是最终渲染成图的关键。

我们的 Blender 学习之路走到如今，你的场景也大功告成了！可以看到，将一个动画角色合成到真实镜头中需要付出很多努力，其中也涉及很多不同层面的技能，包括建模、纹理绘制、骨骼绑定、着色、动画、摄像机追踪，以及合成等。而所有这些技能学习起来都很有趣味性，也会为你打开无限的可能！

现在，上述几种技能你都了解了，挑选其中最感兴趣的去继续探索吧。本书的初衷旨在向你展示一个基本且完整的流程，由你来决定专注学习哪方面的技能，以及是否想要在那方面做专做精。如果你对整个流程的各个环节都感兴趣，那么我相信，你一定会成为一个 Blender 高手！

练习

1. 为什么说合成很重要？
2. 什么物体只用于渲染它们接收到的阴影？
3. 视图层的作用是什么？
4. 为了合成图像，你会使用什么节点？
5. 合成节点应该与节点树中的哪个节点相连？

学无止境

15. Blender 的其他特性

Blender 的其他特性

你已经领略了 Blender 的强大功能，但那些都只是它的九牛一毛！Blender 所提供的功能特性的数量之多远超本书所能覆盖的范畴。我们之前只介绍过少数几个相对高级的工具和特性。在本章中，我们将了解 Blender 提供的其他功能特性，让你知道它们的存在，或许你同样有兴趣去探索它们。

本章内容不属于教学手册范畴，或者对那些特性的使用方法的介绍，仅介绍一下可供你使用的那些功能，从而让你自行决定是否要继续学习它们。

物理模拟系统

Blender 还包含多种类型的物理模拟系统，针对多种类型的物体，如粒子、毛发、流体或刚体等。

粒子模拟

粒子（Particle）适用于创建大量行为相似的物体，如雪花、雨点，甚至落叶等。你无须逐个编辑那些雪花或雨点，你可以创建一个发射器物体，并在属性编辑器的粒子选项卡中添加一个粒子系统。

然后，你可以设置发射粒子的数量、行为、物理运动方式等特性。你也可以将其他物体设为障碍物，让粒子与之碰撞。你还可以创建如风（Wind）、涡流（Vortex）或紊流（Turbulence）等类型的力场，让粒子以某种方式运动。此外，你可以用粒子来模拟流体。

毛发模拟

毛发模拟是粒子系统的一个子系统，因此，你实际上创建的是毛发粒子。如果你创建了一个粒子系统并将其类型切换为毛发，那么粒子系统将在发射器物体的网格表面上生成很多毛发，并在上面生长出发股。

然后，当你所选中的物体上包含毛发粒子系统时，在 3D 视口的标题栏上，你可以将交互模式切换为粒子编辑（Particle Edit）模式，你可以对毛发进行生长、修剪及梳理等操作，为角色做出发型。

发型完成后，你还可以使用模拟功能让毛发跟随角色运动，并自动对重力及所碰撞的物体产生反馈。

然而，毛发模拟特性并不限于角色模型，你可以用它在物体表面上"喷射"大量的物体。例如，在森林中添加树木，或者模拟一片草坪等。

布料模拟

如果你想模拟衣物、旗帜或床单等物体的运动，那么就要用到布料模拟，让你无须为手动创建皱褶或折痕而头疼。在属性编辑器的物理（Physics）选项卡下，只需要单击布料（Cloth）按钮然后播放动画即可。

你可以控制布料的属性，让它表现得像某种特定的质地一样。你也可以将其他物体设为障碍物，让布料物体与之相互作用。

布料模拟甚至可以实时计算，也就是说，当你播放动画时，可以试着移动布料，它会响应你的控制，并与其他物体产生碰撞。

刚体/软体模拟

与布料模拟类似，这两种特性分别用来模拟刚性物质和软性物质。如果你想要模拟房屋倒塌或砸碎墙壁的效果，或者模拟物体碎裂，那么可以在物理面板中，单击刚体（Rigid Body）按钮，为这些物体添加刚体模拟。你也可以将多个物体相互绑定，定义它们之间的约束，以及它们的运动幅度，模拟重力感。

当你想要让某个物体具有重量感时，你可以添加刚体模拟，Blender 会模拟真实的重力感及物体间的真实作用。此外，你可以将其他物体定义为障碍物，让软体和刚体与之产生碰撞。

软件与刚体类似，只是它们会产生形变。例如，你可以使用软件来模拟某个像果冻一样的物体。

流体模拟

从 2.82 版本起，Blender 引入了流体模拟系统——MantaFlow，有了它，我们可以模拟出各种流体，包括火焰、烟雾和液体。

你可以让物体落入水池，并溅起水花，也可以模拟出流体的很多其他特性。你可以试着将多种类型的流体添加到模拟中，或者从中消除模拟效果，让它和其他物体碰撞，甚至可以用它来生成某种特定的形状，等等。

这些效果都可以在 3D 视口中实时预览（但要记住，高精度的模拟需要相对强大的硬件支持，因为处理起来可能会很慢）。你也可以调整这些效果的参数，并控制液体、火焰和烟雾的行为及其渲染方式。

2D 动画系统

虽然 Blender 是一款 3D 软件，但在新版本中，它也引入了一些有趣的 2D 动画创作工具，这就不得不提到蜡笔（Grease Pencil）工具。

蜡笔

Blender 包含一套标注（Annotations）系统，起初是用来在 3D 场景中标注信息的。而原来的蜡笔工具经过彻底的改造，现在已经具备完善的 2D 绘画和动画制作功能。该工具让用户能够在 3D 环境中进行 2D 绘画创作，从而为妙趣横生的新工作流程带来无限的可能。

此外，其他工具也是专为蜡笔工具服务的，如专门用于 2D 动画的修改器和材质等。

EEVEE 引擎的卡通着色器

EEVEE 引擎中有一些专门的节点，如着色器转 RGB 节点，有了它，我们可以比以往更容易地制作出卡通效果着色器，从而用 3D 模型和环境做出 2D 风格的动画效果。

Freestyle

Freestyle 是 Blender 中的一个套件，专门用来制作像卡通动漫风格一样的非真实感渲染。例如，该套件可以绘制物体的轮廓，就像用墨水勾勒出 3D 模型的线条一样。而且我们可以很容易地调整这些线条，做出各种有趣的效果，如蓝图或素描效果等。然后，如果你愿意，可以将这些线条渲染图和正常的场景渲染图合成到一起，让渲染图呈现卡通效果。如果你喜欢创作动态图和平面艺术作品，那么我推荐你使用它。

视觉特效方案：遮罩、物体追踪、视频稳像

在本书中，你已经学过了如何使用影片剪辑编辑器进行摄像机追踪。尽管这是它最为人所知的用途，但这个编辑器还有更多功能特性。你可以使用追踪

数据来消除镜头晃动感，让视频看上去更稳定。

你也可以追踪视频中的物体的运动，并把它的运动方式应用给 3D 场景中的物体。例如，你可以在自己身上贴几处打印出来的标记点纸条，然后来段自拍，并执行追踪，最终在标记点上合成一个超炫的科幻武器。

此外，影片剪辑编辑器也为你提供了创建镜头画面遮罩所需的工具，可用于后期合成。例如，如果你想要在真实镜头中站在某个 3D 物体上，那么你可以用遮罩把它圈出来，并用节点合成器让它始终位于镜头前。

雕刻

雕刻是另一种发挥无限创意的建模方式。如果你喜欢生物建模，那一定不要错过它，因为它非常适合雕刻角色。

在 3D 视口中选中物体，然后在标题栏上将当前的交互模式切换为雕刻模式（Sculpt Mode）即可进入该模式。该模式提供了若干种雕刻笔刷，这与纹理笔刷类似，但这里的笔刷会改变几何体的形态。此外，该模式通常与多级精度（Multiresolution）修改器结合使用。该修改器类似表面细分修改器。它不仅会细分物体，还会存储各细分级的网格细节。通过结合使用多级精度修改器与雕刻模式，你可以用相当艺术化的手法创作出非常细腻的生物体模型，就像使用黏土进行雕塑创作那样，乐趣无穷。

在进行雕刻时，另一个值得一提的工具就是动态拓扑（Dynamic Topology，简称 Dyntopo）。它不能和多级精度修改器同时使用。相反，它会根据落笔点的实际需要对局部的网格进行动态细分。生成的网格需要进行重拓扑（见下一节），因为它的面数很多，而且三角面很密集。但这也让我们可以随心所欲地去雕刻，因为我们不会受到原始网格拓扑结构的限制。此外，它对网格的细分是局部的，所以我们不必为了添加一些局部的细节而细分整个模型。

从 Blender 2.81 起，雕刻工具已经有了大幅改善，而且 Blender 也附带自动重拓扑工具。例如，能够基于多个物体的体积建立一个完整的网格，或者重新创建出一个更理想的网格形状，等等（特别适用于经过动态拓扑处理后的形状）。

在本书中，我们学习了如何用一种相对传统的方式来创建角色，也就是多边形建模法。但现如今，有很多生物体角色都可以通过 3D 雕刻法来制作。

雕刻是一种更偏艺术性的技术，需要大量的练习才能做出满意的结果。如果你以前学习过传统雕刻，那会容易很多。这就是为什么我一直在向大家讲解传统的工作流程，因为雕刻在很大程度上依赖你自己的艺术创作技能和经验。

重拓扑

应该说，这是雕刻的下一道工序。这并不是某个特定的工具或工具集，而更像一种技术，你可以根据其他拓扑结构不好的网格构建新的具有良好拓扑结构的网格（这就是为什么称为"重拓扑"，就是重建出新的形态相同的网格）。实际上，有专门的重拓扑软件，也有一些雕刻类软件提供重拓扑工具。在 Blender 中，你可以在 Blender 中方便地使用这种技法（尽管只是以吸附工具为辅助的建模方法）。经过雕刻的网格通常非常不优化（包含大量的多边形），而且你通常是从一个相当基础的几何形状开始建模的，在做出了全部细节之后，几何形状还算不上是一种优化的拓扑结构，于是就有了重拓扑工具，能够让你以高精度的网格为基型，以一种合理的拓扑结构将最终的网格创建出来。

重拓扑其实很简单：只需要启用吸附工具并将它设置为吸附到面。例如，当你调节几何元素及创建新的顶点时，那些顶点会被吸附到其他物体的表面，从而让你得以使用期望的拓扑结构重建出目标网格的形状。

贴图烘焙

贴图烘焙（Baking）是个有趣的功能。你可以把场景中的光影效果烘焙到所选物体的纹理图上。这样一来，当你的物体加载新的贴图时，就可以实时看到呈现投射在自身网格上的光影效果了！

当你想要在最终渲染完成之前实时预览效果时，此功能会非常有用。使用此功能后，你将让场景看上去接近最终渲染的结果，只需要使用一张简单的贴图就能表现出光影感。

你也可以将其他物体的细节烘焙到当前选中的物体上，这通常用于生成法线贴图或置换贴图，随后可用于在物体上表现出比实际的几何外形更丰富的细节。

贴图烘焙工具可在属性编辑器的渲染选项卡中找到。

插件

虽然 Blender 包含一套原生的创作工具，但插件可以极大地为软件扩展新的功能。有些插件很简单，可能只是添加一个工具，或者实现某个过程的自动化，但有些插件非常复杂，可以提供非常强大的功能，让 Blender 如虎添翼。

自带插件

打开偏好设置面板，进入插件（Add-Ons）选项卡，我们可以在这里启用或禁用插件，也可以安装外部插件。Blender 自带一些有趣且实用的插件供启用。例如，某些插件可以用来创建一些特殊的基础形状，如星形、管形等；而某些插件则用来导出或导入不同的文件类型；此外，还有些插件提供新的功能或建模工具。对你来说，其中某些插件可能会很实用，或者在特定的任务中派上用场。

Blender 自带很多插件，你可以试着启用它们，体验一下它们的功能。

其他插件

如果 Blender 自带的插件满足不了你的要求，或者你想实现更具体的功能，那么可以在线搜索一下。有很多 Blender 用户根据自己的需求开发了数百个插件（也许更多），并在网络上分享它们，让所有人都能使用它们。

从本书的第 1 版出版以来，在线资源市场日益发展壮大。现在你可以在线购买大量的 Blender 资源（模型、纹理图等），也包括插件。这也为公司和个人开发者提供了通过创建和维护出色的插件来获取收益的可能性，从而极大地提高了这些工具的质量。

更好的选择工具和选项、重拓扑工具、改进节点系统、材质库，甚至为某种特定的建模工作流而完全改变界面等。总之一句话——有了插件，一切皆有可能。插件会让你的创作更轻松。

编写 Python 脚本

如果 Blender 自带的工具无法满足你的需要，或者你需要某些特定的功能特性，那么你可以使用 Python 脚本自行开发。Blender 能够让你创建并运行脚本，甚至可以改动软件自身的界面，或者编写属于自己的插件来增加新的功能。

Python 脚本使 Blender 更加灵活，对于那些有能力自主开发工具以满足实际项目特定需要的公司或个人，这为他们提供了相当惊艳的特性。

总结

Blender 的很多功能都没有显示在默认的界面上。本书描述了其中可供使用的几种主要特性及工具，但其数量远不止于此！

需要注意的是，Blender 是一款不断革新的软件，总会不断涌现出新的功能特性。你可以亲眼见证它的演变过程，因为开发过程是非常透明的，你无须等到下一个正式版本的发布就能知道将有哪些新功能出现。

你已经学会了如何在 Blender 中创建一个角色，你应当为自己感到自豪，因为这并不是一个简单的任务。角色的创建过程非常有挑战性，而现在你已经能够使用这款拥有强大功能和丰富特性的软件表达自己的创意了，祝贺你！

希望你能够通过本书学到很多东西，也希望它能够帮助你了解 Blender 的基本特性，从而开始自己的动画创作。现在你可以逐步丰富自身技能，并做好学习高级特性的准备。